本书参照"教育部高等学校管理科学与工程类学科专业教学指导委员会"制定的"管理信息系统教学基本要求"编写。全书以"信息技术与管理融合"思想为主线，详细地介绍了管理信息系统的基本知识、信息系统与组织管理的关系、信息系统在企业中的应用以及信息系统的建设和管理等内容。同时，从"信息技术与管理融合"的角度讨论信息系统的应用，强调信息系统规划、管理与信息系统应用并重，从而加强学生对管理信息系统的整体认识。此外，书中还穿插大量的应用案例，以帮助学生更好地理解信息技术对企业经营管理的影响与冲击，从而更有效地利用信息技术应对不断涌现的管理挑战。

本书既可用于高等院校管理科学与工程类学科相关专业本科课程的教学，也可用于其他经济管理类相关专业本科课程的教学。

图书在版编目（CIP）数据

管理信息系统/张新主编. —北京：机械工业出版社，2009.12
教育部高等学校管理科学与工程类学科专业教学指导委员会推荐教材
ISBN 978-7-111-28780-3

Ⅰ. 管… Ⅱ. 张… Ⅲ. 管理信息系统 – 高等学校 – 教材 Ⅳ. C931.6

中国版本图书馆 CIP 数据核字（2009）第 204764 号

机械工业出版社（北京市百万庄大街 22 号 邮政编码 100037）
策划编辑：张敬柱 易 敏 责任编辑：郭 娟
封面设计：张 静 责任校对：闫玥红
责任印制：洪汉军
三河市国英印务有限公司印刷
2010 年 3 月第 1 版第 1 次印刷
184mm×260mm · 16.75 印张 · 1 插页 · 415 千字
标准书号：ISBN 978-7-111-28780-3
定价：29.00元

凡购本书，如有缺页、倒页、脱页，由本社发行部调换
电话服务　　　　　　　　　　网络服务
社服务中心：(010) 88361066
销 售 一 部：(010) 68326294　　门户网：http://www.cmpbook.com
销 售 二 部：(010) 88379649　　教材网：http://www.cmpedu.com
读者服务部：(010) 68993821　　**封面无防伪标均为盗版**

教育部高等学校
工程类学科专业教学指导委员会

管理信息系统

主　编　张　新

副主编　刘希玉　彭志忠　刘位龙

参　编　王良元　王盼盼　孙凌云

　　　　矫　健　张　戈　李珊珊

　　　　祝翠玲　王洪海　刘政敏

　　　　蔡永明　王　文

主　审　戚桂杰

机械工业

前　言

从党的十六大提出"信息化带动工业化，工业化促进信息化"到十七大提出"信息化与工业化融合"的理论创新，为信息化与工业化的发展提出了新任务和新要求。在新的历史时期下，随着信息技术在各级政府、企事业单位的应用与渗透，我国信息化建设快速推进，信息技术改造提升传统产业取得了显著成效，组织中的各项业务活动和管理流程越来越离不开信息技术/信息系统（IT/IS）的支持。

在信息技术得到广泛应用的同时，企业在应用信息技术、建设信息系统的过程中也存在许多问题，突出表现在大部分企业运用信息技术进行管理与业务创新的能力较弱，原因是未能将信息技术/信息系统与组织管理进行深度融合。这就要求当代组织中信息系统的建设者和管理者，不但需要对信息技术有所认识和把握，更应当对组织的业务流程和管理模式有深入地理解。信息系统的关键不仅仅在于技术应用，更在于如何发挥其提高组织竞争战略优势的能力上，这就要求在人才的培养过程中，让学生从管理、组织和技术等多个角度来认识信息系统，了解组织如何使信息系统与组织战略、组织管理以及业务流程有效结合在一起，并获得竞争优势。

基于当前的发展趋势，本书的编者在吸取国内外同类教材精华的基础上，进行了尝试和创新，参照"教育部高等学校管理科学与工程类学科专业教学指导委员会"制定的"管理信息系统教学基本要求"以及"中国高等院校信息系统学科课程体系2005（CISC2005）"制定的"管理信息系统课程教学大纲"，并结合多所兄弟院校开设该课程的经验，坚持"信息技术与管理融合"的基本原则组织编写了本书。

本书在内容取舍、结构安排等方面都作了大量的尝试。全书以"信息技术与管理融合"思想为主线，详细地介绍了管理信息系统的基本知识、信息系统与组织管理的关系、信息系统在企业中的应用以及信息系统的建设和管理等内容。同时，从"信息技术与管理融合"的角度讨论信息系统的应用，强调信息系统规划、管理与信息系统应用并重，从而加强了学生对管理信息系统的整体认识，并为学生提供了一个深入学习和掌握信息时代的管理信息系统如何帮助企业获取并保持竞争优势的知识框架。

另外，本书还穿插大量的应用案例，有助于学生更好地理解IT/IS在组织中所担当的角色以及对企业经营管理的影响与冲击，从而更有效地利用IT/IS以应对不断涌现的管理挑战。因此，本书既可用于高等院校管理科学与工程相关专业本科课程的教学，也可用于其他经济管理类相关专业本科课程的教学。

本书为山东省精品课程"管理信息系统"课程的配套建设教材。在省精品课程建设和教学过程中，积累了较多的教学素材和经验，可与以本书作为授课教材的老师分享。

参加本书编写的院校有山东经济学院、山东大学、山东师范大学、济南大学、山东建筑大学。本书由山东经济学院张新教授任主编，山东师范大学刘希玉教授、山东大学彭志忠教授、山东经济学院刘位龙副教授任副主编；参加本书编写的其他人员有：王良元、王盼盼、孙凌云、矫健、张戈、李珊珊、祝翠玲、王洪海、刘政敏、蔡永明、王文。全书由张新统稿。

山东大学戚桂杰教授担任本书的主审，戚桂杰教授审阅了本书的编写大纲和书稿，提出了宝贵的意见；山东师范大学赵庆祯教授仔细审阅了本书的草稿，为本书的修改和完善提出了宝贵的建议。在此对二位教授的辛勤劳动表示衷心的感谢。

作为全国高等院校管理科学与工程类学科系列规划教材，本书的编写工作得到了多方面的帮助和支持。编写中，我们参考了许多教材、专著和论文，书后仅列出了直接引用的主要部分，衷心感谢原创者的辛勤劳动与创造性思维。此外，我们对机械工业出版社在本书的编辑和出版过程中所做的各项细致工作深表谢意。

由于本书编者水平和时间有限，难免有不足之处，希望广大读者批评指正，以便进一步修改完善。

编 者

目　录

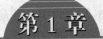

管理信息系统概论

在知识成为生产力的当代，信息技术已经成为企业生存和发展的必要条件。信息技术的商业和战略价值伴随信息化进程的不断推进，越来越受到人们的重视。激烈的市场竞争使信息化管理已成为企业运营、发展的基础和手段，企业正在比以往更多地利用信息，以获得竞争优势。管理信息系统以其将信息技术与现代管理融合并服务于管理的特点，成为当今信息时代一个非常重要的研究与应用领域。

1.1 信息时代的商业环境变化

1.1.1 当今经济环境的特征

1. 快速变化的竞争格局

在过去 20 年里，由美国《财富》杂志评出的世界 500 强企业的淘汰率非常高，1990～1998 年 9 年间，一半以上的企业退出了世界 500 强的行列。进入 21 世纪，市场形势和竞争格局更加变化无常。对企业而言，这些变化对企业传统的成功法则提出了严峻挑战，要求企业的应变能力必须加强，以适应或引领市场经济。当前，越来越多的跨国公司加大了对我国市场的投入，我国市场国际化的步伐越来越快，我国企业面临的挑战更加严峻，市场压力愈加巨大。为了应对挑战，我国企业必须进行变革以获得竞争的主动权，在最短的时间内掌握更多的信息和知识，通过持续创新赢得未来。

沃尔玛公司 VS 凯马特公司

企业利用跨组织系统，如电子数据交换（Electric Data Interchange，EDI）系统，使发票或订单等标准商务文档以比特化（bit）的方式在组织间自由流动。借助互联网，企业间可以建立强大的企业伙伴关系，从而获得"共赢"的竞争优势。宝洁公司为了加强与经销商的合作关系，曾向其下游的经销商推销"自动补货系统"，其中著名的是两家大型百货零售连锁商——沃尔玛和凯马特。沃尔玛在购买了这种"自动补货系统"以后，充分运用该系统强化与上游企业的业务协同，使企业发展到今天成为拥有 4000 多家大卖场的全球最大百货零售企业。而凯马特在试用了这个系统后，就没再继续使用，公司也不愿意投资于现代信息技术，在信息系统建设上行动迟缓。结果该企业由于未能快速响应市场需求的变化，后来不得不申请破产保护。不能及时有效地利用信息技术促进公司核心竞争力的建立，被认为是凯马特在与沃尔玛较量中失败的关键因素。

案例来源：http://club.jctrans.com/thread-3756-1-1.html

2. 全球化

20 世纪 90 年代以来，以信息技术革命为中心的高新技术迅猛发展，尤其是互联网的普及，从时间和空间上缩小了各国和各地域之间的距离，使资源和生产要素在全球范围内合理配置，世界各国经济联系的加强和相互依赖程度日益提高，各国国内经济规则不断趋于一致，世界经济越来越融为一个整体。例如，本田汽车在日本本土以外生产的数量远比在日本国内生产的数量多；美国的许多软件提供商利用全球的智力资源，为其开发和生产软件产品。经济的全球化使得企业面临更加激烈的国际化市场竞争，为了有效运作，企业必须利用现代管理理论与方法，并结合先进的信息技术，寻求更加有效的管理和生产运营方式，提高其核心竞争力。

Sausage 软件公司的网上销售系统

在全球化的经济发展趋势下，企业需要利用信息技术来破除时间和空间的障碍，把生产的产品或提供的服务向全球推介。现在我们足不出户就可以在营销网站上订购世界各地的产品。Sausage 软件公司是一家位于澳大利亚的软件开发公司，登录它的网址，用户可免费下载一个可以使用 30 天的 Hot Dog 网页编辑软件。30 天过后，用户登录网站输入信用卡信息，Sausage 公司会将一个序列号电邮给该用户，由这个序列号解开该软件，用户就能终身使用。如果没有网上销售系统，Sausage 公司不但需要派销售员到世界各地推销产品，还需要说服零售商把他们的产品摆在货架上。这样，不仅增加了企业的销售成本，而且也影响了销售速度。

案例来源：斯蒂芬·哈格，等，信息时代的管理信息系统. 严建援，等译. 北京：机械工业出版社，2004

3. 数字化

现在，全球每天都有数以亿计的人在享受远程通信带来的便利。远程教育可以使学生不必去学校上课，而是在虚拟课堂学习。新型的虚拟工作环境使企业员工在办公室之外也能高效地工作，相互连接、通信和协作。电子商务的发展，为企业和消费者提供了更加便利、快捷的交易平台。数字化经济时代的来临，各种各样的数据、文字、图片和照片，甚至生理学信息，如声音识别与合成、视网膜扫描和 3D 全息摄影等，通过数字化传递，给人们的生活方式和工作方式带来了深远的影响。

亚马逊网站和戴尔公司提供的数字化个性服务

利用信息系统和网络，企业为消费者提供了按照消费者自己的喜好来订制产品和服务的机会。亚马逊网站不但给消费者提供了一个可以足不出户就能购买商品的平台，而且还能够根据一个用户长时间内表现出来的购买习惯，将其归结到一个喜欢相同主题的人群中。例如，通过获知每位读者看书的喜好，从而可以向每位读者推荐他所喜爱的书籍。类似的例子还有很多，比如戴尔公司可以让消费者能够轻松登录公司网站，并按照消费者的意愿来配置所需要的计算机。这些方便、快捷的个性化服务，从一定程度上代替了实体店铺提供的服务，并为消费者提供了更加舒适的消费环境。

案例来源：斯蒂芬·哈格，等，信息时代的管理信息系统. 严建援，等译. 北京：机械工业出版社，2004

在数字经济时代，由于市场竞争的全球化，企业需要利用先进的信息技术降低组织内大量信息（如客户信息）的处理成本，依靠信息技术不断创新产品和服务，并提高或保持组织的竞争力。信息系统同时注重商业过程和技术方案两个方面，能支持企业在当今的经济环境下有效运作，帮助企业获得竞争优势。

1.1.2 现代企业管理的变革

当前，企业管理的环境发生了很大变化，生产方式、买卖关系、竞争态势都有了很大改变。随着全球交通、通信、信息技术的飞速发展，世界不断缩小变平，现代管理出现了新特征。归纳起来，现代管理的发展有如下趋势：

1. 战略化趋势

经济发展、科技进步和信息革命一浪高过一浪，管理所涉及的因素日益增多、日趋复杂，组织（尤其是企业）间的竞争日趋激烈，组织能否制订和实现正确的战略构想，关系到组织的兴亡。企业要适应全球市场的激烈竞争，必须对自己的发展有一个战略规划，要在彻底了解和准确把握企业内部条件和外部环境变化的同时，结合本企业的特点，制订出最佳的企业战略目标和实施方案，这样才能得到持续发展，才能不断发展壮大。

在现代企业制度相继建立和外资企业深度进入的背景下，我国的企业管理进入了一个剧烈变革的时期，战略的制订在企业经营管理中越来越显示出其突出的地位和作用，而依赖信息技术获取竞争优势已成为企业重要的战略选择。

2. 信息化趋势

21世纪是网络经济与知识经济的时代，"信息经济思维"带来了经营理念的深刻变化，组织管理的重心除物资管理、能源管理、资金管理之外，开始向信息管理转移。信息作为与物质、能源相并列的第三大资源，其对企业的战略意义不言而喻，而对信息资源的开发利用也已成为企业的重要任务之一。组织对信息管理的能力，将集中表现在它不仅需要有强大的信息网络和信息收集能力，更为重要的是要有出色的信息分析、传递和利用的能力，因此对信息的管理就成了现代管理的一个突出特点。随着信息技术的推广应用和信息资源的不断开发利用，管理的信息化正在向广度和深度发展，使得信息管理在整个管理中的地位进一步提升。信息管理体现在政府管理和企业管理的方方面面，渗透于政府管理和企业管理的全部过程中。可以说，现代企业和组织若离开信息管理，就无法实施现代化管理，就无法生存。

3. 人性化趋势

在现代信息技术革命背景下，管理已经发生了巨大的变化。人们虽然面对更多的变化，更加复杂的生产、竞争和生存环境，但追求以人为本的管理主题并未随之改变。

信息化给企业管理带来了全方位的变革，而成功实现对企业管理组织形式变革的关键是实施人本管理。人本管理不仅表现为重视人才和调动员工的积极性、主动性和创造性，实现人力资源的优化及合理配置，还表现为发展人、为人谋利益等深层次要求。在知识经济和信息化的大潮中，企业必须注意建设反映企业信息化趋势和要求的新型企业文化；采取相应的物质和精神激励措施，不断加强员工培训，推动员工素质的提升，鼓励员工之间的协作与知识共享；改革现行管理体制中不符合管理规律但又沿袭已久的作风和习惯；重视企业与客户之间的关系，客户关系管理（CRM）应以"客户"为中心，追求最终客户的综合价值等。

4. 柔性化趋势

随着社会的发展，传统的刚性管理已经不能适应组织发展变革的需要，柔性化管理的理念便应运而生，这是现代管理发展的又一个重要趋势。

网络的普及和信息技术的发展，以及使用数字化工具和手段在组织中建立跨部门、跨层级的直接沟通渠道，促进了组织纵向结构扁平化，减少了中间层，高层管理者能够迅速准确地掌握来自基层的信息，为柔性化管理提供决策信息。同时，企业信息系统如企业资源计划（ERP）、CRM、供应链管理（SCM）等都具有较好的开放性和环境适应性。随着这些应用软件所包含的先进管理理念对企业的不断渗透，个性化批量生产系统成为信息时代的典型生产系统，生产技术由刚性自动化发展到柔性自动化、智能化。可以预见的是，企业的管理方式将会在信息化的实施应用中不断调整，并最终向柔性化方向发展。

1.2　信息与信息系统

1.2.1　信息、数据与知识

1. 信息的概念

信息（Information）是客观世界所固有的，人类自古对其有一定的认识，但从来没有像现代社会这样引起如此广泛、深入、持久的影响。

对于"信息"这个概念，至今尚未有一个统一的定义。不同的学者在研究信息定义时往往与各自的工作领域相联系，在不同领域中对信息的内涵有不同的理解，从而形成了不同的定义和描述。

信息论的创始人香农（Shannon）把信息定义为用以消除随机不确定性的东西。

《中国大百科全书》中把信息解释为物质运动规律的总和。信息是客观事物状态和运动特征的一种普遍形式，客观世界中大量地存在、产生和传递着以这些方式表示出来的各种各样的信息。

著名学者钟义信在《信息科学原理》一书中，根据不同的条件区分不同的层次来给出信息的定义：本体论层次的信息，就是事物运动的状态和（状态改变的）方式；认识论层次的信息，就是认识主体所感知或所表述的事物运动的状态及其变化方式。

信息是客观世界中各种事物的运动和变化的反映。客观世界中任何事物的存在、运动和变化，都反映在事物的有关属性状态上，如存在形式、联系、内容、程度、方式和不确定性，等等。只有这些属性状态可标识、描述时才会成为信息。也可以说，信息是客观事物属性标识的集合，人们通过获得信息来认识客观事物，减少对其认识的不确定性。信息的范围极广，比如气温变化属于自然信息，遗传密码属于生物信息，企业报表属于管理信息，等等。

信息是可以传递和通信的。客观事物所"发"出的信息通过一定的媒介或传递方式被其他事物感知，人类的感觉器官就是专门用来感知周围的信息的。信息不仅可以被感知而且可以被传递和通信，它是构成事物联系的基础。由于人类的感官能力有限，因此，大量的信息需要通过传输工具获得。

人们通过获得信息来认识事物、区别事物，从相关的或者不相关的信息中变化、重构和创造得到知识从而认识和改造世界。

信息可以从不同的角度分类，如表1-1所示。

表1-1 信息分类

信息分类的角度	信息类型
按照管理的层次	战略信息、战术信息和作业信息
按照应用领域	管理信息、社会信息和科技信息等
按照加工顺序	一次信息、二次信息和三次信息等
按照反映形式	数字信息、文字信息、图像信息和声音信息等

2. 数据的概念

数据（Data）是对客观事物记录下来的、可以鉴别的符号。这些符号不仅包括数字，而且包括文字、声音和图像等形式，如表1-2所示。例如，水的温度，大楼的高度，一个人的体重、身高等。

数据表示的仅是一个描述，并没有特定背景和意义，不提供对事物的判断或解释。例如，单独地看"19491010"就只是一个数字，你可以把它视为日期，也可以视为门牌号码，它不具有任何特定的含义。

表1-2 数据类型与表现形式

数据类型	表现形式
数值数据	数字、字母或其他符号
声音数据	声音、噪声或音调
图像数据	图形或图片
模糊数据	高、胖、干净等

3. 知识的概念

知识是对意识的反映，是对经过实践证明的客体在人的意识中相对正确的反映。知识是一种随着时间动态变化的复杂综合体，而且可以存储在个人、组织、文档、流程和文化中，其包含了经验、价值观、专家见解和情境信息，通过个人或组织的消化和吸收，可以形成指导组织决策与应对变化的核心能力。

知识有显性和隐性之分。显性知识是指能够明确描述、编码、记录且易于传递和共享的知识。隐性知识是指员工的内心模式与信念，包括企业、员工的经验，技能，文化，习惯等通常无法直接辨认，保存于个人身上、过程、关系等形式中，所以难以通过文字、程序或图形具体向外传达，此类知识的传递较为困难。

4. 数据、信息和知识的关系

数据与信息概念不同，但又相互联系。数据仅描述了客观事物的部分事实，但并不提供对事物的判断和解释，数据只有经过解释，才能成为信息，才可能对客观世界产生影响。因此，数据和信息之间的区别是相对的。一个系统或一次处理所输出的信息，可能是另一系统或另一次处理的原始数据；底层决策所用的信息又可以成为加工处理高一层决策所需信息的数据，这就是信息间的递归定义，如图1-1所示。因此，在计算机系统中常将信息与数据不加区分地使用。例如，信息处理与信息管理，也可称为数据处理与数据管理。

知识是在信息的基础上加上人的经验、洞察力和价值判断后得到的，它能够给出因果关

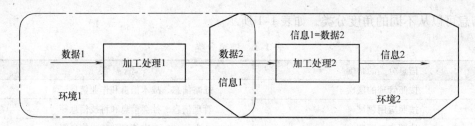

图 1-1　信息间的递归定义示意图

系，并指导人们下一步做什么。例如，对于一条天气预报信息，我们知道，它是通过大量的气象数据并对其进行加工处理得到的，因此，数据是信息的来源。作为一个具有经验和判断力的人，当看到这条天气预报信息的时候，就会在自己的大脑中形成知识，从而对自己的出行等客观活动作出合理的安排。

由此可见，"数据—信息—知识"之间是依次包含的关系。具体来讲，数据是基本原料，而信息是经过加工处理和解释的数据，知识则是信息经过人的大脑加工后的产品，是信息之间的联系和规律。

5. 信息的三个维度

一般来说，可以从三个维度：时间、内容和形式来考察信息的特性。

（1）时间维度

信息的时间维度包括两方面：①人们需要及时获得信息，也就是信息的时效性。信息的时效是指从信息源发送信息，经过接收、加工、传递、利用的时间间隔及其效率。时间间隔越短，使用信息越及时，使用程度越高，时效性越强。例如，若想今天进行股票交易，就需要知道现在的股票价格，如果第二天才得到这条信息的话，用户就会失去交易的时机。②信息的新颖性。新颖性是指获得最近和最新的信息，一般来说，具有新颖性的信息比仅具有及时性的信息更具有价值。及时性能够帮助企业把握住机会，新颖性则可以为企业带来新的机会。

（2）内容维度

信息的内容维度包括三个方面：一是信息的事实性。事实性是信息的核心价值，不符合事实的信息不仅没有价值，而且可能给信息的接收者带来负的价值。例如，企业谎报产量和利润不仅会给管理决策带来失误，而且损害了企业在公众心中的形象。二是信息的不完全性。由于人们认识事物的能力和手段的局限性，人们没有能力掌握一个客观事物的全部信息，只能依靠已有的知识和方法进行合理的分析和判断，从而尽可能地掌握完整的信息。三是信息的相关性。相关性是指信息与信息使用者要做的事情的相关程度，两者的关联程度越高，越能体现信息的使用价值。例如，会计信息相关性要求企业提供的会计信息应当与投资者等财务报告使用者的经济决策需要相关，有助于他们对企业过去、现在或者未来的情况作出评价或者预测。

（3）形式维度

信息的形式维度包括两个方面：①信息的呈现性，即它可以通过不同的载体传输出去，以最适当的形式，如声音、图片或者文字等提供给用户。②信息的详尽性，即信息具体化、细节化的程度。随着目标的不同，对信息详尽程度的要求不同。例如，对于生产主管来说，他需要知道每个工人每天每件产品的生产量，但是对于财务主管来说，只要知道每天的产量汇总就可以了。

信息是经过加工并对生产经营活动产生影响的数据，是一种资源，因此信息是有价值的。信息、物质、能源是人类现在利用的三大资源，它们之间可以相互转化。企业通过销售信息及时调整库存，能够节约成本而不影响生产和销售，这样信息资源就转换为物质财富。信息经过转换能够影响和控制实物流动、资金流动等，使之向效益最大化的方向运动，从而达到充分利用物质、能源两大资源的目的。因此，管理人员要善于驾驭信息，实现信息的价值。

1.2.2 系统

1. 系统的概念

系统（System）是指在一定环境中，为了达到某一目的而由相互联系、相互作用的若干个要素所组成的有机整体。

系统的一般模型如图1-2所示。

1）环境：环境是为系统提供输入和输出的场所，既与系统发生作用，但又不包括在系统内其他事物的总和。系统与环境之间通常都有物质、能量和信息的交换。

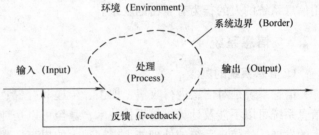

图1-2 系统的一般模型

2）系统边界：系统边界是由定义和描述一个系统的一些特征来形成的，边界之内是系统，边界之外是环境。

3）输入/输出：系统接收的物质、能量和信息称为系统的输入；经系统处理后产生的另一种形态的物质、能量和信息称为系统的输出。

4）反馈：系统的输出反过来影响系统输入的现象，称为反馈。没有反馈的系统为开环系统，具有反馈的系统为闭环系统。系统的反馈主要是信息反馈。

2. 系统的特征

一般来说，系统的特征可以归纳为以下几点：

1）集合性：一个系统至少要由两个或两个以上可以相互区别的要素或子系统组成，它是这些要素或子系统的集合。集合的整体系统功能由所有子系统功能的有机集成而实现。

2）目的性：无论是自然系统还是人工系统，都有明确的目的。目的表现为系统的目标（一个或多个），目标的实现需要一定的功能，目标决定了系统的组成和结构。在建设系统的过程中，首先要明确系统的目标，然后再考虑运用什么功能来达到这个目标。

3）相关性：系统内的各要素是相互作用又相互联系的，这种联系决定了整个系统的运行机制，分析这些联系是构建一个系统的基础。例如，一个生产企业，计划部门依据企业的市场需求、生产能力等因素制订出生产计划；采购部门根据生产计划、原材料的库存情况以及产品结构制订出采购计划；而生产部门组织生产，其生产能力又是计划部门制订计划的依据。由此可见，企业的计划、采购和生产等子系统按照一定的分工各自完成其特定的功能，彼此之间是相关作用和相互联系的。

4）环境适应性：不适应环境的系统是没有生命力的，系统与外界进行物质、能源、信息的交换，外界环境的变化必然会引起系统内部各要素之间的变化。例如，开发的系统需要适应企业不断发展的需要；个人需要不断吸收新事物提高自己的能力。

3. 系统的分类

系统的分类方式很多，不同的分类方式有不同的结果。按其组成可分为自然系统、人造系统和复合系统三大类。

1）自然系统：客观世界自然形成的、不以人的意志为转移的系统，如血液循环系统、天体系统、生态系统等。

2）人造系统：人类为了达到某种目的而对一系列的要素作出有规律的安排，使之成为一个相关联的整体，如生产系统、交通运输系统等。

3）复合系统：自然系统和人造系统相结合的系统。大多数系统属于复合系统，复合系统的一个重要特征是人的参与，是人机系统。例如，信息系统看起来是一个人造系统，但是它的建立、运行和发展往往不以设计者的意志为转移，而有其内在规律，特别是与开发和使用信息系统的人的行为有紧密的联系。

1.2.3 信息系统

1. 信息系统的概念

信息系统是对信息进行收集、加工、传递和存储，并向有关人员提供有用信息的系统。信息系统可以不涉及计算机等现代技术，甚至可以是纯人工的。但是，现代通信与计算机技术的发展，使信息系统的处理能力得到很大的提高。现在，各种信息系统已经离不开现代通信与计算机技术，所以说，现代信息系统一般均指由人、机共同组成的系统。

对于信息系统的概念，根据它所处理的信息内容和应用领域不同，有不同的内涵，例如，地理类专业定义的信息系统是指对地理信息进行处理，因此称为地理信息系统，除此以外还有气象信息系统、军事信息系统、新闻信息系统、管理信息系统等。

管理信息系统是特定的信息系统，是信息系统在管理中的应用，在本书后文中所讲的信息系统都是指应用在企业经营管理领域的，即管理信息系统。

2. 信息系统的发展过程

计算机在管理中的应用开始于1954年，美国通用电器公司第一次用计算机计算工资。50多年来，计算机在企业管理中的应用发展非常迅速，经历了由单机到网络，由低级到高级，由电子数据处理到管理信息系统、再到决策支持系统、企业集成化系统，由数据处理到智能处理的过程。这个发展过程大致经历了4个阶段。

（1）电子数据处理系统

电子数据处理系统（Electronic Data Processing System，EDPS）是计算机在企业管理中的早期应用，其特点是实现数据处理的计算机化，目的是提高数据处理的效率。在这个阶段中，人们用计算机部分地代替手工劳动，进行一些简单的数据处理工作，如工资计算、产量统计等。有关管理业务按项目分别进行，不同项目之间没有联系，不考虑管理信息的整体性和一致性，未能从企业的整体目标出发，系统、综合地处理各项信息。

（2）管理信息系统

随着数据库技术、网络技术和科学管理方法的发展，计算机在管理上的应用日益广泛，管理信息系统（Management Information System，MIS）逐渐成熟起来。管理信息系统从企业的整体目标出发，综合处理各类信息，使管理决策者及时、准确地掌握并有效地驾驭整个企业的生产经营活动。该阶段最大的特点是高度集中，能将组织中的数据和信息集中起来，进行快速处理，统一使用，并报告给管理高层。另一特点是利用定量化的科学管理方法，通过预测、计划、优化、管理、调节和控制等手段来支持决策。

（3）决策支持系统

早期的 MIS 主要为管理者提供预定的报告，而决策支持系统（Decision Support System，DSS）则是在人和计算机交互的过程中帮助决策者探索可能的方案，为管理者提供决策所需的信息。DSS 的主要目标是支持管理中的半结构化决策，如开拓市场、产品销售、原材料采购、新产品开发、厂址选择、人事调动等问题。DSS 是面向决策的信息系统，它在组织中可能是一个独立的系统，也可能作为 MIS 的一个高层子系统而存在。

（4）企业集成化系统

20 世纪 90 年代以来，现代信息技术及其应用又有了新的发展，尤其是 Internet 技术及其应用更是突飞猛进，促进了信息系统在组织中覆盖范围的扩大。信息系统不但是用来支持组织日常管理业务活动的工具，而且是促进组织变革的战略手段。应用信息技术与现代管理思想进行组织变革与制度创新，加速组织内外信息的传递与反馈，使得组织中形同"孤岛"的各类应用系统开始在统一规划与规范下实现综合集成，以支持组织的整体目标与战略，提高竞争力。

更为重要的是，信息系统已经跨越组织与地域的边界，由面向企业内部活动转为面向企业外部活动，各种大型信息系统如 ERP、CRM、SCM、电子商务等纷纷出现，为企业提供了前所未有的信息收集、传输和处理手段，使组织活动趋于分散，但信息管理更加集中。同时，人工智能、数据仓库、数据挖掘等技术的发展与应用使得信息系统的智能化和主动性不断提高，利用现代信息技术为人们的智能活动提供综合服务，成为信息系统发展的新方向。

1.3 管理信息系统

1.3.1 管理信息系统的定义

管理信息系统一词最早出现在 1970 年，它的定义是由瓦尔特·肯尼万（Walte T. Kennevan）给出的："以书面或口头的形式，在合适的时间向经理、职员以及外界人员提供过去的、现在的、预测未来的有关企业内部及其环境的信息，以帮助他们进行决策。"在这个定义中强调了用信息支持决策，但没有考虑一定要用计算机。

1985 年，管理信息系统的创始人，美国明尼苏达大学卡尔森管理学院的教授高登·戴维斯（Gordon B, Davis）给出了管理信息系统一个较完整的定义："它是一个利用计算机硬件和软件，手工作业，分析、计划、控制和决策模型，以及数据库的用户——机器系统。它能提供信息，支持企业或组织的运行、管理和决策功能。"这个定义说明了管理信息系统的目标、功能和组成，目标是在运行、管理和决策三个层次上支持企业管理活动，而且反映了管理信息系统当时已达到的水平。

管理信息系统一词在我国出现于 20 世纪 70 年代末 80 年代初。1984 年，我国许多最早从事管理信息系统工作的学者给管理信息系统下了一个经典定义："管理信息系统是一个由人、计算机等组成的能进行管理信息收集、传递、储存、加工、维护和使用的系统。管理信息系统能实测企业的各种运行情况，利用过去的数据预测未来，从全局出发辅助企业进行决策，利用信息控制企业的行为，帮助企业实现其规划目标。"这个定义强调了管理信息系统的应用领域在企业，也强调了其组成和功能，并对管理信息系统的功能进行了详细定义。

20世纪90年代后，随着支持管理信息系统的一些环境和技术的变化，对其定义的描述也有了一些新的发展和变化。

仲秋雁教授在其《管理信息系统》（1998）一书中提出了对管理信息系统的新认识，即"不仅仅把信息系统看做是一个能对管理者提供帮助的基于计算机的人机系统，而且把它看做一个社会技术系统，将信息系统放在组织与社会这个大背景中去考察，并把考察的重点，从科学理论转向社会实践，从技术方法转向使用这些技术的组织与人，从系统本身转向系统与组织、环境的交互作用。"这个定义是人们在不断的实践中总结出来的，说明管理信息系统的应用不仅有赖于信息技术本身，而且更多地依赖于组织的内外部环境。这是对管理信息系统的社会技术系统属性的充分认识。

黄梯云教授在其《管理信息系统》（2005）一书中提出："管理信息系统通过对整个供应链上组织内和多个组织间的信息流管理，实现业务的整体优化，提高企业运行控制和外部交易过程的效率。"这个定义是近年来互联网技术的发展和电子商务深入应用的结果。管理信息系统已突破原有的界限，成为企业内部业务流程和外部商务流程集成的平台，即跨组织的信息交流平台。

由此可看出，人们对管理信息系统的认识是一个不断发展和完善的过程。综合以上定义，管理信息系统的概念重点强调4个基本观点：

1. 人机系统

在管理信息系统中，真正起执行管理命令，对企业的人、财、物、资源，以及资金流、物流进行管理的主体是人，计算机自始至终都是一个辅助管理的工具，是一个至关重要、举足轻重的工具。因此，管理信息系统是融合人的现代思维与管理能力和计算机强大的处理、存储能力为一体的协调、高效率的人机系统。

2. 能为管理者提供信息服务

管理信息系统的处理对象是企业生产经营全过程，通过反馈为企业管理者提供有用的信息，辅助管理人员进行管理和决策。也就是说，利用信息来分析企业或生产经营状况，利用各种模型对企业的生产经营活动各个细节进行分析和预测，控制各种可能影响实现企业目标的因素，以科学的方法，最优地分配各种资源，如设备、任务、人、资金、原料、辅料等，合理地组织生产。管理信息系统更强调管理方法的作用，强调信息的进一步深加工。

3. 集成化

管理信息系统是一个集成化的系统，系统内部的各种资源设备统一规划，以确保资源的最大利用率、系统各部分的协调一致性以及高效低成本地完成企业日常的信息处理业务。通过集中统一规划中央数据库的运用，使得系统中的数据实现了一致性和共享性。

4. 社会技术系统

管理信息系统植根于组织之中，而且要依赖于组织的内外部环境，信息系统技术的复杂性仅是问题的一个方面。而更为重要的是，推进信息系统的应用犹如推进社会变革。管理信息系统在应用过程中，由于与管理发生相互作用，导致企业的管理模式、管理制度、管理流程、组织结构、工作方式和企业文化等发生变化；同时，现存的组织要素又对管理信息系统的分析、设计和实施的成功与否产生重要影响。因此，管理信息系统不仅是技术系统，而且是社会系统。

1.3.2 从信息视角看管理信息系统的作用

信息作为管理信息系统的处理对象，从支持组织管理目标来看，可以分为以下4种（如图1-3所示）。

1. 叙述性信息

叙述性信息（Descriptive Information）描述了一个组织在某一特定时间点的状态，是识别组织问题的基础，如财务、生产、销售等方面的记录。

2. 诊断性信息

诊断性信息（Diagnostic Information）反映了组织的错误状态，被用于定义组织中所产生的问题，如有关生产水平低下、投资回报率太低等。

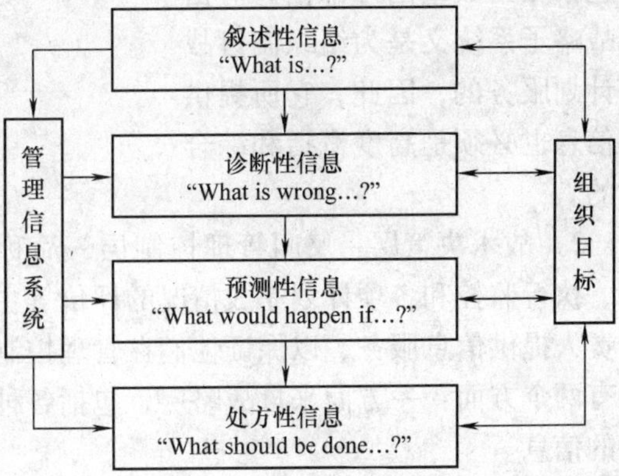

3. 预测性信息

图1-3 管理信息系统的作用

预测性信息（Predictive Information）是有关对未来可能事件的分析所产生的信息，既可以用于问题的定义，又可以用于如何回避问题，如明年期望的产品价格、销量，技术升级的投资额等。

4. 处方性信息

处方性信息（Prescriptive Information）是指直接回答"应该如何做"的信息，如高回报且高风险的项目需要更严格的管理控制。

管理信息系统通过各种手段收集叙述性信息，以这类信息为输入，经过处理、转换，形成诊断性信息、预测性信息和处方性信息。在组织中，管理信息系统通过信息支持其所有职能部门的管理工作，为企业的各个管理层次及职能部门提供决策信息，如会计信息系统提供组织各个层次决策中所需要的会计信息。

1.3.3 管理信息系统的结构

管理信息系统的结构是指系统的各组成部分及其相互之间的关系。由于管理信息系统的内部组织方式和功能不同，它可以设计成不同的结构，其中最重要的是层次结构、功能结构和软件结构。

1. 管理信息系统的层次结构

1965年，安东尼（Anthony）等企业管理研究专家通过对欧美制造型企业长期的大量实践观察和验证，创立了制造业经营管理业务流程及其管理信息系统层次结构理论，即著名的"安东尼金字塔模型"，该理论认为企业管理信息系统可分为战略规划、战术决策和业务处理3个层次，如图1-4所示。

1）战略规划层：简称战略层。战略层的管理活动要涉及组织的总体目标和长远发展规划，如制订市场开发战略、产品开发战略、预算等。因此，为战略层服务的战略子系统，其数据和信息来源是广泛的和概括性的，其中包括相当数量的外部信息。由于战略子系统又是为组织制订战略计划服务的，因此，它所提供的信息也必须是高度概括和综合性的。

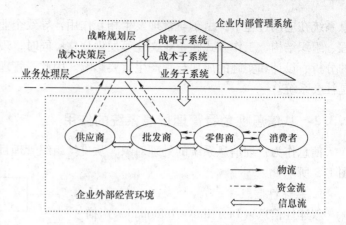

图1-4 安东尼金字塔模型

2）战术决策层：又叫管理控制层，简称管理层。管理层包括各个部门工作计划的制订、执行监控和各项计划完成情况的评价等主要内容。因此，战术子系统主要是为各个部门负责人提供信息服务，以保证他们在管理控制活动中能够正确地制订各项计划。它的信息来源有两个方面：一方面来自战略层，包括各种预算、规划和计划等；另一方面来自业务处理层的信息。

3）业务处理层：又叫运行控制层或作业层，是为确定某特定业务能够被有效地、高效地执行的全过程。业务处理层的管理活动属于组织的基层管理，是为有效利用资源和设备所展开的各项管理活动，业务子系统的信息主要来源于企业内部。

在安东尼模型中，除了提出管理信息系统的层次结构，还系统化地描述出了企业内外物流、资金流和信息流的双向流动及其基本规律。

物流的流程一般体现在从原材料采购到产成品销售出去的整个过程之中，即从供应商到企业，再到分销商、零售商和消费者；资金流的流程一般是从下游向上游方向流动，即从消费者流到零售商及分销商，然后到企业（或直接到企业），再到供应商。与物流、资金流等相比，信息流的流程要复杂得多，它起着管理企业整体活动的作用，主要体现在：

1）在企业内部，向上流动的信息描述了基于日常事务处理的组织当前的状态，信息来源于组织最基层，并通过各级管理层次向上流动，为决策者提供决策依据。向下流动的信息源于高层的战略、目标和计划，这些信息向较低的层次流动，指导职能部门的各项活动。水平流动的信息是在职能业务部门或工作小组之间水平流动，这些信息用来支持部门之间的协作。

2）信息在企业内部与外部之间的流动，这些信息包括与顾客、供应商、经销商和其他商业伙伴交流的信息，如订货信息、发货信息、应收应付信息等。当前商业环境下，合作的上下游企业都不是孤立的，企业必须保证自己拥有与外界所有商业伙伴之间信息沟通的能力，使各个企业能够共享信息，有效协调各自的行为。

3）在企业外部经营环境中，信息在各个合作企业以及消费者之间流动，产品和促销等信息影响着消费者的需求，同时各级经销商也能够根据消费者的需求信息调整库存和营销策略。

2. 管理信息系统的功能结构

企业的管理组织结构可以划分为若干部门，而各个部门又具有一定的业务功能，因此，管理信息系统也可以依据管理组织的功能建立，功能结构可以通过功能结构图来描述。功能结构图具有层次结构，它与企业组织结构有很强的相关性。图1-5所示为一个制造企业管理信息系统的功能结构图。

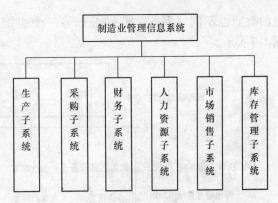

图1-5 制造企业管理信息系统的功能结构图

3. 管理信息系统的软件结构

将管理信息系统层次结构和功能结构进行纵横综合，形成一个完全一体化的管理信息系统软件结构。这种结构可以做到数据的完全集中统一。事实上，管理信息系统通常是各种功能子系统的融合，每个子系统都包括业务处理、战术管理和战略规划3个主要信息处理部分。每个功能子系统都有自己的专用文件，也可共享数据库的数据，子系统之间的联系通过数据库和特定的接口文件（如XML文件）实现。另外，各子系统除有自己的应用程序外，还可调用公共应用程序和共享的分析决策模型。

图1-6所示为综合形成的管理信息系统的软件结构，这种结构实质上是一个概念上的框架，人们可以用它来描述有关现有的或进化中的管理信息系统。

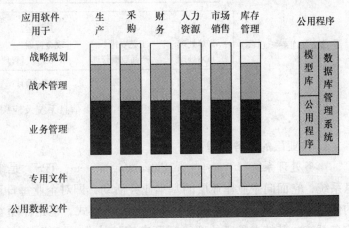

图1-6 管理信息系统的软件结构

1.3.4 管理信息系统的类型

随着信息系统在企业应用的不断深入，美国著名的信息系统专家劳顿夫妇将安东尼模型扩展为四层模型，即在作业层和管理层之间增加了一个知识层。

知识层有两类人员，一类是专业人员，如工程师、建筑师、经济师或投资分析家，他们为企业开发新产品或新服务项目，为企业创造新财富；另一类是行政管理人员，如文秘、办事员或簿记员等，他们的职责是在本部门内部、部门与部门之间、企业与外部环境之间传递信息和协调管理，保证企业信息流的顺畅。因此，这一层次的人员是一个组织不可缺少的重要组成部分，建立为他们服务的信息系统是十分必要的。

这样，一个组织的管理人员分为4个层次，分别是战略层（如董事长、总经理等）、管理层（如生产经理、财务主管等）、知识层（工程师、文秘等）及作业层（如车间、班组负责人等）。

由于管理职能的不同以及管理者所处管理层次的不同，为不同管理者服务的管理信息系统的类型也不同。因此，劳顿夫妇将一个组织的信息系统分为 4 个层次、6 种类型，如图 1-7 所示。

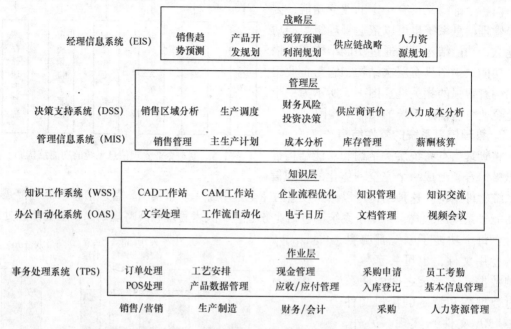

图 1-7　组织中的 6 类信息系统及应用层次

1. 作业层的事务处理系统

事务处理系统（Transaction Processing System，TPS）是组织内最基本和最常用的一种信息系统，它面向企业作业层的基本业务活动，即对企业每日正常运作必需的常规事务所发生的信息进行处理。TPS 是信息系统的最初级形式，也是伴随着计算机的诞生而出现的最早的信息系统，其特点是所处理的问题高度结构化，即能完全按照事先制订好的规则或程序进行，而且功能单一、设计范围小，如订票系统、订单管理系统、工资发放系统、仓库进出管理系统等，它提供的是企业运行的实时信息。TPS 的运行目的在于大大提高作业层管理人员的工作效率，在某些情况下，甚至可以完全取代作业层的手工操作，如商业实时零售 POS（Point of Sales）终端系统、全球贸易的电子数据交换（Electric Data Interchange，EDI）系统。TPS 通常处于企业系统的边界，即它能将企业和它的外部环境联系起来，同时也是其他层次信息系统的基础系统，是企业数字化、信息化的基础。

图 1-8 是 POS 系统事务处理的一个实例。超级市场通常用扫描枪自动读取商品磁条上的通用商品代码（Universal Product Code，UPC），并在商品数据库中查询商品的价格，POS 系统根据价格、数量进行结算并打印顾客发票。然后 POS 系统用收集到的数量、时间和价格更新销售数据库和库存数据库。销售数据库和库存数据库中的数据可以提供给管理信息系统做进一步的数据处理，产生相关报表。

2. 知识层的知识工作系统和办公自动化系统

知识工作系统（Knowledge Work System，KWS）是辅助企业的专业人员，如工程师、律师、投资分析家等为企业开发新产品（包括信息和服务）所使用的十分专业化的信息系统，

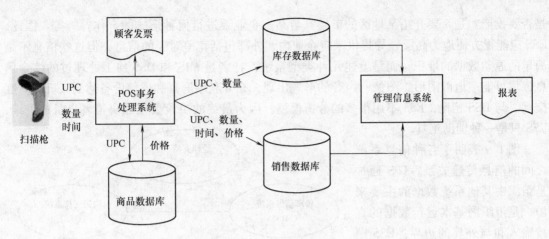

图 1-8　POS 系统的处理过程及与 MIS 的关系

如三维模型的 CAD 工作站，可以帮助工程师进行新型产品设计，从而节省大量的时间和费用；又如投资分析家对某一投资项目的各种分析报表。因此，KWS 是一种能通过计算机利用专业领域的知识对来自企业内、外部的信息进行高效处理的信息系统。

　　办公自动化系统（Office Automation System，OAS）是由先进的科学技术和现代办公设备构成的，能快速、有效地加工、管理和传递办公信息，是协助行政管理人员协调和管理部门之间、企业和环境之间关系，保障信息畅通的有力工具，如文字处理系统、电子邮件、电子政务系统、视频会议系统、图像语言处理系统等。随着工业化经济向信息化经济转换，企业的生产率及整体经济实力越来越依赖于知识层的信息系统。

　　3. 管理层的管理信息系统和决策支持系统

　　管理信息系统（MIS）是在 TPS 的基础上发展起来的，TPS 针对的是每项具体业务，而MIS 则是针对企业各种事务的全面、集成的管理过程。它不仅具备了 TPS 的功能，而且还能够向企业中层领导提供全面的、定期的常规报告和例外报告，并能利用系统所具有的数据库和一些简单的经济管理模型，产生关于企业经营状况的各种信息，辅助领导进行决策。

　　MIS 所处理的信息是面向企业内部的、已发生的数据流，信息的需求是稳定和已知的。但由于所使用的数学模型较简单也较少，虽然 MIS 对企业管理者的决策有一定的支持，但缺乏灵活性和分析能力，对于诸如生产调度、确定公司库存量、产品定价策略等问题决策的支持力度是不够的，以至于人们只能靠直觉、经验进行决策。所以，为了满足管理层对复杂问题决策的要求，DSS 应运而生。

　　决策支持系统（DSS）也是服务于企业的管理层的信息系统。DSS 不仅需要从 MIS、TPS中抽取一些支持决策者所需的内部信息，还需要大量的与决策有关的外部信息，如竞争对手的产品价格等信息。DSS 能为决策者提供友好、易操作的人机界面，尤其是在模型驱动、人工智能等技术的支持下，DSS 具有较强的灵活性和适应性。关于决策支持系统的详细介绍见第 5 章。

　　4. 战略层的经理支持系统

　　经理支持系统（Executive Support System，ESS）服务于组织的战略层。与 DSS 不同，它是专门为企业最高层决策者设计的，具有通用的计算能力和通信能力。ESS 主要是帮助高层领导从宏观上、战略上管理企业，解决一些不断变化的非结构化问题，如一条新的生产线是否要投产？是否要开拓某地区的市场？与某家企业要进行何种形式的合作？等等。因此，ESS 应能很方便地为高层领导提供来自企业内、外部包括竞争对手的信息，但这些信息不是简单的原始数据的堆积，而是上述几种类型系统，特别是 MIS 和 DSS 加工处理过的综合信息，尽可能多地以图形、图像、声音的形式出现，充分利用屏幕和通信设备达到人机的高度交互。与 DSS 相比，ESS 不用很多的分析模型，因为最终的决策要依靠决策者自身的思维，ESS 只是一种辅助工具。

图 1-9 表明了各种信息系统之间的信息传递关系。TPS 通常是组织中其他系统数据的主要来源，是组织内基本运行数据的直接输入和与外界的边界；ESS 则从下层系统中接收数据，其他系统之间都有数据的交换。因此，从整体的观点出发，各类系统在企业管理中并不是独立运行的，而是相互联系的、集成的，有时功能界限也并不明确。

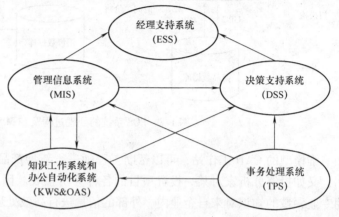

图 1-9　各种信息系统之间的信息传递关系

综合案例：美国航空业的 IT 应用

航空行业最早、最明显地应用 IT 技术是从泛美航空公司（American Airlines）和美国联合航空公司（United Airlines）第一次引进航空订票系统 SABRE 和 APOLLO 开始的。当旅行代理商与他们签约后，便可得到一台可以连接 SABRE 和 APOLLO 系统的计算机终端。一家旅行代理商只能与一个系统归属的公司签约。没有自己的订票系统的航空公司，如美国 Frontier 航空公司则可以支付租金使用 SABRE 和 APOLLO 系统，以便使自己的航班也能列在系统中供旅行代理商查询和订票。该系统为泛美航空公司和美国联合航空公司带来了丰厚的利润，同时，他们还可以轻而易举地获得竞争对手 Frontier 航空公司的售票信息，因为这都在他们订票系统的数据库中，而如果 Frontier 航空公司想要特别的竞争分析报告，则需要支付大笔费用。

航空公司推出经常乘机者计划，利用信息系统来统计和管理那些经常乘坐本航空公司飞机的商务人士的信息。通过计算机的追踪和统计，给经常乘坐本航空公司的乘机者免费乘机或者升级乘坐头等舱和商务舱的机会，这样，商务人员就有理由总是乘坐一家航空公司的飞机了。

航空公司还有自己的收益管理系统，他们在飞机起飞前根据航空订票系统中记录的已售出的座位数量和预估的数量比较，来随时调整可售座位的价格。如果只售出少量的机票，那么就会有很多低价机票；如果售出的机票数量比预估数量高，那么低价机票就会没有或者很少。目的在于让飞机能够以尽可能高的座位平均价达到满载。例如，有 120 个座位售出，平均价格为 420 美元，航班总收益为 50400 美元，如果有 200 个座位售出，平均价格为 325 美元，收益则为 65000 美元。

随着技术的普及，企业不断改进商业战略。美国的旅行代理过去往往要从通过他们卖出的一张机票中抽取航空公司一份佣金，航空公司逐渐发现，代理佣金是他们继工资和燃料费用后的第三大成本，于是决定慢慢减少并最终取消代理的中介作用。他们通过一些措施，鼓励乘机者利用网络或者免费 800 电话来订票，比如他们对网上订票的旅客给予 8 折的机票优惠。他们引进了电子机票，消除了对纸介质票据的需求，同时把旅客订票信息电子化，方便了与收益管理系统以及客户管理系统的数据交换。

案例来源：斯蒂芬·哈格，等. 信息时代的管理信息系统. 严建援，等译. 北京：机械工业出版社，2004

17

本 章 小 结

　　本章首先从当今经济环境的特征和现代企业管理的变革两个方面，阐述了信息时代组织对信息技术/信息系统的迫切需求。

　　信息作为信息系统的处理对象，与数据、知识既有本质上的不同，更有着密不可分的关系，信息的三个纬度可以帮助我们进一步认识信息及其特征。系统是信息系统的基础概念，系统的概念、特征有助于我们从根本上认识信息系统。信息系统是一个进行信息处理的人机系统，信息系统根据它所处理的信息内容和应用领域不同，有不同的内涵。信息系统在企业中的应用经历了由电子数据处理到管理信息系统、再到决策支持系统和企业集成化系统 4 个阶段。

　　管理信息系统是信息系统在企业经营管理中的应用，随着环境和技术的变化，对其定义的描述也有了一些新的发展和变化。在组织中，管理信息系统通过信息支持其所有职能部门的管理工作，为企业的各个管理层次及职能部门提供决策信息。由于管理信息系统的内部组织方式不同，它可以设计成不同的结构，其中最重要的是层次结构、功能结构以及软件结构。

　　由于管理职能的不同以及管理者所处管理层次的不同，为不同管理者服务的管理信息系统的类型也不同，组织内的信息系统由服务于作业层、知识层、管理层和决策层的6类信息系统 TPS、OAS、KWS、MIS、DSS、ESS 组成。

习 题

1. 根据信息时代的特征，分析组织对信息技术的迫切需求，并举例说明。
2. 什么是数据、信息、知识？简述它们之间的联系和区别。
3. 什么是系统？它有哪些特征？
4. 什么是信息系统？简要说明信息系统的发展过程。
5. 简述管理信息系统的概念，其定义的描述有哪些新的发展和变化？
6. 如何从信息视角理解管理信息系统的作用？举例说明。
7. 简述安东尼金字塔模型的主要思想。
8. 如何理解管理信息系统的软件结构？
9. 举例说明 TPS、OAS、KWS、MIS、DSS、ESS 的服务目标及其在组织活动中发挥的作用。
10. 简述 TPS、OAS、KWS、MIS、DSS、ESS 之间的信息处理关系。

第2章

管理信息系统的知识基础

管理信息系统不仅是一个应用领域，而且是一门学科。它是融合管理科学、系统科学、运筹学和计算机科学为一体的边缘性、综合性的交叉学科。管理理论、系统观点、运筹学的方法和计算机技术是管理信息系统的理论与技术基础，本章主要从这4个方面介绍管理信息系统的知识基础。下面将分别介绍现代管理理论、系统论、运筹学和计算机技术的基本知识。

2.1 现代管理理论

管理信息系统是服务于经济管理的，管理是信息系统服务的对象。而管理信息系统又通过技术手段成为先进管理方法的载体，帮助管理人员通过信息处理的方式，应用先进的管理方法完成管理工作。

管理产生于协同劳动。当人们组成集体去达到共同目标的时候，就必须进行管理，以协调集体中每个成员的活动。概括地讲，管理就是管理者或管理机构通过计划、组织、领导和控制等活动，对组织的资源进行合理配置和有效利用，以实现组织特定目标的过程。

管理的概念有以下几个含义：

1）管理的目的是实现企业的目标。管理是有目的的实践活动，其目的就是实现组织的目标。从本质上说，企业是一个增加价值、创造财富的组织，企业管理的目标是实现企业价值的最大化。

2）管理是对组织资源进行合理配置的过程。企业的资源包括人力资源、原材料资源、设备资源、资金资源、信息资源等。企业应根据自己的目标，对可支配的资源进行合理配置和有效利用。

3）管理的实施是通过计划、组织、领导和控制等活动进行的。它们是管理的基本活动，反映了管理活动的功能、过程和手段。

2.1.1 现代管理理论的发展

管理理论是以管理经验的系统总结为基础，按逻辑结构严密组织起来的概念、思想和结论。管理理论的形成和发展至今已经历了一个多世纪的演变。第一个阶段是古典管理理论的形成时期，以泰勒（F. W. Taylor）的科学管理、法约尔（H. Fayol）的职能和过程管理、马克斯·韦伯（M. Weber）的组织管理为标志；第二个阶段是行为科学理论以及以战略管理为主的企业组织理论，将管理理论与思想推向了一个新的发展阶段；第三个阶段是当代管理理论阶段，管理科学理论、企业再造理论及在全球化、知识化、信息化背景下的学习型组织管理理论成为 20 世纪管理理论与思想的里程碑。

1. 古典管理理论的形成（20 世纪初 ~ 30 年代）

20 世纪初 ~ 30 年代，在美国、法国、德国分别诞生了具有奠基人地位的管理大师，即"科学管理之父"泰勒、"管理理论之父"法约尔以及"组织理论之父"马克斯·韦伯。

（1）泰勒的科学管理理论

泰勒重点研究了在工厂管理中如何提高效率的问题，代表作是《科学管理原理》（1911年）。科学管理理论的主要观点包括：科学管理的中心问题是提高劳动生产率，为此必须配备"第一流的工人"，并且要使他们掌握标准化的操作方法；对工人的激励，采取"有差别的计件工资制"；工人和雇主都必须来一次"心理革命"，变对抗为信任，共同为提高劳动生产率而努力；使管理和劳动分离，把计划职能同执行职能分开，改变原来的经验工作方法为科学工作方法；实行职能工长制；在管理控制上实行例外原则。泰勒的追随者们依其理论进行了动作与工时等效率问题的研究。泰勒还首先提出领导的权力要与员工共享，而非加诸于员工，并把这一思想叫做参与式管理。

（2）法约尔的管理要素与管理职能理论

泰勒在其科学管理理论中的局限性，主要是由法国的法约尔加以补充的。法约尔的理论观点体现在 1925 年出版的著作《一般管理与工业管理》当中。他从 4 个方面阐述了他的管理理论：企业职能不同于管理职能，后者包含在前者之中；管理教育的必要性与可能性；分工、职员与职权、纪律等 14 条管理原则；管理 5 要素（计划、组织、领导、协调、控制）问题。法约尔的贡献是在管理职能、管理的原则、管理要素等方面提出了崭新的观点，对后来的管理理论研究具有深远影响。

（3）马克斯·韦伯的组织管理理论

马克斯·韦伯主张建立一种高度结构化的、正式的、非人格化的"理想的行政组织体系"。他认为，这是对个人进行强制控制的最合理手段，是提高劳动生产率的最有效形式，而且在精确性、稳定性、纪律性和可靠性方面优于其他组织。他的这些思想，体现在其著作《社会和经济理论》之中。

古典管理理论是人类历史上首次用科学的方法来探讨管理问题，反映了当时欧洲和美国社会的生产力发展到一定的阶段对管理上的要求，为当时的社会解决企业组织中的劳资关系、管理原理和原则、生产效率等方面的问题，提供了管理思想的指导和科学理论方法。古典管理理论阶段的研究，侧重于从管理职能、组织方式等方面的效率问题，对人的心理因素考虑很少，或根本不去考虑，而且古典管理理论的着重点是组织系统的内部，而对企业外部环境对组织系统的影响考虑得非常少。

2. 行为科学理论及管理理论丛林的发展（20 世纪 30 年代 ~ 60 年代）

20 世纪 20 年代末 ~ 30 年代初，世界经济陷入了空前的大危机。在美国，罗斯福政府开始对宏观经济实行管制，这使得管理学者们不得不注重在微观层面上研究，注重企业硬件（设备、厂房等基础设施）以外造成组织效率下降的影响因素，由此，行为科学理论应运而生。

行为科学理论，重视研究人的心理和行为，这些因素对能否高效率地实现组织目标有重要的影响作用。行为科学研究，起源于以梅奥（G. E. Mayo）为首的美国国家研究委员会与西方电气公司进行合作的霍桑实验（1924 ~ 1932）。该实验的结论是：职工是"社会人"而非"经济人"，工人获得集体的承认和安全比物质刺激更为重要；企业中不但存在着正式组织，而且存在着"非正式组织"；新型的领导能力在于提高职工的满足度，在于通过提高职工的满足度来鼓舞职工的士气。该结论主要研究个体行为、团体行为与组织行为，从而促进了行为科学理论的发展。

行为科学管理理论的产生和发展是现代化大生产发展的必然产物。它把社会学、心理学、人类学等学科的知识导入管理领域，开创了管理领域的一个独具特色的学派，提出了以人为中心来研究管理问题，肯定了人的社会性和复杂性。

从 20 世纪 40 年代到 60 年代，除了行为科学理论得到长足发展以外，学者们还都从各自不同的角度发表自己对管理学的见解。其中较有影响的是以巴纳德（C. Barnard）为创始人的社会合作系统学派，以西蒙（H. A. Simon）为代表的决策学派，以德鲁克（P. F. Drucker）为代表的经验（案例）学派等，到 80 年代初发展为 11 个不同学派。为此，孔茨（H. Koontz）称这个阶段为管理理论丛林时期。

这一时期，不容忽视的现象就是商家对顾客需求的重视。经济的发展、市场的繁荣，促使卖方市场开始向买方市场转变，于是，由美国质量管理专家费根堡姆（A. V. Feigenbaum）首倡的全面质量管理（Total Quality Management，TQM）的"始于顾客，终于顾客"思想，开始引起管理学界的重视，并被世界各国广为传播和接受。

3. 当代管理理论阶段（20 世纪 70 年代至今）

进入 20 世纪 70 年代以后，由于国际环境的剧变，尤其是石油危机对国际环境产生了重要的影响。这时的管理理论以战略管理为主，研究企业组织与环境的关系，重点研究企业如何适应充满危机、动荡和不断变化的环境。迈克尔·波特（M. E. Porter）所著的《竞争战略》把战略管理的理论推向了高峰，他强调通过对产业演进的说明和各种基本产业环境的分析，得出不同的战略决策。

管理科学是继科学管理、行为科学理论之后管理理论和实践发展的结果，目的是通过把科学的原理、方法和工具应用于管理的各种活动中，制订用于管理决策的数学和统计模型，并把这些模型通过计算机应用于管理，降低不确定性，以便使投入的资源发挥最大的作用，获得最大的经济效益。它的作用是用科学的途径帮助管理者制订更好的决策。

目前，成熟的管理科学模型有：决策理论模型、盈亏平衡点模型、库存模型、网络模型、排队模型、资源配置模型和对策模型等。

20 世纪 80 年代为企业再造时代，该理论的创始人是美国麻省理工学院教授迈克尔·哈默（M. Hammer）和管理咨询专家詹姆斯·钱皮（J. Champy），他们认为企业应以工作流程为中心，重新设计企业的经营、管理及运作方式，进行所谓的"再造工程"。美国企业从 80 年代起开始了大规模的企业重组革命，日本企业也于 90 年代开始进行所谓的第二次管理革命。这十几年间，企业管理经历着前所未有的、类似脱胎换骨的变革。

20 世纪 80 年代末以来，信息化和全球化浪潮迅速席卷全球，顾客的个性化、消费的多元化决定了企业必须适应不断变化的消费者的需要，在全球市场上争得顾客的信任，才有生存和发展的可能。这一时代，管理理论研究主要针对学习型组织而展开。彼得·圣吉（P. M. Senge）在所著的《第五项修炼》中更是明确指出，企业唯一持久的竞争优势，源于具有比竞争对手学得更快、更好的能力，学习型组织正是人们从工作中获得生命意义、实现共同愿望和获取竞争优势的组织蓝图。

2.1.2　管理的组织结构

组织结构是保证管理目标实现的重要手段,是管理领域的重要问题。它和信息技术(IT)相互影响又相互支持,且信息系统应支持组织结构和管理体制的变革。

从古代作坊式的直线组织到泰勒的直线职能制,虽然有些变化,但变化不大。近来由于生产规模和技术的发展,以及信息技术的发展应用,企业组织结构形式发生了巨大变化,出现了各种各样的组织形式,归纳起来可以分为以下几种。

1. 直线职能制组织结构

直线职能制组织(Unitary Structure)是一种内部一元化领导的组织形式。直线职能制组织对职务进行专门化,制订大量的规章制度,以职能部门划分工作任务,实行集权式决策,控制跨度狭窄,通过命令链进行经营决策。这种结构的优势在于,它能够高效地进行标准化活动操作;其不足在于容易走向僵化,容易导致不同职能部门之间的冲突,并且在控制跨度较窄的情况下,当管理层级过多时,也容易导致信息传递的迟缓。

图 2-1 是典型的小型生产企业直线职能制组织形式。在这种组织结构中,下属各车间和厂长之间属直线序列,这意味着权力的直接隶属。职能部门,一般设置采购、销售、会计、人事等部门,则不属于直接权力序列,他们无权命令各

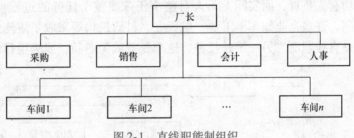

图 2-1　直线职能制组织

车间,只能在全厂制订的规则的基础上按手续办理事务。如果手续不符合规定,他们可以不予办理;如果手续符合规定,他们无权不予办理。

2. 事业部制组织结构

事业部制组织(Divisional Structure)是一种分权运作的形式,首创于 20 世纪 20 年代的美国通用汽车公司和杜邦公司,是直线职能式组织在更大范围,即大公司范围的实现。在总公司领导下设立多个事业部,各事业部有各自独立的产品和市场,实行独立核算,事业部内部在经营管理上则拥有自主性和独立性。这种组织结构形式最突出的特点是“集中决策,分散经营”,即总公司集中决策,事业部独立经营。这是在组织领导方式上由集权制向分权制转化的一种改革,其组织结构如图 2-2 所示。

事业部一般是按产品来划分,如海尔集团产品本部下设空调事业部、洗衣机事业部、电子事业部、模具事业部、生物工程事业部,等等。事业部有较大的自主权,可下设市场部、生产部等。但下设的各个事业部并不是完全子公司,这主要表现在两方面:一方面是有些事务还是全公司管理,如有的大公司实行后勤的统一支

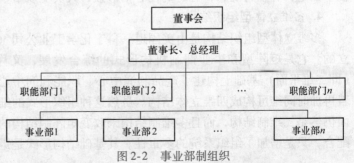

图 2-2　事业部制组织

持，有的实行财务系统的统一处理，当然信息基础的统一更是其特点；另一方面是它有为全公司服务或管理的义务。

可以认为，在事业部制组织中实现了多元化的领导。一些上级的直接领导关系变成了指导关系，而平级之间，由过去统一领导下的配合关系变成了协调关系。多元化的领导必然意味着权力的下放、决策的下放，这样下级才能主动的工作。随着信息技术的发展，管理的幅度可以扩大，过去一个"领导者"最合适的下属数目应是 7~8 个，否则很难进行监督和控制，现在可以扩充到 30 个，因而，组织呈现了扁平化的趋势，也就是在组织结构上有"压扁金字塔"的趋势。扁平化的组织是在决策权下放、协调加强的前提下实现的。应该强调的是，只有组织具有这种条件才能实现和运行好扁平化的结构。

3. 矩阵式组织结构

矩阵式组织（Matrix Structure）又称规划目标结构组织，有纵、横两套管理系统：一套是纵向的职能领导系统，另一套是为完成某一任务而组成的横向项目系统。

由于组织中职能部门的权力过大和直线组织的分段引起任务的分割，每个功能部门似乎均有人负责，而实际上无人对整个任务或整个任务的过程负责。为了加强任务过程的负责制，许多企业如军事工业、航天业、科研机构等采取了矩阵式组织。在矩阵式组织中，一维是直线职能，另一维是任务，这个任务或为产品，或为项目，其形式如图 2-3 所示。

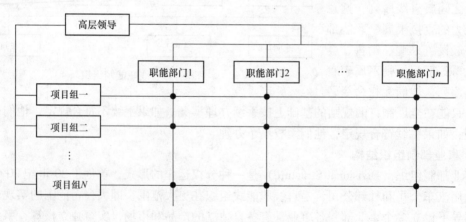

图 2-3　矩阵式组织

矩阵式组织的优点是：加强了横向联系，专业设备和人员得到了充分利用；具有较大的机动性；促进各种专业人员相互帮助，相互激发，相得益彰。矩阵式组织的缺点是：成员位置不固定，有临时观念，有时责任心不够强；人员受双重领导，有时不易分清责任。

4. 多维立体型组织结构

多维立体型组织结构是由美国道—科宁化学工业公司（Dow Corning）于 1967 年首先建立的。它是矩阵型和事业部制机构形式的综合发展，又称为多维组织。它在矩阵制结构（即二维平面）基础上构建了产品利润中心、职能利润中心和地区利润中心三维立体结构，若再加时间维可构成四维立体结构。虽然这种组织形式的细分结构比较复杂，但每个结构层面仍然是二维制结构，而且多维制结构未改变矩阵制结构的基本特征，即多重领导和各部门配合，只是增加了组织系统的多重性。其基础结构形式是矩阵制，可以说它是矩阵制结构的扩展形式。

所谓多维，就是指在组织内部存在三类以上（含三类）的管理机制。这种结构形式由三方面的管理系统组成。

1）按产品（项目或服务）划分的部门（事业部）是产品利润中心。

2）按职能如市场研究、生产、技术、质量管理等划分的是职能利润中心。

3）按地区划分的管理机构是地区利润中心。

在这种组织结构形式下，每一方都不能单独作出决定，而必须由三方代表通过共同协调才能采取行动。因此，多维立体型组织能够促使各部门从组织整体的角度来考虑问题，从而减少了产品、职能和地区各部门之间的矛盾。即使三者间有摩擦，也比较容易统一和协调。这种组织结构形式的最大特点是，有利于形成群策群力、信息共享、共同决策的协作关系。这种组织结构形式适用于跨国公司或规模巨大的跨地区公司。

5. 新型组织结构

自 20 世纪 80 年代以来，在信息技术的支持下，在一些组织中设计并应用了一些新型的组织结构，以增强组织的竞争力，其中最重要的包括虚拟组织、团队组织和无边界组织。

（1）虚拟组织

虚拟组织是由一些独立的厂商、顾客、甚至同行的竞争对手，通过信息技术联成临时的网络组织，以达到共享技术、分摊费用以及满足市场需求的目的。虚拟组织集合各成员的核心能力和资源，在管理、技术、资源等方面拥有得天独厚的竞争优势，通过分享市场机会和顾客，实现共赢的目的。虚拟组织是工业经济时代的全球化协作生产的延续，是信息时代的企业组织创新形式。

如图 2-4 所示，虚拟组织一般应有一个领导企业，领导企业把大量的职能都外包给了外部成员。它甚至将生产制造部分——这个过去企业必备的资源推出去，因而形成无制造的企业（Fabless Company）。其优点在于使企业摆脱了对制造部门的繁重管理工作，企业更容易

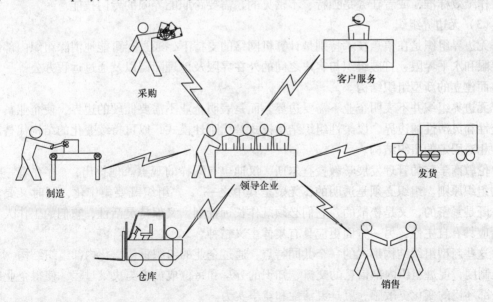

图 2-4　虚拟组织

变革，响应快速变化的市场。从全局来说，虚拟组织有利于很快地重组社会的资源，快出产品，出好产品，适应市场的需要。

汽车设计过程中的"虚拟设计"

汽车设计是汽车厂商价值链的第一个环节，也是最耗费时间的环节。一般要经历概念车提出、手绘初步设计、效果图、制作油泥模型、制作样车、风洞实验、路试和实车碰撞实验等步骤。在计算机进入汽车设计流程之前，汽车厂商的设计、开发部门都是先用铅笔、规尺画图，用图纸与公司内外进行交流，并根据图纸制作实物模型，再根据模型进一步制作冲压模具。

虚拟设计为整车设计流程带来创新——所有那些设计环节变得可以拆分，并行操作：在模具师制作油泥模型的时候，零件设计师可以设计各零件的构造形状并将其发送给供应商，而实验人员也可以利用大型计算机开始汽车测试。样车制造好时，供应商已经开始准备冲压模具组织生产了。甚至，如果在实车测试后需要再次修改也没有关系，设计师只要简单地修改一下参数再进行实验就可以了。这项技术解放了众多原先需要彻夜坚守在办公室的汽车设计师。虚拟设计将汽车厂商、供应商以及经销商组合为一个庞大的"虚拟公司"。

案例来源：IT 时代周刊，2007（8）

（2）团队结构

团队是指一种为了某一目标而由相互协作的个体组成的正式群体。团队结构指的是以团队作为开展组织活动的主要方式。对于小公司来说，团队结构可以作为整个组织结构，提高企业的凝聚力。而对于大企业来讲，团队结构主要作为职能结构的补充，提高企业的灵活性和员工的工作效率。

团队结构的主要特点是打破传统的部门界限，工作团队员工具有决策权和控制权，这种结构形式要求员工既是专才又是全才。团队组织适合于组织中有些重要任务具有特定的期限和工作绩效标准，或者任务是独特、不常见的，需要跨职能界限的专门技能。

（3）无边界组织

无边界组织是在信息技术特别是计算机网络的支持下，通过尽可能地消除组织内部的垂直界限和水平界限、打破组织与客户之间的外在界限及地理障碍以及通过远程办公等一系列调整而建立的新型组织结构。

无边界组织并不表明企业不需要边界，而是表明企业不需要僵硬的边界，使企业具有可渗透性和灵活性的边界，以柔性组织结构模式替代刚性模式，以可持续变化的结构代替原先那种相对固定的组织结构。

伦敦商学院的管理发展学教授查尔斯·汉迪也有同样的观点。他提出，"存在着一些通用的组织原则。组织必须是透明的，无疑是其中之一"；"组织既要集中化，同时又要分散化，既是紧密的，又是松散的，它们必须既作长远计划，又保持灵活性，它们的工作人员一方面应具有自主性，另一方面更应具有集体主义精神"。

这些新型组织结构形式的一个共同特点：通过企业的组织重构简化内部组织结构，弱化等级制度，促进组织内部信息的交流、知识的分享和每位成员参与决策过程，使得企业组织对外部环境的变化更敏感、更具灵活性和竞争实力。

对组织而言，信息技术既是一种资源，也是一种环境条件，因而，信息技术的应用和发展必然会对组织产生方方面面的影响。新技术的出现为组织提供了更多、更新的协调手段，同时，新技术在社会环境上所带来的变换也促使组织对自身作出相应的调整。详细的介绍见第 3 章。

海尔组织结构的演变与启示

　　海尔集团是在原青岛电冰箱总厂基础上发展起来的以家电为主，集研发、生产、贸易及金融各领域为一体的国际化企业。为了营造使企业不断创新的机制，保持企业的高效运作和对市场的快速反应能力，其组织形式始终处于有序的非平衡状态。

　　海尔的组织结构经历了从直线职能式结构、事业部制结构、矩阵式结构再到市场链结构的 4 次大变迁。

　　20 世纪 80 年代，海尔同其他企业一样，实行的是"工厂制"——直线职能式。直线职能式结构就像一个金字塔，下面是最普通的员工，最上面是厂长、总经理。它的好处就是能比较容易地控制到终端。直线职能式在企业规模小的时候，"一竿子抓到底"，反应非常快。但企业规模大了这样就不行了。最大的弱点就是对市场反应太慢。

　　海尔集团成立后，1996 年开始实行"事业部制"，集团由总部、事业本部、事业部、分厂 4 个层次组成，分别承担战略决策和投资中心、专业化经营发展中心、利润中心、成本中心职能。事业部是由集权制向分权制转化的一种改革。海尔集团与事业部之间，事业部与各分厂之间的责、权、利关系相当明晰，初步呈现出分权化、扁平型的组织结构特征，适应了规模扩张和多元化经营的要求，调动了集团管理人员和职工的积极性。

　　为了克服市场反应慢这一问题，海尔把"金字塔式"的直线结构转变成矩阵结构的项目流程。这种结构仍然保留了所有的事业部和事业部的研发、采购、销售等完整的业务流程，但是集团的整个管理职能不再是程序化的由上到下的统一指令，各个事业部不再各自为政。他们会因为项目而发生关联，事业部包揽全部业务流程的权力被肢解。集团把所有的事业部业务流程分成若干项目小组，成立专门的组织结构调整小组。项目小组有权力面对市场和用户，组织生产订单，而后各事业部职能部门抽调人员组成小组，完成整个业务流程（从研发到销售）。这在一定程度上是集团通过项目的形式，把分散在各事业部的业务集中起来进行管理。横坐标是职能部门，包括计划、财务、供应、采购；纵坐标就是不同的项目。对职能部门来讲，横、纵坐标相互的接点就是要抓的工作。这种组织形式的企业在发展多元化的阶段，可以比较迅速地动员所有的力量来推进新项目。

　　1999 年以后，为适应国际化发展的需要，海尔又提出了向市场链结构的转变。海尔集团将原来分属于每个事业部的财务、采购、销售业务分离开来，构成集团直属的有独立核算权的商流、物流、资金流推进本部；又把人力资源、技术质量、信息设备、法律、保卫等部分分离出来，组建独立经营的服务公司。以上述两项工作为基础，把这些专业化的流程体系通过市场链连接起来，设计索酬、索赔、跳闸标准（索酬：就是通过建立市场链为服务对象服务好，从市场中取得报酬；索赔：体现出了市场链管理流程中部门与部门、上道工序与下道工序间互为咬合的关系，如果不能"履约"，就要被索赔；跳闸：就是发挥闸口的作用，如果既不索酬也不索赔，第三方就会自动"跳闸"，"闸"出问题来）。组织结构调整后，集团按照规模经济及专业化分工原则，将各个产品事业部的采购职能、仓储职能、运输职能整合为一个部门——物流，由物流统一行使各产品事业部的上述三种职能；将各产品的国内营销功能整合为一个部门——商流；国外营销部门整合为海外流（海外推进本部）；财务部门整合为资金流。于是，原有的各产品事业部就演变成独立的生产及研发部门，而不再具有其他的功能。

上述几大部门在集团组织结构中的地位是平级的，整合后集团成为直接面对市场的、完整的物流、商流和资金流、技术质量管理、人力资源、设备管理等支持流程体系。经过对原有的职能结构和事业部的重新设计，把原来的职能型结构变成流程型网络结构，垂直业务结构转变为水平业务结构，形成横向网络化的新业务流程。这种结构实现了企业内部和外部网络相连，使企业形成一个开放的而不是封闭的系统，这个开放的系统通过整合各方面的资源来达到满足用户需求的目的，从而实现与用户零距离。

海尔的组织结构逐渐趋向于扁平化、柔性化、虚拟化、以顾客为导向的水平组织，以适应经济全球化发展的需要。

案例来源：51 报告在线，http://www.51report.com/

2.2 系统科学

系统概念是管理信息系统三大基本概念之一。对于系统科学来说，一个是要认识系统，另一个是在认识系统的基础上，去设计、改造和运用系统，这就要有科学方法论的指导和科学方法的运用。

2.2.1 系统论

系统的存在是客观事实，但人类对系统的认识却经历了漫长的岁月，对简单系统研究的较多，而对复杂系统则研究的较少。直到 20 世纪 30 年代前后才逐渐形成一般系统论。系统论是由美籍奥地利人、理论生物学家贝塔朗菲（L. Von. Bertalanffy）创立的。1937 年，贝塔朗菲在芝加哥大学的一次哲学讨论会上第一次提出一般系统论的概念，奠定了这门学科的理论基础。他的论文《关于一般系统论》1945 年公开发表，1948 年，他在美国再次讲授"一般系统论"时，系统论才得到学术界的重视。确立这门科学学术地位的是 1968 年贝塔朗菲发表的专著《一般系统理论——基础、发展和应用》（《General System Theory：Foundations，Development，Applications》），该书被公认为是这门学科的代表作。

随着科学技术尤其是信息技术的飞速发展，系统论与控制论、信息论，运筹学、系统工程、电子计算机和现代通信技术等新兴学科相互渗透、紧密结合。系统论、控制论、信息论，正朝着"三论归一"的方向发展，而系统论是研究控制论和信息论的基础，也是管理信息系统的重要理论基础。

1. 系统论的含义

系统的概念具有普遍适用性。无论是自然界、人类社会，还是思维领域都有系统存在。系统论就是以系统为研究对象，探索和揭示系统发生、发展的基本规律，并用逻辑思维和数学语言定量描述系统的一门科学。系统论形成三个相互关联的具体领域。

一是系统工程，即以系统作为研究对象，从系统的整体出发，采用最合理、经济、有效的组织管理方法和技术，达到系统的目的。系统工程的关键是使系统达到最优化。

二是系统分析，是指从系统的观点出发对事物进行分析或综合，找出各种可行方案，使决策者可以在许多可行方案中选择最优方案。

三是系统管理，是指运用系统工程的思想、方法和程序，对已建成并投入运行的系统进行管理，一般包括系统研究、系统计划、计划执行和工作检查 4 个阶段。这 4 个阶段构成了一个动态的管理过程。

系统论反映了现代科学发展的趋势，也反映了现代社会化大生产的特点和社会生活的复杂性，所以，它的理论和方法能够得到广泛地应用。系统论不仅为现代科学的发展提供了理论和方法，而且也为解决现代社会中的政治、经济、军事、科学、文化等方面的各种复杂问题提供了方法论基础。系统思想正渗透到各个领域。

2. 系统思想

系统思想是一般系统论的认识基础，是对系统的本质属性（包括整体性、开放性、层次性、动态性）的根本认识。系统思想的核心问题是如何根据系统的本质属性使系统达到最优。

（1）整体性

虽然系统是由要素或子系统组成的，但系统的整体功能和性能可以大于各要素的功能和性能之和。因此，在处理系统问题时要注意研究系统的结构与功能的关系，重视提高系统的整体功能。任何要素一旦离开系统整体，就不再具有它在系统中所能发挥的功能。古希腊学者亚里士多德提出"整体大于各部分之和"的著名论断，至今仍为系统思想最经典的概括表述。

（2）开放性

系统科学研究的大量成果表明，封闭的系统是没有活力的。现实中的任何系统，都是在和环境的不断相互作用中体现自己的功能和价值的。也就是说，任何系统都不是孤立于环境、脱离环境而存在的。

（3）层次性

一个系统总是由若干子系统组成的，该系统本身又可看做是更大的系统的一个子系统，这就构成了系统的层次性。如管理信息系统可以分为战略子系统、战术子系统和作业子系统三个层次。不同层次上的系统运动有其特殊性。在研究复杂系统时要从较大的系统出发，考虑到系统所处的上下左右关系。

（4）动态性

系统之所以复杂，还在于它是在不断地变化和运动之中运转的。一般来说，组织系统中总是存在着各种流：物质流、能量流、信息流和资金流，等等。这些流是否正常平稳，对于组织来说是非常重要的。如在信息系统中，要考虑信息从哪里来、到哪里去、存储在哪里、在哪里加工处理，等等，都涉及系统中信息的动态变化。

系统论是研究一切系统的共同规律的学科，目前耗散结构论、协同学、突变论、模糊系统理论等新的科学理论，从各方面丰富并发展了系统论的内容。

2.2.2　系统工程

从应用角度来看，为了使系统具有我们期望的功能，特别是最优的功能，可以通过改变和调整系统结构或系统环境，以及它们之间的关联关系来实现。但系统环境并不是想改变就能改变的，我们只能主动去适应。而系统结构却是我们能够改变、调整和设计的。这样，我们便可以通过改变、调整系统组成部分或组成部分之间、层次结构之间以及与系统环境之间的关联关系，使它们协同工作，从而从整体上达到我们满意的和最优的功能，这就是系统工程所要实现的主要目标。

1. 系统工程的含义

系统工程（System Engineering）具有两重含义：第一种含义是指那些规模庞大、涉及因素众多的任务或项目，它们需要从整体上加以把握，综合地进行处理。第二种含义是指处理上述任务或项目所应用的思想、方法而构成的学科。

从第一种含义来看，像阿波罗登月计划就是典型的系统工程，城市公共交通的发展也是一项系统工程。

从第二种含义来看，作为学科的系统工程，是人们在社会实践中，特别是在大型工程或经济活动的规划、组织与管理中，需要综合考虑系统所要解决的共性问题，研究其普遍规律。由于系统工程是一门新兴的交叉学科，尚处于发展阶段，还不够成熟，至今还没有统一的定义。现列举国内外知名学者对系统工程所作的解释，为我们认识"系统工程"提供借鉴和参考。

我国著名学者钱学森提出，系统工程是组织管理系统的规划、研究、设计、制造、试验和使用的科学方法，是对所有系统都具有普遍意义的科学方法。简言之，"组织管理的技术——系统工程"。

美国的 H. 切斯纳（H. Chestnut）指出："系统工程认为虽然每个系统都是由许多不同的特殊功能部分所组成，而这些功能部分之间又存在着相互关系，但是每一个系统都是完整的整体，每一个系统都要求有一个或若干个目标。系统工程则按照各个目标进行权衡，求得最优解（或满意解），并使各组成部分能够最大限度地相互适应。"

2. 系统工程的主要特点

系统工程是一门工程技术，用以改造客观世界并取得实际成果，这与一般工程技术问题有共同之处。但是，与一般工程比较，系统工程有以下几个特点：

（1）研究的对象广泛

系统工程的研究对象包括人类社会、生态环境、自然现象和组织管理等。

（2）软硬结合，以"软"为主

系统工程所处理的问题不仅涉及各种技术方面的"硬"因素，而且还涉及社会、心理等"软"因素，或者说人的因素。因此，系统工程同时又是一门以软技术、软科学为主的"软"工程技术。

（3）高度综合

一是指用到的知识是综合性的，系统工程的研究不仅应用到数、理、化、生物等自然科学，而且也要用到其他工程技术，如管理科学、经济学、社会学、心理学等与人的思想、行为、能力有关的知识；二是开展系统工程项目要有各方面的专家参加，协同工作。因此，系统工程是高度综合的产物，它讲究整体、综合和联系，只有应用各种学科的广泛知识，才有可能有效地规划、设计、管理和控制一个复杂的系统。

（4）定性分析和定量计算相结合

因为系统工程所研究的对象往往涉及人，这就涉及人的价值观、行为学、心理学、主观判断和理性推理，因而系统工程所研究的大系统比一般工程系统复杂得多，处理系统工程问题不仅要有科学性，而且要有艺术性和哲理性。

3. 系统工程的方法论

系统工程方法论就是开展系统工程的一般过程或程序，它反映系统工程研究和解决问题的一般规律或模式。

20 世纪 60 年代以来，许多学者对系统工程方法论进行了探讨，发现企图找到能够处理世界上所有问题的一成不变的"万能"方法是不现实的，但是，总还是可以找到一些带有普遍意义的思路和模式，这就是系统工程方法论。其中影响最大的是 1968 年美国贝尔电话公司工程师霍尔（A. D. Hall）提出的系统工程三维结构，简称为霍尔模型，其三维是指时间维、逻辑维和知识维（专业维），如图 2-5 所示。

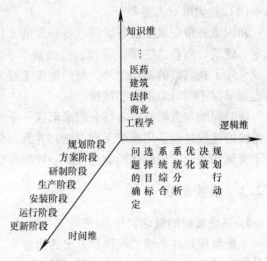

图 2-5　系统工程三维形态图

（1）时间维

对于一个具体的工程项目，从规划工作开始一直到系统更新的全过程可分为如下 7 个阶段：①规划阶段（调研、工作程序设计阶段）；②方案阶段（具体计划阶段）；③研制阶段（系统开发）；④生产阶段；⑤安装阶段；⑥运行阶段；⑦更新阶段。上述 7 个阶段是按时间先后顺序排列的，所以称为"时间维"。

（2）逻辑维（解决问题的逻辑过程、步骤）

将时间维的每一个阶段展开，在每一个阶段都可以划分为若干个逻辑步骤，从而展示出系统工程的详细结构。所谓逻辑维，就是每一个工作阶段例行要做的几个工作步骤，即明确问题、确定目标、系统综合、系统分析、系统优化、决策、实施。

1）明确问题：按照系统的观点，收集各种有关资料和数据，把问题的历史、现状、发展趋势与环境因素调查、分析清楚，把握住问题的实质和要害，并使有关人员做到心中有数。为了将问题的实质、要害搞清楚，就要进行调查研究。

2）确定目标：系统问题往往具有多个目标，在摆明问题的前提下，应该选择明确的指标体系，作为以后衡量各个备选方案的评价标准。确定目标关系到整个工程的方向、规模、投资、工程周期、人员配备等，因而是十分重要的环节。

3）系统综合：按照问题的性质、系统目标、环境和条件的要求，拟定若干个备选方案，对每个备选方案都列出其费用、资源消耗、功能等指标，并说明其优缺点。

4）系统分析：对每一种方案建立各种模型，进行仔细分析，得出可靠的数据、资料和结论。系统分析主要依靠模型（有实物模型与非实物模型，尤其是数学模型）来代替真实系统，利用演算和模拟代替系统的实际运行，进行仿真。在系统分析的过程中，可能形成新的方案。

5）系统优化：按照主要准则，包括效果、风险、成本、效益等方面，对各方案在各种条件下进行评价，使各备选方案都尽量均衡地满足系统的评价指标最优。

6）决策：根据系统优化的结果，选出最优方案。若最优方案有多个时，进一步考虑一些定性目标，最后决策出一个或几个方案。

7）实施：根据最后选定的方案，拟定具体的实施计划并组织实施，在决策或实施中，有时会遇到原定方案有不满意的情况。这时就有必要回到前面逻辑步骤中认为需要修改的一步开始重新做起，然后再进行决策或实施。这种反复有时会出现多次，直到满意为止。

（3）知识维（专业维）

知识维是指完成上述各阶段、各步骤的工作所需要的各种专业知识和技能，包括工程、医学、建筑、商业、法律、管理、社会科学、艺术等。钱学森先生认为"系统工程的理论基础，除了共同性的基础之外，每门系统工程又有各自的专业基础。这是因为对象不同，当然也要掌握不同对象本身的规律。"

把时间维与逻辑维两者结合起来形成一个二维结构，称为系统工程的活动矩阵。管理信息系统的建设过程采用系统工程方法，并且强调统一的、规范化的工作流程，以及共识的、便于交流和沟通的规范化的表达方式。详细讨论见第6、7章。

2.2.3 系统集成

1. 系统集成的概念和作用

系统集成是在系统工程科学方法的指导下，根据用户需求，优选各种技术和产品，将各个分离的子系统连接成为一个完整、可靠、经济和有效的整体，并使之能彼此协调工作，发挥整体效益，达到整体性能最优。例如，一个计算机网络系统就是由一批计算机集成而得到的。而把 CAD（计算机辅助设计）、CAM（计算机辅助制造）和 MIS 综合在一起，也属于系统集成，而且是比计算机联成网络更高级的集成。

系统集成在概念上绝不只是联通，而是有效的组织。有效的组织意味着系统中每个部件得到有效的利用，协调的工作；或者反过来说，是为了达到系统的目标并且使所耗的资源最少，包括组成的设备最少和运行消耗最少。系统集成是要达到系统的目标，这个目标是 $1+1>2$，即系统的总效益大于各部件效益之和。事实上对于信息系统而言，集成的系统所完成的效益往往是每个分系统单独工作所无法完成的，因而是 $1+1>2$。[⊖]

如果系统集成各部件均无法实现效益最大化，系统集成的重要性就在于要解决系统效益的瓶颈。供应链管理（SCM）就是一个很好的例子，它通过现代化的信息技术把物流和生产过程紧密集成为一体，提高了生产率和管理水平。

2. 系统集成的分类

像其他任何对象的分类一样，从不同的角度可以把系统集成分为不同的类型。

（1）按系统优化程度分类

按优化程度可将系统集成分为联通集成、共享集成和最优集成。

1）联通集成，顾名思义，就是首先保证系统能互相联通。这是出自网络的要求。联通性（Connectivity）是指计算机和计算机外围设备在无人干涉的情况下，相互通信和共享信息的性能。在管理信息系统的应用过程中，相应的集成包括：业务集成、应用集成、数据集成、软件集成、网络集成和硬件集成等。

⊖ 薛华成. 管理信息系统. 5 版. 北京：清华大学出版社，2007

2) 共享集成是指整个系统的信息能为系统中所有用户所共享。一般来说，系统中的数据库，其内容为整个组织所共享，而且要维护到最新状态。除此之外，所有用户的数据在必要时，也容易被其他用户所访问。共享集成还可以包括应用软件的共享，通过在网络上提供很好的软件，使用户容易应用或下载，从而不必每台机器均独立装设许多软件。

3) 最优集成是最高水平的集成、理想的集成，这是较难达到的集成，一般只有在新构建系统时容易实现。在新建系统时，容易了解系统目标，自顶向下、从全面到局部进行规划，合理地确定系统的结构，从全局考虑各种设备和软件的配置，达到总经费最省，性能最好。

(2) 按经济活动中集成的内容分类

按经济活动中集成的内容可将系统集成分为技术集成、管理集成、技术与管理的综合集成。

1) 技术集成主要是达到技术上的联通，解决技术上的问题。如合用性、可取性、响应时间、满足要求的功能，以及容易操作等。例如，管理信息系统中的网络集成、硬件集成；制造业中的设计与加工的集成，等等。

2) 管理集成包括组织的集成、业务流程的集成、运行机制的集成、管理模式的集成和管理方法的集成，例如，供销存的集成、生产与财务的集成，等等。

3) 技术与管理的综合集成：计算机集成制造系统（CIMS）就是技术与管理综合集成的范例。而企业资源规划（ERP）是更大范围的技术与管理集成，涉及供应链管理和客户关系管理。

(3) 按集成程度的系统集成分类

按具体程度可将系统集成分为概念集成、逻辑集成和物理集成。形象地说，概念集成是看不见摸不着的，是人们头脑中的集成构思，还不能直接实施；逻辑集成是看得见摸不着的，是依据构思设计集成方案；而物理集成是看得见摸得着的，是实施集成方案得到的最终集成产物。概念集成是最高层抽象思维的集成。一般来说它是定性的、宏观的，它确定了解决问题的总体思路。概念集成的依据是经验和知识。

现实的问题或需求经过人的表达，并根据这种表达提取经验和知识，就可以为所要实现的系统进行概念集成，勾画出其概念模型。然后在规则和方法的支持下，将其转化为逻辑集成模型，利用逻辑集成模型和现实状况进行比较，以确定集成方案能否很好地解决现实的问题，再进行物理集成，就可以建立满足现实需求的系统。

3. 信息系统集成

信息系统集成，就是通过结构化的综合布线系统和计算机网络技术，将各个分离的设备（如个人计算机）、功能和信息等集成到相互关联的、统一和协调的系统之中，使资源达到充分共享，实现集中、高效、便捷的管理。

信息系统集成采用功能集成、网络集成、软件界面集成等多种集成技术。系统集成实现的关键在于解决系统之间的互连和互操作性问题，它是一个多厂商、多协议和面向各种应用的体系结构。需要解决各种设备、子系统间的接口、协议、系统平台、应用软件以及组织管理等一切面向集成的问题。

信息系统集成主要包括以下几个子系统的集成：

1) 硬件集成：使用硬件设备将各个子系统连接起来，例如，使用路由器连接广域网等。

2）软件集成：软件集成要解决的是异构软件之间的相互接口问题。

3）信息集成：信息集成建立在硬件集成和软件集成之上，是系统集成的核心，通常要解决的主要问题包括减少数据冗余；更有效地实现信息共享；确保信息的安全保密。

4）业务集成：企业的核心问题是经济效益，使各部门协调一致地工作，做到销售、生产和采购等业务的高效运转，是系统集成的重要内容。

5）人与组织机构集成：也是最优集成，是系统集成的最高境界，提高每个人和每个组织机构的工作效率，通过系统集成来促进企业管理水平和效率的提高。

Celanese（赛拉尼斯）公司的企业系统集成

德国 Celanese AG 公司是一家全球性的化学公司，生产化工日用品和特殊品、工程聚合物、塑料薄膜和食物配料。公司自 1979 年开始成为 Hoechst AG 医药的一部分，1999 年又从 Hoechst AG 公司分离出来。在 2003 年年末，Celanese AG 实现了 50 亿美元的年销售，拥有大约 9500 名雇员，总部位于德国 Kronberg，并有 30 个机构设于 6 大洲的 11 个国家。

Celanese 与许多大公司一样，从 20 世纪 80 年代到 90 年代聚焦于业务的分散化，形成许多子公司，公司总部的运行方式像个持股公司。在不同的子公司中，安装有不同的 SAP 系统。例如，在某个子公司，它使用的是具有完整互联网功能的 SAP4.6，而在其他子公司，使用的却是 SAP3.1，且每个子公司可随意修改 SAP 软件包以满足自己的需要。2000 年，公司中有 13 个 MIS 系统，分布在 5 个不同的计算中心。

2000 年，世界经济开始衰退，Celanese 的许多子公司面对下降的销售，开始寻找方法减少它们的开支，子公司的管理集中化成为降低成本的选择。

Celanese 公司的管理层启动了一个新项目——对所有的子公司进行集中化管理，项目命名为 One Celanese。Karl Wachs 临危受命，就任公司的 CIO，主要的任务是集成公司的信息系统来降低公司的成本。Karl Wachs 很快决定把所有公司分散的企业管理信息系统集成为一个系统。并将它命名为 OneSAP，它将把公司中各种 SAP 系统集成为一个系统。项目的总成本大约是 6000 万美元，分为 6 个子系统，包括财务、供应链管理、制造管理、订单—现金流管理、产品研发管理、过程管理。此外，还成立了一个项目团队清理和集成各种现存的 SAP 系统中的数据，将其转入 OneSAP 中，从而保证新系统的可靠性和正确性。

集成工作面临的最大的挑战不在技术上，而是要让已经习惯于应用原来系统的雇员改变他们的工作方式，以适应企业过程的标准集合。为了完成这项变革，要求组织变革、企业文化变革、企业流程的重组，要得到最高层的绝对支持，教育雇员适应整个公司的变化和使用新的集成系统。

案例来源：塞拉尼斯公司，http://www.celanese.com

2.3 运筹学与管理模型

运筹学是软科学中"硬度"较大的一门学科，兼有逻辑的数学和数学的逻辑的性质，是系统工程学和现代管理科学中的重要基础理论和不可缺少的方法、手段和工具。

在现代社会经济生活中，特别是在企业经营管理决策中，需要运用大量的运筹学知识来解决生产和经营中的管理决策问题，而管理信息系统作为支持和服务企业管理的工具，为实现预测和决策功能也需要运筹学研究的方法和模型。

2.3.1　运筹学概述

运筹学（Operations Research，OR）是近代应用数学的一个分支，主要是将生产、管理等事件中出现的一些带有普遍性的运筹问题加以提炼，然后利用数学方法进行解决。前者提供模型，后者提供理论和方法。

运筹学的思想在古代就已经产生了。敌我双方交战，要克敌制胜就要在了解双方情况的基础上，找到最优的对付敌人的方法，即所谓的"运筹帷幄之中，决胜千里之外"。但是运筹学作为一门数学学科，用纯数学的方法来解决最优方法的选择安排，是 20 世纪 40 年代首先在英、美两国发展起来的。

第二次世界大战期间，当时迫切需要把各项稀少的资源以有效的方式，分配给各种不同的军事组织及在每一组织内的各项活动，所以，英国及随后美国的军事管理当局都号召大批科学家运用科学手段来处理战略与战术问题，实际上，这便要求他们对种种（军事）组织进行研究，这些科学家小组正是最早的运筹小组。第二次世界大战期间，运筹学成功地解决了许多重要的作战问题，显示了科学的巨大威力，为运筹学后来的发展铺平了道路。

当第二次世界大战后的工业恢复繁荣时，由于组织内与日俱增的复杂性和专门化所产生的问题，使人们认识到这些问题与战争中曾面临的问题类似，只是处于不同的现实环境而已，运筹学就这样运用到了工商企业和其他部门，并在 20 世纪 50 年代以后得到了广泛的应用。

有的学者把运筹学描述为"就组织系统的各种经营作出决策的科学手段"。P. M. Morse 与 G. E. Kimball 在他们的奠基作中给运筹学下的定义是："运筹学是在实行管理的领域，运用数学方法，对需要进行管理的问题统筹规划，作出决策的一门应用科学。"

运筹学的一般定义是，管理系统中的人为了获得关于系统运行的最优解而必须使用的一种科学方法。它使用许多数学工具（包括概率统计、数理分析、线性代数等）和逻辑判断方法，来研究系统中人、财、物的组织管理、筹划调度等问题，以期发挥最大效益。

运筹学作为一门用来解决实际问题的学科，在处理千差万别的各种问题时，一般有以下几个步骤：确定目标、制订方案、建立模型、制订解法。

2.3.2　运筹学在管理信息系统中的应用

随着科学技术和生产的发展，运筹学已渗入很多领域，发挥了越来越重要的作用。运筹学本身也在不断发展，现在已经是一个包括几个分支的数学门类了。运筹学的具体内容包括：规划论（包括线性规划、非线性规划、整数规划和动态规划）、图论、决策论、对策论、排队论、存储论、可靠性理论、库存论、搜索论、模拟等。下面通过一些实际应用的管理信息系统中的运筹学模型，分析运筹学在管理信息系统中的应用。

1. 数学规划

数学规划即上面所说的规划论，是运筹学的一个重要分支。数学规划的研究对象是计划管理工作中有关安排和估值的问题，解决的主要问题是在给定的条件下，按某一衡量指标来寻找安排的最优方案。它可以表示为求函数在满足约束条件下的极大、极小值问题。

这里最简单的一种问题就是线性规划。如果约束条件和目标函数都是呈线性关系的就叫线性规划。要解决线性规划问题，从理论上讲都要解线性方程组，因此求解线性方程组的方法，以及关于行列式、矩阵的知识，就是线性规划中必要的工具。

线性规划及其解法"单纯形法"的出现，对运筹学的发展起了重大的推动作用。许多实际问题都可以转化成线性规划来解决，而单纯形法又是一个行之有效的算法，加上计算机的出现，使一些大型、复杂的实际问题的解决成为现实。

非线性规划是线性规划的进一步发展和继续。许多实际问题，如设计问题、经济平衡问题都属于非线性规划的范畴。非线性规划扩大了数学规划的应用范围，同时也给数学工作者提出了许多基本理论问题，使数学中的如凸分析、数值分析等也得到了发展。还有一种规划问题和时间有关，叫做"动态规划"。近年来在工程控制、技术物理和通信的最佳控制问题中，它已经成为经常使用的重要工具。

规划论在管理的各个层次、各个环节都形成了较为成熟的管理方法和定量化的管理模型，为管理信息系统的应用创造了条件。例如，综合计划中的资源限制模型，反映企业现有各类资源和实际情况对综合发展模型的限制，常用的模型就是数学规划模型、资源分配限制模型。还有生产计划管理，包括生产计划大纲和生产作业计划两类，生产计划大纲主要安排与综合计划有关的生产量指标，常用的模型也是数学规划模型（如优化生产计划模型）、物料需求计划模型、能力需求计划模型和投入—产出模型。

Citgo 石油公司的供应、分配和市场营销计划（SDM 系统）

Citgo 石油公司（Citgo Petroleum Corporation）专门从事石油精炼与营销，在几年的财务亏损之后，Citgo 公司被 Southland 公司收购。为了扭转 Citgo 的财务亏损，Southland 公司建立了一个由 Citgo 职员、Southland 公司职员和外部咨询人员组成的任务小组，一个杰出的运筹咨询专家被任命为任务小组的指导员。任务小组在整个公司内负责建立管理信息系统，以及使用运筹学技术帮助生产管理和供应链管理。

两个最重要的运筹学应用都是提供管理信息系统的线性规划系统。一个是精炼生产线性规划系统，带来了精炼生产的巨大改进，人力成本的持续减少和其他重要的成本节约。

另一个线性规划系统应用于供应、配送和市场营销模型系统（SDM 系统）。SDM 系统被用来协调 Citgo 主要产品在美国的供应、分配和营销（4 个类别的动力车燃料和 2 号燃料油）。管理层利用这个系统制订诸如在哪里销售，什么价格，在什么地方买和交易，购买多少，保持多少库存，每一种运输模式运输多少，等等。线性规划以最大化利润和最小化成本来知道这些决策的制订以及什么时候执行这些决策。模型中每一个主要产品有 15000 个决策变量和 3000 个等式约束，需要大规模的数据收集来决定所有的参数值。为此，公司建立了大型数据库管理系统以及在此基础上的 SDM 管理信息系统。SDM 系统大大提高了 Cigto 公司的供应、分配和市场营销的效率。在服务水平没有下降的情况下，使产品库存大幅度地减少，系统运行第一年石油库存减少 11650 万美元。在协作、定价、购买决策上的改进，至少每年增加了 250 万美元的利润。同时，SDM 系统还带来了许多间接的收益，包括改进的数据、更好的价格策略以及在供应、分配、市场营销和精炼组织间的通信和协调能力的增强。

案例来源：Frederick S. Hillier. 运筹学导论. 北京：清华大学出版社，2007

2. 图论

图论是一个古老的但又十分活跃的分支，它是网络技术的基础。图论的创始人是数学家欧拉，1736 年，他发表了图论方面的第一篇论文，解决了著名的"哥德斯堡七桥难题"。相隔一百多年后，在 1847 年，基尔霍夫第一次应用图论的原理分析电网，从而把图论引进到工程技术领域。20 世纪 50 年代以来，图论的理论得到了进一步发展，将复杂庞大的工程系统和管理问题用图描述，可以解决很多工程设计和管理决策的最优化问题，例如，完成工程任务的时间最少，距离最短，费用最省等问题。图论受到数学、工程技术及经营管理等各方面越来越广泛的重视。

最短路径问题、最小生成树问题、最大流问题、最小费用流问题和网络计划法在实际的管理信息系统中都有很成熟的应用。

BMZ 公司的物流运输

BMZ 公司是欧洲一家生产豪华汽车的制造商。它因提供优质的服务而获得了很好的声誉，保持这个声誉一个很重要的秘诀就是它有着充裕的汽车配件供应，从而能够随时供货给公司众多的经销商和授权维修店。

这些供应件主要存放在公司的配送中心里，这样一有需求就可以立即送货。卡尔（BMZ 公司供应链的经理）优先考虑的是改进这些配送中心的不足之处。

该公司在美国有几个配送中心，但是，离洛杉矶中心最近的一个配送中心却坐落在离洛杉矶 1000 多英里（1mile = 1609. 344m）的西雅图，保证洛杉矶中心良好的供应是尤为重要的。因此，现在那里的供应不断减少的现状成为了公司高层管理真正关心的问题。

大部分的汽车配件以及新车是在该公司坐落于德国斯图加特的总厂一起生产的。也就是这家工厂向洛杉矶中心供应汽车配件，每月有超过 300000 立方英尺（$1ft^3 = 0.0283168m^3$）的配件需要运到那里。现在，下个月需要尽可能多的数量以补充正在减少的库存。

需要尽快制订一个方案，使得下个月从总厂运送到洛杉矶配送中心的供应件尽可能多。这就是一个最大流的问题：一个使得从总厂运送到洛杉矶配送中心的配件流最大的问题。因为总厂生产的配件量远远要大于能够运送到配送中心的量，所以，可以运送多少配件的限制条件就是公司配送网络的容量。

这个配送网络如图 2-6 所示。在图中，标有 ST 和 LA 的节点分别代表斯图加特的工厂和洛杉矶的配送中心。由于工厂所在地有一个铁路运转点，所以首先通过铁路把配件运输到欧洲的三个港口：鹿特丹（RO）、波尔多（BO）和里斯本（LI）；然后通过船运到美国的港口纽约（NY）或新奥尔良（NO）；最后用卡车送到洛杉矶的配送中心。每条弧下方方括号里的数字代表该弧的容量。可以通过求解获得最佳选择。总运输量是 150。

案例来源：《运筹学》案例分析，http://202.113.13.67/course/tddg/index.htm

3. 排队论

排队论是运筹学的又一个分支，它又称为随机服务系统理论。它的研究目的是要回答如何改进服务机构或组织被服务的对象，使得某种指标达到最优的问题。比如一个港口应该有多少个码头，一个工厂应该有多少维修人员等。

排队论是在 20 世纪初，从丹麦工程师艾尔郎研究关于电话交换机的效率开始的。在第二次世界大战中，为

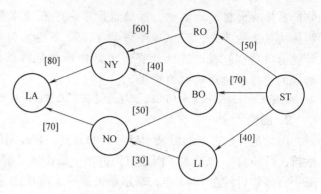

图 2-6　BMZ 公司的物流配送网络模型

了对飞机场跑道的容纳量进行估算，它得到了进一步的发展。第二次世界大战后，排队论迅速发展，并在工农业、商业、交通运输、旅游等部门得到应用。

由于排队现象是一个随机现象，因此在研究排队现象的时候，主要采用的是以研究随机现象的概率论作为主要工具，此外，还有微分和微分方程。排队论把它所要研究的对象形象地描述为顾客来到服务台前要求接待，如果服务台已被其他顾客占用，那么就要排队。另一方面，服务台也时而空闲、时而忙碌。这就需要通过数学方法求得顾客的等待时间、排队长度等的概率分布。

排队论在管理中的应用是相当广泛的，经常被应用到商业服务系统、运输服务系统、内部服务系统和社会服务系统中。比如水库水量的调节、生产流水线的安排、铁路的调度、电网的设计等。

排队论在中国联通网络运维体系中的应用

移动网络运营商对运维人员进行排班的科学性，对网络的运行质量起着重要的作用。网络故障的出现在一定时间周期内符合泊松分布的自然规律，因此，在确定运维人员数量时，可以用排队论的思想来建模。

对于运维中心来说，每故障总耗时（T）是衡量运营商运维能力的重要指标，也是影响网络运行质量的重要因素。所谓每故障总耗时，是指网络故障从发现告警到故障彻底排除的总时间，$T = t1 + t2$，其中 $t1 = $ 出障 + 等待，$t2 = $ 分析 + 预处理 + 派单 + 沟通 + 回单 + 分析归档。把运维中心简单化来看，就是一个非常标准的排队论模型，从模型本身来看，是非常简单的三个过程，顾客到来、接受服务和离开。

其中当顾客比较多，而服务台不能同时服务足够多的顾客时，就有顾客开始排队，直到自己被服务为止。对于运维中心，情况基本相同，所以就可以利用排队论模型来对运维中心的相关数据进行分析。

通过使用排队论模型对运维中心进行建模，可以掌握一天各时间段内的故障情况，明确影响因素，通过调整值班的运维人员数量来控制排障总体时间。

案例来源：中国联通专题报道，http://www.chinaunicom.com.cn./profile/xwdt/ztbd/file1525.html

4. 存储论

物料的存储是企业经营过程中的常见现象。例如，为了保证正常生产，工业企业不可避

免地要存储一些原材料和半成品，当销售不畅时，工业企业也会形成一定的产成品存储（积压）；商品流通企业为了其经营活动，必须购进商品并存储起来。但对企业来说，如果物资存储过多，不但占用流动资金，而且还占用仓储空间，增加保管成本，甚至还会因库存时间延长使存货出现变质和失效而带来损失。反之，若物资存储过少，企业就会由于缺少原材料而被迫停产，或失去销售机会而减少利润，或由于缺货需要临时增加人力和成本。

诸如此类与存储量、订货量和订货时间有关的问题，成为对企业进行现代化科学管理的一个重要内容。专门研究这类有关存储问题的科学，构成运筹学的一个分支，称为存储论，又称库存论，它是运筹学最早获得成功应用的领域之一。

存储问题通常包括以下几个要素：

（1）需求

存储的目的是为了满足需求，因为未来的需求，必须有一定的存储。从存储中取出一定数量，这将使存储数量减少，这就是存储的输出。有的需求是间断的，例如铸造车间每隔一段时间提供一定数量的铸件给加工车间；有的需求是均匀连续的，例如在自动装配线上每分钟装配若干件产品或部件；有的需求是确定的，如公交公司每天开出数量确定的公交车；有的需求是随机的，如商场每天卖出商品的品种和数量；有的需求是常量，有的需求是非平稳的。总之，存储量因需求的满足而减少。

（2）补充订货

存储因需求而不断减少，必须进行补充，否则会终因存储不足无法满足需求。补充就是存储的输入。补充的办法可采用外部订货的方式，这里订货一词具有广义的含义，不仅从外单位组织货源，有时由本单位组织生产或是车间之间、班组之间甚至前后工序之间的产品交接，都可称为订货。订货时要考虑从订货起到货物运到之间的滞后时间。滞后时间可分为两部分，从开始订货到货物达到为止的时间称为拖后时间，另一部分时间为开始补充到补充完毕为止的时间。滞后的出现使库存问题变得复杂，但存储量总会因补充而增加。

（3）存储策略

存储论要研究的基本问题是货物何时补充及补充多少数量，任何一个满足上述要求的方案都称为一个存储策略。确定存储策略时，首先要把实际问题抽象为数学模型。在形成模型过程中，对一些复杂的条件尽量加以简化，只要模型能反映问题的本质就可以。然后用数学的方法对模型进行求解，得出数量的结论。结论是否正确，还要到实践中加以检验。如结论不符合实际，则要对模型加以修改，重新建立、求解、检验，直到满意为止。

（4）费用

存储策略的衡量标准是考虑费用的问题，所以，必须对有关的费用进行详细分析，存储中的费用通常包括生产费、订货费、存储费、缺货费及相关的费用。

总之，一个好的存储策略，既可以使总费用小，又可以避免因缺货影响生产（或对客户失去信用），可以根据不同的情况，提出各种类型的最优存储策略。常用的库存管理模型有库存物质 ABC 分类法、库存定量管理、最佳经济批量模型等。

在一般情况下，需求量是一个随机变量，服从一定的概率分布。库存水平取决于订货和供货方式。若订货仅在有限的时刻提出，约定即时交货，则最优存储策略的研究归结为确定一系列订货量，使得在满足具有一定概率分布的需求时总损失费用的期望值最小，也可提出使损失费用超过某一给定值的概率最小。一般说来，最优库存水平决定于订货策略。它与起始库存量、交货时滞、交货和订货方式、有无固定费用、订货次数，以及费用与库存量是否成比例等因素有关。可以根据不同的情况，提出各种类型的最优存储策略。常用的库存管理模型有库存物质 ABC 分类法、库存定量管理、最佳经济批量模型等。

IBM 的多梯次库存管理

IBM 有大约 1000 种服务产品。因而，它雇用了超过 15000 名客户工程师，他们都经过了培训，来维修和维护所有 IBM 在美国出售或出租的原装计算机系统。

为了支持这一工作，IBM 维持了一个庞大的零配件多梯队库存系统。这个系统控制数量超过 20 万的配件，总库存价值达数十亿美元。每年处理的零件数以百万计。

这个系统的梯次开始于零件的生产，然后是国家或地区仓库，其次是外地配送中心，再其次是零件站，最后是数以千计的外地中心（包括客户的库存地点和工具车或公司客户工程师的工具箱）。

为协调和控制所有这些不同梯次的库存，发展出一个称为 Optimizer 的庞大的计算机系统。Optimizer 由四大模块组成。第一种是预测系统模块，包括一些估算个别零件类型不合格率的程序。第二种是数据传输系统模块，约由 100 个程序组成，需要处理超过 15 千兆字节的数据，以向 Optimizer 提供必要的输入。第三种是决策系统模块，优化每周的库存管理。第四种模块包括 6 个程序，它将 Optimizer 整合进 IBM 的零件库存管理系统（PIMS）。PIMS是一种先进的含有数百万行代码的信息管理系统。

Optimizer 跟踪所有库存地点的每个零件数目的库存水平（除了外地中心，那里只追踪成本大于某一特定限度的零件）。一个（R，Q）类库存系统策略被用于各地区和系统中各梯次的每个零件。

这样一个复杂的系统设计完成以后就需要按设计要求实施。三个因素被证明对于成功实施计划尤其重要。第一个成功因素是用户组的参与（由业务经理组成），他们在整个研究中作为项目组的顾问。到实施阶段时，这些业务经理就有了强烈的主人意识，从而成为他们所负责区域安装 Optimizer 的忠实支持者。第二个成功因素是非常广泛的用户接受测试，这样在全面实施之前使用者能识别出需要订正的问题。第三个成功因素是新系统被逐步分为多个阶段，仔细检查每个阶段，这样在系统运行之前自然会除去很多大的缺陷。

这种新的梯次库存系统被证明是非常成功的。通过提高运作效率，它每年可节省约 200万美元左右。它还通过降低 IBM 的库存值，使 IBM 每年节省库存成本（包括绑定在存货上的资金成本）超过 25 亿美元左右。尽管库存数量上有大量削减，但是改进的库存管理却能为 IBM 的客户提供更好的服务。具体而言，新的系统使零件在降低梯次的有效性上提高了10%（使用户受到了影响），同时保持了零件在高梯次上的有效性。

案例来源：Frederick S. Hillier. 运筹学导论. 北京：清华大学出版社，2007

5. 决策论

决策论研究决策问题。所谓决策就是根据客观可能性，借助一定的理论、方法和工具，科学地选择最优方案的过程。决策问题是由决策者和决策域构成的，而决策域又由决策空间、状态空间和结果函数构成。研究决策理论与方法的科学就是决策科学。决策所要解决的问题是多种多样的，从不同角度有不同的分类方法。按决策者所面临的自然状态的确定与否可分为：确定型决策、风险型决策和不确定型决策；按决策所依据的目标个数可分为：单目标决策与多目标决策；按决策问题的性质可分为：战略决策与策略决策。按不同准则划分成的种种决策问题类型，应采用不同的决策方法。

决策的基本步骤为：①确定问题，提出决策的目标；②发现、探索和拟定各种可行方案；③从多种可行方案中，选出最满意的方案；④决策的执行与反馈，以寻求决策的动态最优。

经营管理决策模型是管理信息系统因素的核心和最高层次的处理环节，也是决策者最关心的内容。这些决策通常必须在充满不确定的环境下作出，例如：

1）制造商推荐一种新产品进入市场，潜在顾客是什么反应？应该生产多少？在决定全面推销之前，产品是否应该在小范围内进行试销？成功地推广这种产品需要多少广告？

2）金融公司投资证券。市场分片和个人证券哪一个更有前景？经济走向如何？利率如何？这些因素怎样影响投资决策？

3）政府承包人投标新合同。工程项目的实际成本如何？哪些公司可能投标？它们的成本是多少？

4）农业公司为下季度选择庄稼和牲畜的养殖组合。天气条件如何？价格走向如何？成本是多少？

5）石油公司决定是否在某特定地点开采石油。出油的可能性多大？储量多少？需要开采多深？需要在开采前进行进一步的地质勘探吗？

这些面临很大不确定性的决策问题，需要决策分析来解决。当结果不确定时，决策分析提供了理性的决策框架和方法。

6. 对策论与博弈

如果决策者的对方也是人（个体或群体），双方都希望取胜，这类具有竞争性的决策称为对策或博弈型决策。构成对策问题的三个根本要素是：局中人、策略与一局对策的得失。目前，对策问题一般可分为有限零和两人对策、阵地对策、连续对策、多人对策与微分对策等。

对策论也叫博弈论，田忌赛马就是典型的博弈论问题。作为运筹学的一个分支，博弈论的发展也只有几十年的历史。系统地创建这门学科的数学家，现在一般公认为是美籍匈牙利数学家、计算机之父——冯·诺依曼。

最初用数学方法研究博弈论是在国际象棋中开始的——如何确定取胜的招法。由于是研究双方冲突、制胜对策的问题，所以这门学科在军事方面有着十分重要的应用。近年来，数学家还对水雷和舰艇、歼击机和轰炸机之间的作战、追踪等问题进行了研究，提出了追逃双方都能自主决策的数学理论。随着人工智能研究的进一步发展，人们对博弈论提出了更多新的要求。

7. 搜索论

搜索论是由于第二次世界大战中战争的需要而出现的运筹学分支。它主要研究在资源和探测手段受到限制的情况下，如何设计寻找某种目标的最优方案，并加以实施的理论和方法。搜索论是在第二次世界大战中，同盟国的空军和海军在研究如何针对轴心国的潜艇活动、舰队运输和兵力部署等进行甄别的过程中产生的。搜索论在实际应用中也取得了不少成效，例如，20 世纪 60 年代，美国寻找在大西洋失踪的核潜艇"打谷者号"和"蝎子号"，以及在地中海寻找丢失的氢弹，都是依据搜索论获得成功的。

8. 可靠性理论

可靠性理论是研究系统故障以提高系统可靠性问题的理论。可靠性理论研究的系统一般分为两类：①不可修系统：如导弹等，这种系统的参数是寿命、可靠度等；②可修复系统：如一般的机电设备等，这种系统的重要参数是有效度，其值为系统的正常工作时间与正常工作时间加上事故修理时间之比。

2.4 信息技术

信息技术基础设施是为企业特定的信息系统应用提供平台的共享技术资源。信息技术基础设施包括整个企业所共享的硬件与软件、数据资源管理和数据通信与网络技术。

2.4.1 计算机系统

计算机系统由计算机硬件系统和计算机软件系统两大部分组成。硬件系统是计算机系统的物理装置，即由电子线路、元器件和机械部件等构成的具体装置，是看得见、摸得着的实体；软件系统是计算机系统中运行的程序、这些程序所使用的数据以及相应的文档的集合。

1. 计算机硬件系统

1946 年，美籍匈牙利人冯·诺依曼提出了存储程序原理，奠定了计算机的基本结构和工作原理的技术基础。存储程序原理的主要思想是：将程序和数据存放到计算机内部的存储器中，计算机在程序的控制下一步一步进行处理，直到得出结果。按此原理设计的计算机称为存储程序计算机，或称为冯·诺依曼结构计算机。今天我们所使用的计算机，不管机型大小，都属于冯·诺依曼结构计算机。

冯·诺依曼结构计算机由五大部分构成，即运算器、控制器、存储器、输入设备和输出设备。

1）运算器是计算机中进行算术运算和逻辑运算的主要部件，是计算机的主体。在控制器的控制下，运算器接收待运算的数据，完成程序指令指定的基于二进制数的算术运算或逻辑运算。

2）控制器是计算机的指挥控制中心。控制器从存储器中逐条取出指令、分析指令，然后根据指令要求完成相应操作，产生一系列控制命令，使计算机各部分自动、连续并协调动作，成为一个有机的整体，实现程序的输入、数据的输入以及运算并输出结果。

3）存储器是用来保存程序和数据，以及运算的中间结果和最后结果的记忆装置。计算机的存储系统分为内部存储器（简称内存）和外部存储器（简称外存）。内存中存放将要执行的指令和运算数据，容量较小，但存取速度快。外存容量大、成本低、存取速度慢，用于存放需要长期保存的程序和数据。当存放在外存中的程序和数据需要处理时，必须先将它们读到内存中，才能进行处理。

4）输入设备是用来完成输入功能的部件，即向计算机送入程序、数据以及各种信息的设备。常用的输入设备有键盘、鼠标、扫描仪、磁盘驱动器和触摸屏等。

5）输出设备是用来将计算机工作的中间结果及处理后的结果进行表现的设备。常用的输出设备有显示器、打印机、绘图仪和磁盘驱动器等。

2. 计算机软件系统

计算机软件系统帮助用户使用计算机硬件，以完成数据的输入、处理、输出及存储等活动。通常将软件系统分为系统软件和应用软件两大类。系统软件的任务是控制和维护计算机的正常运行，管理计算机的各种资源，以满足应用软件的需要。在系统软件的支持下，用户才能运行各种应用软件。

（1）系统软件

系统软件是一组管理计算机的程序，其目的是让使用者能够方便地利用计算机设备执行应用程序，通常由计算机厂商提供。系统软件可分为三大部分：操作系统、语言编译系统和数据库管理系统。

操作系统（Operating System，OS）是管理、控制和监督计算机软、硬件资源协调运行的程序系统，由一系列具有不同控制和管理功能的程序组成。它是直接运行在计算机硬件上的、最基本的系统软件，是系统软件的核心。操作系统的种类繁多，依其功能和特性分为批处理操作系统、分时操作系统和实时操作系统等；依同时管理用户数的多少分为单用户操作系统和多用户操作系统。

程序设计语言是人与计算机进行交流的工具。通常将程序设计员用程序设计语言编写的程序称为源程序，将可以直接由计算机执行的程序称为目标程序或可执行程序。将源程序变成目标程序有两种方式，一种是编译方式，另一种是解释方式。程序设计语言的主要分类有机器语言、汇编语言、高级语言、第四代语言（4GL）、面向对象的程序语言、标记语言。

数据库管理系统（Data Base Management System，DBMS）则是能够对数据库进行加工、管理的系统软件。其主要功能是建立、消除、维护数据库及对库中数据进行各种操作。数据库系统主要由数据库（DB）、数据库管理系统（DBMS）、相应的应用程序和数据库管理员组成。数据库系统不但能够存放大量的数据，更重要的是能迅速、自动地对数据进行检索、修改、统计、排序、合并等操作，以得到所需的信息。

（2）应用软件

应用软件是直接面向最终用户的具体软件，以操作系统为基础，用程序设计语言编写，或用数据库管理系统构造，用于满足用户的各种具体要求。管理信息系统软件是一种典型的应用软件。应用软件主要可分为两大类：通用软件和专用软件。

通用软件通常是为解决某一类问题而设计的，而这类问题是很多人都要遇到和解决的。例如，文字处理、表格处理、电子演示等。

专用软件是具有特殊功能和需求的软件。比如某个用户希望有一个程序能自动控制车床，同时也能将各种事务性工作集成起来统一管理。因为它对于一般用户来说太特殊了，所以只能组织人力开发。当然开发出来的这种软件也只能专用于完成某一特定任务。

2.4.2 数据管理技术

企业管理活动离不开数据，数据是管理活动的基础与核心，是联系管理活动的纽带，数据管理也是管理信息系统的核心。

数据管理是利用计算机硬件和软件技术对数据进行有效的收集、存储、处理和应用的过程。其目的在于充分有效地发挥数据的作用。实现数据有效管理的关键是数据组织。

1. 数据管理技术的产生与发展

在应用需求的推动下，在计算机硬件、软件发展的基础上，数据管理技术经历了人工管理、文件系统、数据库系统三个发展阶段。

（1）人工管理阶段

20世纪50年代中期以前，计算机主要用于科学计算。当时没有磁盘等直接存储设备，无操作系统，无文件管理系统，无管理数据的软件，数据的组织和管理基本上是手工的、分散的。应用程序管理数据，数据不具有独立性，用户在编制程序的同时，还必须考虑数据的逻辑定义和组织，以及数据在计算机存储设备内的物理存储方式和地址，加重了程序员的负担。

这一阶段，计算机还没有在数据管理中发挥应有的作用。程序与数据之间的关系如图 2-7 所示。

（2）文件系统阶段

20世纪50年代后期至60年代中期，这时硬件方面有了磁盘、磁鼓等直接存储设备，软件方面出现了操作系统，操作系统中已经有了专门的数据管理软件，一般称为文件系统。文件系统作为外部程序和数据文件的接口，程序通过文件名来访问文件。程序与数据之间的关系如图 2-8 所示。

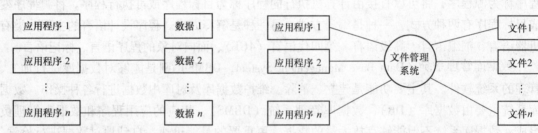

图 2-7　人工管理阶段程序与数据间的关系　　图 2-8　文件系统阶段程序与数据间的关系

虽然这一阶段较人工管理阶段有了很大的进步，但是文件系统是一个不具有弹性的结构性差的数据集合，存在着冗余度大、存储空间浪费、程序与数据的依赖性强、文件不易扩充等缺点，无法反映现实世界事物之间的内在联系。

（3）数据库系统阶段

20世纪60年代后期以来，计算机在管理中的应用更加广泛，数据量急剧增大，对数据共享的要求越来越迫切。同时，大容量和快速存取的磁盘已经出现，联机实时处理业务增多；软件价格在系统中的比重日益上升，硬件价格大幅下降，编制和维护应用软件所需成本相对增加。在这种情况下，为了解决多用户、多应用共享数据的需求，使数据为尽可能多的应用程序服务，数据库技术便应运而生。数据库技术产生的主要标志为以下三个事件：

1）1969年，IBM公司研制开发了基于层次结构的数据库管理系统（Information Management System，IMS）。

2）美国数据系统语言研究会的数据库任务组（DataBase Tast Group，DBTG）于20世纪60年代末到70年代初提出了基于网状结构的DBTG报告，是数据库网状模型的基础和代表。

3）1970年，IBM公司的研究员 E. F. Codd 发表了题为"大型共享数据库数据的关系模型"的论文，提出了数据库的关系模型，奠定了关系数据库的理论基础。

用数据库技术管理数据基本解决了数据冗余和数据依赖，实现了数据共享。数据以一定的方式组织起来，由一个称为数据库管理系统（DataBase Management System，DBMS）的软件统一管理数据。这一阶段数据与程序之间的关系如图 2-9 所示。

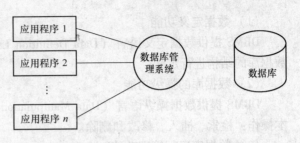

图 2-9　数据系统阶段程序与数据间的关系

数据库系统的出现使信息系统从以加工数据的程序为中心转向围绕共享的数据库为中心的新阶段。这样既便于数据的集中管理，又有利于应用程序的研制和维护，提高了数据的利用率和一致性，从而能更好地为决策服务。

2. 数据库

以上介绍了数据管理技术的发展以及各个阶段的特征，其中，数据库是目前企业信息系统组织数据、管理数据的常用技术。在数据库系统中，数据被集中进行管理，用户需要什么数据就去数据库中提取。

数据库，顾名思义，就是存放数据的仓库。具体地说，数据库是长期存储在计算机内的、有组织的、可以共享的数据集合。数据库中的数据按一定的数据模型组织在一起，具有较小的冗余度、较高的数据独立性和可扩展性，并能够为各种用户共享。

概括地讲，相对于文件管理方式，数据库具有以下特点：

（1）实现数据共享

数据共享意味着多个用户可同时存取数据库中的数据，也包括用户可以用各种方式通过接口使用数据库，并提供数据共享。

（2）减少数据冗余

与文件系统相比，由于数据库实现了数据共享，从而避免了用户各自建立应用文件。这样，减少了大量重复数据，减少了数据冗余，维护了数据的一致性。

（3）数据的独立性高

数据的独立性包括数据库中数据库的逻辑结构和应用程序相互独立，也包括数据物理结构的变化不影响数据的逻辑结构。

（4）数据实现集中管理

在文件管理方式中，数据处于一种分散的状态，不同的用户或同一用户在不同处理中其文件之间毫无关系。利用数据库可对数据进行集中管理，并通过数据模型表示各种数据的组织以及数据间的联系。

（5）具有统一的数据控制功能，以确保数据的安全性和可靠性

主要包括：①安全性控制：以防止数据丢失、错误更新和越权使用；②完整性控制：保证数据的正确性、有效性和相容性；③并发控制：在同一时间周期内，允许对数据实现多路存取，又能防止用户之间的不正常交互作用；④故障的发现和恢复：由数据库管理系统提供一套方法，可及时发现故障和修复故障，从而防止数据被破坏。

3. 数据库管理系统

从以上叙述可以看出，数据库只是一个存放相关数据的物理集合，它的建立、使用和维护都需要数据库管理系统（DBMS）的统一管理和控制。数据库管理系统的主要功能如下。

43

（1）数据定义功能

DBMS 提供数据定义语言（Data Definition Language，DDL），通过它用户可以方便地对数据库的结构进行定义。

（2）数据库的操纵功能

DBMS 提供数据操纵语言（Data Manipulation Language，DML），实现对数据库数据的基本操作：检索、插入、修改和删除。

（3）数据库运行管理功能

DBMS 提供数据控制功能，即使数据的安全性、完整性和并发控制等对数据库运行进行有效地控制和管理，以确保数据正确有效。

（4）数据库的建立和维护功能

它包括数据库初始数据的装入，数据库的转储、恢复、重组织，系统性能监视、分析等功能。

4. 数据库系统的组成

数据库系统一般由数据库、硬件、软件（DBMS 及其相关开发工具和应用系统）、人员（数据库管理员和用户）构成。

（1）硬件平台及数据库

硬件是数据库赖以存在的物理平台，数据库系统的硬件部分包括 CPU、存储器和其他外部设备等。随着需要存储的数据量的加大，以及 DBMS 自身规模的扩大，数据库系统要求具有足够大的内存、大容量的直接存取设备和较高的通道传输能力。

（2）软件

数据库系统的软件部分主要包括：DBMS、支持 DBMS 运行的操作系统、便于开发应用程序的具有与数据库接口的高级语言及其编译系统、以 DBMS 为核心的应用开发工具以及为特定应用环境开发的数据库应用系统。

（3）人员

开发、管理和使用数据库系统的人员主要是：数据库管理员、系统分析员、应用程序员和用户。

数据库管理员（Database Administrator，DBA）负责全面管理和控制数据库系统，包括设计与定义数据库的结构、监督与控制数据库系统的使用和运行、改进和重组数据库系统、调优数据库系统的性能、备份与恢复数据库等。

系统分析员负责应用系统的需求分析与规范说明，需要从总体上了解、设计整个系统，因此他们必须与用户及数据库管理员一起确定系统的软硬件配置并参与数据库的概念结构设计（数据库设计的内容会在 7.2.5 节中详细论述）。

应用程序员：设计和编写应用系统程序模块的人员。他们必须关心硬件特性及存储设备的物理细节，实现数据组织与存取的各种功能，实现逻辑结构到物理结构的映射等。

用户：这里的用户是指终端用户（End User），用户通过应用系统的用户界面如表单、表格等使用数据库来完成其业务活动。

数据库帮助宝洁公司管理产品信息

宝洁公司是世界上最大的日用品公司之一，每年的销售额达到 430 亿美元。宝洁公司在全球销售的品牌超过 300 个，在超过 80 个的国家开展新产品研发、委托加工等业务，涉及的供应商超过 10 万个。

宝洁公司在开发一种新产品时，总是先制定一系列技术标准，涉及产品、原材料、包装材料、生产流程等。由于宝洁公司的业务遍及全球，功能类似的产品在不同地区其规格也常常大不一样。因此，宝洁公司所有的技术规范超过了 60 万种。而这些大量的技术标准数据存储在 30 个不同的数据库中，研究人员很难共享这些数据。这些数据无法整合，也增加了额外的采购成本。例如，宝洁公司的一个部门曾经向许多家供应商采购超过 50 种的黏合剂，而很多黏合剂只是名称不同，功效完全一样，实际上只需要三种就可以满足所有的需求。

为了解决这个问题，宝洁公司建立了一个被称为公司标准系统（Corporate Standards System，CSS）的数据库，对所有的技术标准进行分类管理。目前，这个系统向宝洁公司的 8200 名员工开放，未来还要向部分供应商和委托制造商开放。

数据进入数据库后，可以从不同的角度对数据进行分析，例如，设计人员或工程师可以用这些数据设计新产品或改进老产品；采购人员可以利用数据合并材料订单；零售商甚至可以利用这些数据来确定恰当的货架高度。

宝洁公司建立的数据库系统，至少从两个方面带来了好处。首先，所有的数据集中处理后，宝洁公司可以合并零散的订单，从而获得更优惠的采购价格和更有效率的采购流程。其次，信息共享避免了不必要的重复工作。例如，某个研发团队成功开发了一种产品，制定了该产品的技术标准；当另一个研发团队开发另一种与之类似的产品时，就可以参考其技术标准，了解各种成分的相互作用、含量等技术数据，从而避免浪费时间和成本进行重复研究。

案例来源：Kenneth C. Laudon. 管理信息系统. 北京：机械工业出版社，2007

2.4.3　数据通信与网络技术

信息系统建设中一个重要的组成部分是数据的通信和传输，这涉及企业网络的布局、设备的选型等问题。下面首先介绍计算机网络的基本概念，然后阐述计算机网络类型、信息系统网络计算模式以及互联网的有关知识。

1. 计算机通信与网络概论

（1）计算机网络的发展

通信技术是信息技术的一个重要组成部分。数据通信是 20 世纪 50 年代后期随着电子计算机的广泛应用而发展起来的。计算机网络是计算机技术与通信技术紧密结合的产物。计算机网络的形成与发展经历了 4 个阶段：具有通信功能的单机系统阶段，这一阶段形成了计算机网络的雏形；具有通信功能的多机系统阶段，这一阶段以面向终端的计算机通信网为象征；以资源共享为目标的计算机——计算机网络阶段；Internet 与高速网络发展阶段。

（2）计算机网络的分类

计算机网络的分类方法很多，通常，按计算机网络覆盖的范围和传输距离将其分为两类：局域网和广域网。

局域网（Local Area Network，LAN）：在一个有限的范围内（一栋大楼或一个学校），将各种计算机、终端和外围设备互联而形成的网络。局域网是计算机网络中发展最快的一个分支，经过 20 世纪 60 年代的技术准备、70 年代的技术开发和 80 年代的商品化阶段，现在它已经在企、事业单位中发挥重要的作用，目前正朝着多平台、多协议、异构机方向发展，数

45

据传输速率和带宽不断提高。

广域网（Wide Area Network，WAN）：它覆盖几十千米到几千千米的范围，可达到一个国家、地区或几个洲的国际远程网。我国民航、银行、铁路等部门覆盖全省、全国的计算机网络就是广域网。Internet 是局域网、广域网互联形成的网络。

（3）计算机网络的组成与结构

计算机网络要完成数据处理与数据传输两个任务，从结构上可分为两个部分：资源子网和通信子网，如图 2-10 所示。

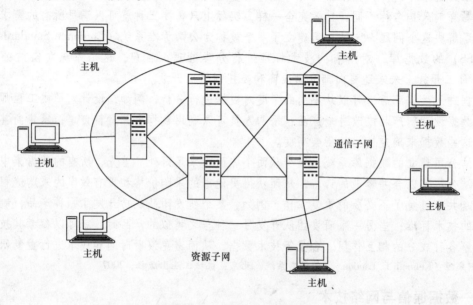

图 2-10　计算机网络的组成

资源子网：资源子网由主计算机系统、终端、终端控制器联接的外设、各种资源组成。其中主计算机系统为本地用户访问外部其他主计算机设备、共享资源提供服务，同时为网中其他用户共享本地资源服务。终端是用户访问网络的界面，它通过主机连入网中，也可以直接与通信控制处理机相连接。

通信子网：通信子网由网络通信处理机、通信线路与其他通信设备组成，完成数据的传输、转发等功能。其中通信处理机（Communication Control Processor，CCP）又称前端处理机或节点处理机，是一个专用计算机，一般由小型或微型计算机配置通信控制硬件和软件组成。通信控制处理的主要功能是网络接口、存储/转发和网络控制；通信线路为通信控制机之间、通信控制处理机与主计算机之间提供通信信道。

（4）计算机网络的拓扑结构

计算机网络的拓扑结构表示网络中的节点与通信线路之间的几何关系，反映网络中各实体间的结构关系。拓扑设计是建设计算机网络的第一步，也是实现各种网络协议的基础，它对网络性能、系统可靠性与通信费用有很大的影响。网络拓扑结构主要有 4 种类型：星形、环形、树形、总线型，如图 2-11 所示。

星形结构：在星形拓扑结构中，各节点通过点—点通信线路与中心点相连。中心节点控制全网的通信，任何两节点之间的通信必须通过中心节点。星形拓扑结构简单，易于实现，便于管理。

环形结构：在环形拓扑结构中，节点通过点—点通信线路连接成闭合环形。环中数据可沿一个方向或向两个方向逐站传送。环形拓扑结构简单，传输延时确定，但是为保证环的正常工作，需要较复杂的环管理技术，从而使得增加一个节点和撤出一个节点都比较复杂。

树形结构：树形拓扑可以看成是星形拓扑的扩展。在树形拓扑结构中，节点按照层次进行连接。信息交换主要在上下两节点之间进行，相邻及同层节点之间一般不进行数据交换。树形拓扑网络适用于信息系统中汇集信息的要求。

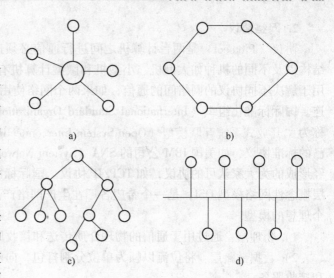

图 2-11　网络拓扑结构

a）星形结构　b）环形结构　c）树形结构　d）总线型结构

总线型结构：在总线型拓扑结构中，任何瞬间只有一个节点可以发送信息。如果有两台机器同时需要发送信息，则需要某种仲裁机制来解决可能引起的冲突。现在许多网络皆采用这种总线型网络拓扑结构。

（5）信息系统中常用的通信介质

双绞线电缆：把两根互相绝缘的铜导线用规则的方法扭绞起来就构成了双绞线。将多组（如4组）双绞线组合在一起就是双绞线电缆，有时也简称双绞线。在计算机网络的数据通信中，双绞线用于点到点的连接，如在星形拓扑结构的局域网中，计算机与集线器或交换机之间常用双绞线来连接，但长度不超过100m。双绞线按其是否有屏蔽，可分为屏蔽双绞线和无屏蔽双绞线。按其电气特性分类可定义为5种型号，在计算机局域网中，5类双绞线传输速率通常可达100Mbit/s。双绞线价格低廉，安装维护方便，但是其抗干扰性较差，传输速率较低，传输距离较短。

同轴电缆：同轴电缆用于长距离电话网络、有线电视信号及计算机局域网的通信。其抗干扰性高，传输距离长，价格较双绞线高，较光纤低，使用及维护方便。

光纤（光导纤维）：光纤是光纤电缆的简称，是发展最迅速的传输介质。其重量轻，体积小，弯曲性能好，抗干扰性好，传输速率高，不易被窃听，安全性能好，传输信号损耗低，频带宽、容量大，但是价格相对比较高，安装和测试成本也较高。光纤目前主要用于大容量的主干线和长距离的传输。

微波通信：微波通信为无线通信，频率在100MHz～10GHz的电磁波信号叫做微波信号，其波长为3cm～3m。由于微波波长较短，所以其天线尺寸小，使用较小的发射功率就可以进行远距离通信。由于微波频率高，因此频带较宽。微波的方向性好，适合进行点对点的通信，而且微波通信的成本比电缆和光纤都低，特别适合卫星通信和城市之间通信。但是由于微波信号是以直线传输，不随着地面的曲度而绕射，因此每隔几十千米就需要设置一个转接站，因而增加了其使用成本。不过这个问题可以通过其他方法，如卫星加以解决。

2. 网络协议

协议（Protocol）是两台计算机之间进行通信必须遵循的一组规则，网络中不同的拓扑结构以及不同的机种如大型机、小型机和微型计算机有不同的协议。网关（Gateway）常被用于解决不同协议的网络间的通信，如果两个网络使用的协议相同则以桥接器（Bridge）相连。国际标准化组织（International Standard Organization，ISO）已经定义了一组通信协议，称为"开放式系统互联模型（Open System Interconnection Model，OSI）"。某些大型公司有自己的标准协议，如美国 IBM 公司的 SNA（System Network Architecture）协议，还有事实上已经形成的为大家认可的协议，如 TCP/IP 协议。国际标准化组织于 20 世纪 70 年代提出的七层概念性网络模型 OSI，是一个希望各厂在生产网络产品时应该遵循的协议，但至今还是一个理想的模型。

1）物理层：通过用于通信的物理介质传送和接收原始的位流。

2）数据链路层：将位流以帧为单位分割打包，向网络层提供正确无误的信息包的发送和接收服务。

3）网络层：负责提供连接和路由选择，包括处理输出报文分组的地址，解码输入报文组的地址以及维持路由选择的信息，以便对负载变化作出适当的响应。

4）传输层：提供端到端或计算机与计算机之间的通信，从对话层接收数据，将它们处理之后传送到网络层，并保证在另一端能正确地接收所有的数据块。

5）对话层：负责建立、管理、拆除进程之间的连接，进程是指如邮件、文件传输、数据库查询等一次独立的程序执行。

6）表示层：负责处理不同的数据表示上的差异及其相互转换，如 ASCII 码与 EBCDIC 码之间的转换，不同格式文件的转换，不兼容终端的数据格式之间的转换。

7）应用层：直接和用户进行交换。

OSI 可以被认为是一种理想的工业标准，TCP/IP（Transmission Control Protocol and Internet Protocol）是事实上的标准，NOVELL 公司的 NOVELL IPX 是供应商的标准。互联网使用 TCP/IP 协议，其中 TCP 是传输层控制协议，IP 是网间协议，提供网络层网间连接和路由服务。

3. 目前流行网络的介绍

（1）快速以太网

快速以太网 100Base-T 是将传统的 10Mbit/s 以太网经过改进后在 100Mbit/s 下运行。100Base-T 使用与 10Base-T 以太网相同的帧格式，支持共享介质，也支持交换方式，并具有与 10Base-T 类似的结构。快速以太网具有高性能、基于标准技术、网络负载能力强、有着广泛的软件支持和技术领先厂商的支持的优点。

（2）ATM 网

异步传输模式（ATM）采用信道交换机制，具有高带宽（155Mbit/s 和 622Mbit/s）和高传输效率的特点，较好的服务质量，可广泛用于广域网（WAN）连接、局域网（LAN）和桌面连接。ATM 是一种交换技术，没有共享介质和包传递带来的延时，极其适合音频和视频之类时间性强的应用，但价格昂贵，各家产品互不兼容。

（3）FDDI 网

FDDI 网为分布式数据接口网络，双环光纤环路。它采用令牌环协议和 Ansix3T9.5 标准，有较高的容错性、冗余性和较高的带宽（100Mbit/s），是目前技术上最成熟的高速网络，广泛应用于连接服务器群的骨干网。同时，它还可以与高速桌面设备直接连接。FDDI的优势在于冗余性、容错性、内置的网络管理，并且容易获得。其缺点是和以太网的连接需要相应的路由器，转换的效率低，同时产品已经非常成熟，发展的可能性很低。

（4）快速交换式以太网

交换技术是一种已经被证实能解决网络瓶颈和提高局域网综合带宽的技术，一个设计良好、布局合理的交换机可以显著提高整个网络的性能。交换是通过识别传输帧的情况来确定目标端口，以降低广播方式带宽的浪费。100Mbit/s 和 10Mbit/s 以太网采用相同的帧格式和兼容的协议，并可以通过虚拟网功能划分子网来提供安全性和效率，可以很好地保护用户已有的投资，并很好地向 ATM 过渡。在价格方面，快速以太网交换机的种类丰富，其生产厂商较多，具有较低的价格，而且已经有一些厂商在以太网上实现了多媒体的实时传输，提高了服务质量。采用 LAN 交换机构造的交换式网络具有很多传统网络无法比拟的优点。

4. 网络计算模式

根据信息系统的硬件、软件、数据等信息资源在空间的分布情况，网络计算模式可分为集中式和分布式。

（1）集中式计算模式

信息资源在空间上集中配置的系统称为集中式计算系统。由配有相应外围设备的单台计算机为基础的系统，通常称为单机系统，就是典型的集中式计算模式。集中式计算模式又分为主机/终端系统和工作站/文件服务器系统。

1）主机/终端系统：主机/终端系统简称主机系统，是 20 世纪 60 年代后期形成的以一台计算机（大、中、小型机）为中心的多用户系统。在该系统中，用户通过终端与主机相连，在主机操作系统的管理下共享主机的硬件资源，包括中央处理器、内外存、输入/输出设备等。其特点是可同时为多个用户服务，如图 2-12 所示。

在主机/终端系统中，所有的数据和程序都在主机上进行集中管理，各终端只相当于一个显示器加键盘的功能。这种系统便于集中处理大量的信息，如大型科学计算、人口普查等。

该系统的主要缺点如下：主机负担过重，所有的计算、存储都集中在主机上，一旦主机出故障，系统将全面瘫痪；当用户量不断增加时，必须更换主机，否则服务质量就要受到影响，因此不易扩充；系统的购置、安装、维护费用较高，不易普及。

2）工作站/文件服务器系统：20 世纪 80 年代初，个人计算机飞速发展，用户计算机具有了有限的 CPU 和数据存储能力；PC 对数据处理的能力不够，促使了局域网的产生；局域网使 PC 的资源得到了扩展（文件和打印服务）。因此，随着局域网的兴起，联网的微机被分为两类：一类称为服务器，专门为网络上的其他用户提供共享文件（或数据），因此被称为文件服务器。它是网络的核心，管理网络通信，网络操作系统也安装在文件服务器中；另一类称为工作站，它可访问文件服务器中的数据和文件，而本工作站的资源不被其他工作站或服务器共享。每个局域网中可有一台或多台文件服务器。工作站用户通过磁盘映像，使用文件服务器上的硬盘。网络上传递的只是文件，计算任务在工作站上完成。该系统如图2-13所示。

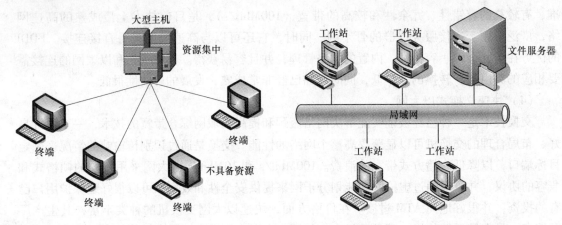

| 图 2-12 主机/终端系统 | 图 2-13 工作站/文件服务器系统 |

在工作站/文件服务器系统中，文件或数据都存储在文件服务器上，但应用程序的执行却在工作站上进行，工作站提出访问请求时，需要传递整个文件，从而增加了网络传输负荷。同时，当服务器负荷超过某个限度后，其效率会明显下降。这种系统无法发挥服务器的信息处理能力，现在已很少采用。

（2）分布式计算模式

利用计算机网络把分布在不同地点的计算机硬件、软件、数据等信息资源联系在一起，服务于一个共同的目标而实现相互通信和资源共享，就形成了信息系统的分布式结构，具有分布式结构的系统称为分布式系统。

20 世纪 90 年代以来，随着现代信息技术的迅速发展和社会信息化的推进，计算机网络技术在信息系统中得到日益广泛的应用，基于计算机网络技术的分布式系统在信息处理上出现了不同的计算模式，如客户机/服务器（Client/Server，C/S）模式、基于 Web 的浏览器/服务器（Browser/Server，B/S）计算模式。

1）C/S 模式：基于 C/S 模式的体系结构将完整的应用程序分为前端（客户端）和后端（服务器端），分别部署到客户机和服务器，并协同工作。服务器主要是运行客户机不能完成或费时的工作，比如大型数据库的管理，而客户机可以通过预先指定的语言向服务器提出请求，

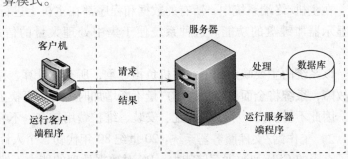

图 2-14 C/S 模式的处理过程

网络通信系统将请求的内容传到服务器，服务器根据请求完成预定的操作，然后把结果送回客户。C/S 模式的处理过程，如图 2-14 所示。

C/S 模式的优点：交互性强，功能开发具有针对性，客户操作界面设计个性化，具有直观、简单、方便的特点，可以满足客户个性化的操作要求；存取模式更安全，由于 C/S 是点对点的结构模式，安全性可以得到较好的保证；通信量小，因为客户机只把请求的内容传

给服务器，服务器也只是返回最终结果，系统中没有必要传输整个数据文件的内容，从而减轻了网络负担；负荷均衡，客户端与服务器都有相应的应用程序，提高了效率。

C/S 模式的缺点：开发成本高，C/S 结构对客户端软硬件要求较高，尤其是软件的不断升级，对硬件要求不断提高，增加了整个系统的维护成本，客户端越来越臃肿；移植困难，基于不同平台和不同软件开发工具开发的应用程序之间兼容性差；用户界面风格不一，使用需要专门培训，不利于推广；维护复杂，升级困难。

2）B/S 模式：由于 Internet 技术的快速发展，为解决 C/S 模式中的许多缺点从而出现了 B/S 模式。基于 B/S 模式的三层逻辑体系结构将表示层、应用层、数据层分布到不同的单元。表示层由浏览器和动态 Web 页面构成，接收和处理用户的请求，并通过 HTTP 协议提交给应用层的 Web 服务器处理。Web 服务器具有通用网关接口（CGI），接收用户请求后，首先要执行 CGI 程序，以与数据库服务器建立连接，进行数据处理，然后由数据层将处理结果返回 Web 服务器，再由 Web 服务器传至客户端。数据层对应于数据库服务器，数据库服务器实现对数据库的管理和库中数据的访问与增、删、改。B/S 模式的处理过程，如图 2-15 所示。

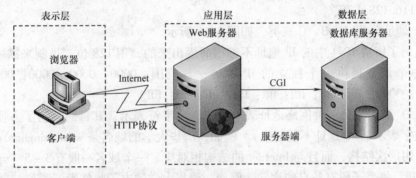

图 2-15　B/S 模式的处理过程

对于 B/S 模式，具有以下优点：客户端只需安装通用的浏览器，可以节省客户机的硬盘空间与内存，安装过程简便；业务扩展、系统升级简单方便，只需升级服务器端；特别适用于网上信息发布，对前端的用户数目没有限制；用户数可以任意扩充，不需要再追加投资，从长远看，会大大节省成本。

B/S 模式的缺点：功能弱化，难以实现传统模式下特殊的功能要求；个性化特点明显降低，无法实现具有个性化的设计要求；页面动态刷新，响应速度明显降低。

B/S 模式和 C/S 模式各有优缺点，可以互补。在传统的 C/S 模式下已经积累和开发了大量的管理和应用程序，应该也必须充分利用这些已有的管理和应用程序。从当前的技术水平看，B/S 模式的应用，特别适于系统中用户交互量不大的场合。对于需要大量频繁、高速交互的应用系统，采用这种模式并不是好的选择。因此，人们提出了采用 C/S 模式与 B/S 模式相结合的混合体系结构的开发模式，可以吸收两者的优点，保留 B/S 模式分布性、开发维护简单性的特点，同时融入了传统 C/S 模式的特殊功能要求和个性化设计要求，既能满足不同操作系统和软件平台的需求，支持管理员异地操作和远程维护，又能充分利用传统的 C/S 模式下已经积累和开发的管理和应用程序，大大降低成本，是比较科学、先进的解决方案。

5. 互联网及其应用

Internet 的中文译名为互联网，又称为因特网。一旦你连接到它的任何一个节点上，就意味着你的计算机已经连入 Internet。

IP 协议和 TCP 协议，合称 TCP/IP 协议。这两个协议定义了一种在网络间传送报文（文件或命令）的方法。在每个网络内部各自使用自己的通信协议，在和其他网络通信时使用 TCP/IP 协议。Internet 的飞速发展确立了 TCP/IP 协议在网络互联方面不可动摇的地位。

Internet 的第一次快速发展源于美国国家科学基金会（National Science Foundation，NSF）的介入，即建立 NSFNET。进入 20 世纪 90 年代初期，Internet 事实上已成为一个"网际网"：各个子网分别负责自己的架设和运作费用，而这些子网又通过 NSFNET 互联起来。NSFNET 连接全美上千万台计算机，拥有几千万用户，是 Internet 最主要的成员网。随着计算机网络在全球的拓展和扩散，美洲以外的网络也逐渐接入 NSFNET 主干或其子网。

（1）基本概念

1）IP 地址：IP 地址是计算机的网络地址，用一串数字来表示。在 Internet 中，IP 地址用于唯一指定某台计算机在网络上的位置（全世界唯一）。

IPv4 是用"."隔开的 4 个十进制整数（对应 32 位二进制），每个数字取值为 0~255，例如，202.116.128.1 等。

基本 IP 地址分为 A、B、C 三类，如图 2-16 所示。

IPv6 是为了解决 IPv4 中的 IP 地址不够用而提出来的，用 128 位二进制来描述，足够为地球上每一个设备提供一个独立的 IP 地址，其范围：0000：0000：0000：0000：0000：0000：0000：0000~ffff：ffff：ffff：ffff：ffff：ffff：ffff：ffff。

2）域名：域名是另一种网络地址表示形式，用字符表示，其目的是为了方便用户记忆和使用（数字表示的 IP 地址不便记忆）。例如，清华大学的域名是 www.tsinghua.edu.cn。

域名采用层次结构，而且与 Internet 的结构相对应。一个域名一般有 3~5 个子段，中间用"."隔开，每个子段有各自的意义。例如：清华大学的电子邮件服务器：

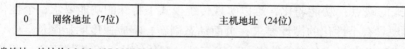

A类地址：地址从1.0.0.0~127.255.255.255

B类地址：地址从128.0.0.0~191.255.255.255

C类地址：地址从192.0.0.0~223.255.255.255

图 2-16　基本 IPv4 地址分配图

目前，互联网上的域名体系中共有三类顶级域名：类别顶级域名、地理顶级域名、新顶级域名。

第一类是类别顶级域名，共有 7 个，也就是通常说的国际域名，即 .com（用于商业公司）；.net（用于网络服务）；.org（用于组织协会等）；.gov（用于政府部门）；.edu（用于教育机构）；.mil（用于军事领域）；.int（用于国际组织）。这类域名通常称为"国际域名"。

第二类是地理顶级域名，共有 243 个国家和地区的代码，例如，.CN 代表中国，.UK 代表英国。在顶级域名下还可设二级、三级域名，例如，北京的某机构可以选择如 *.bj.cn 的域名。

第三类顶级域名，也就是所谓的"新顶级域名"，包含 7 类：biz、info、name、pro、aero、coop、museum。如 aero 需是航空业公司注册，museum 需是博物馆注册，coop 需是集体企业（非投资人控制，无须利润最大化）注册。

3）URL 与 HTTP：统一资源定位符（Uniform Resource Locator，URL）就是用来确定各种信息资源位置的方法。一个完整的 URL 包括访问方式、主机名、路径名和文件名。

URL 示例：

http：//www.sdie.edu.cn/newgdut/123.htm

ftp：//www.163.com/abc/index.html

其中，http 表示访问方式，称为超文本传输协议，//表示其后跟着的是 Internet 上站点的域名，接下来可能是用户名/密码、文件的路径和文件名等。示例中的 URL 表明的信息是，当前用户正在使用超文本传输协议来读取 www.sdie.edu.cn 服务器上 newgdut 目录下的123.htm 网页文件。

（2）Internet 的基本应用

Internet 提供了丰富的信息资源和应用服务。它不仅可以传送文字、声音、图像等信息，而且可以使远在千里之外的人们通过互联网进行实时点播、即时对话、在线交谈等。互联网上的信息包罗万象，上至政治、经济、高科技、军事，下至平民百姓喜闻乐见的消息等，人们可以非常方便地浏览、查询、下载、复制和使用这些信息。

Internet 最大的特点就是资源共享。在 Internet 上，以服务器为中心，把众多的计算机、专用服务器、大型机、小型机的资源集结在一起，从而形成遍布世界各地的数据信息资源，用户可以通过电话线、光纤等通信线路与 Internet 联接，查询和获取网上的各类信息、下载各种资料等。

Internet 提供了许多服务以及通信和使用网上资源的工具，常用的有：电子邮件（E-mail）、全球信息网（WWW）、文件传输（FTP）、远程登录（Telnet）、电子公告板（BBS）、新闻组（News）、讨论组（Usenet）、博客（Blog）、网络日志等应用系统。

1）电子邮件（Electronic Mail）：电子邮件是一种用电子手段提供信息交换的通信方式，是 Internet 应用最广的服务。通过网络的电子邮件系统，用户可以用非常低廉的价格，以非常快速的方式，与世界上任何一个角落的网络用户联系，这些电子邮件可以是文字、图像、声音等各种方式。

Internet 上的个人用户通过申请获得 ISP 主机的一个电子信箱，由 ISP 主机负责电子邮件的接收。一旦有用户的电子邮件到来，ISP 主机就将邮件移到用户的电子信箱内，并通知用户有新邮件。因此，当发送一条电子邮件给另一个客户时，电子邮件首先从用户计算机通过 Internet 发送到 ISP 主机，再转发到收件人的 ISP 主机，最后到达收件人的个人计算机。ISP 主机起着"邮局"的作用，管理着众多用户的电子信箱。每个用户的电子信箱地址，实际上就是用户所申请的账号名。每个用户的电子邮件信箱都要占用 ISP 主机一定容量的硬盘空间。

2）文件传输（FTP）：FTP（File Transfer Protocol）是 TCP/IP 协议组中的协议之一，用来在计算机之间传输文件。它允许用户从远程计算机中获取文件，或将本地计算机中的文件传到远程计算机。通常，在进行文件传输时，远程计算机会要求用户输入有效的账号和口令，检验无误后才允许操作。但是，许多公司为了公开发布信息（如宣传自己的产品），在网上设置"匿名 FTP"服务器，允许任何用户通过 Internet 下载该服务器中的公用文件。

3）全球信息网（World Wide Web，WWW）：全球信息网或万维网是由全世界各种信息（文本、图片、声音和动画）组成，现在已成为网络用户广泛使用的信息查询服务工具。

网页浏览器是实现 Web 信息查询服务的工具，当在浏览器中给出网页确切的 URL 时，就可以访问该网页。当不知道确切的网站地址时，就可以用搜索引擎来搜索。

所谓搜索引擎，就是一种能够帮助我们找到含有我们所需要的信息或者服务的网站的网络工具。最常见的是目录搜索引擎和纯搜索引擎。

目录搜索引擎将网站地址组织起来构成一个按类别分类的列表，所有的目录搜索引擎都是分级的。Yahoo！就是一个很受欢迎的目录搜索引擎。

纯搜索引擎应用软件代理技术在互联网上搜索含有关键字的网址，然后把它们编成索引。纯搜索引擎通过我们提问的关键字来找到答案。Google 是人们使用最多的搜索引擎，Google 通过爬行程序在互联网上进行搜索，并应用其拥有的 1 万台计算机即时更新 80 亿页网页的索引。Google 的软件根据用户搜索的关键字在网页中的重要性、网页访问量以及指向该网页的链接数量对网页进行排序。

今天的搜索引擎不仅仅是搜索工具，还成为了重要的销售工具。例如，在 Google 进行搜索时，会列出两列结果：赞助商链接和非赞助商搜索结果。赞助商链接通常出现在搜索结果网页的上方。企业可以通过付费的方式，使自己的网站出现在赞助商链接中，从而更容易被用户发现。这种方法被称为基于搜索的广告。

搜索引擎对企业的信息管理也至关重要。根据统计，企业数据每年以 200% 的速度增长，其中 80% 以上的数据以文件、邮件、图片等非结构化数据存放在企业内计算机系统中的各个角落。这些数据总量远远超过了互联网信息的总量。企业内的信息整合、管理和应用越来越成为困扰企业信息化的难题。企业搜索引擎是建立非结构化信息（海量、异构、复杂和个性化）与主流关系型数据库无缝集成的核心，是新一代管理信息系统的关键。

4）Web2.0 及其应用：Web2.0 是信息技术发展引发网络革命所带来的面向未来、以人为本的创新模式在互联网领域的典型体现。Web2.0 是一个多人参与、可读可写的互联网平台，它的优势在于各种工具的应用，包含了我们经常使用到的服务，例如，博客、播客、维基、P2P 下载、社区、分享服务，等等。

Web2.0 时代，数据是下一个"Intel Inside"。现在每一个重要的互联网应用程序都由一个专门的数据库驱动：Google 的网络爬虫，Yahoo！的目录（和网络爬虫），Amazon 的产品数据库，eBay 的产品数据库和销售商，MapQuest 的地图数据库，Napster 的分布式歌曲库。SQL 是新的 HTML——数据库管理是 Web2.0 公司的核心竞争力，其具有的重要性使得我们有时候称这些程序为"讯件"（Infoware）而不仅仅是软件。

维基百科全书（Wikipedia）是一种在线百科全书，它的实现基于一种看似不可能的观念。该观念认为一个条目可以被任何互联网用户所添加，同时可以被其他任何人编辑。无疑，这是对信任的一种极端的实验，将埃里克·雷蒙德（Eric Raymond）的格言（源自开放源码软件的背景之下）："有足够的眼球，所有的程序缺陷都是肤浅的"（With enough eyeballs, all bugs are shallow）运用到了内容的创建之中。维基百科全书已然高居世界网站百强之列，并且许多人认为它不久就将位列十强。这在内容创建方面是一种深远的变革。

（3）Intranet 与 Extranet

企业内联网（Intranet）是在局域网内部采用 Internet 技术，使用 TCP/IP 协议和技术构建的信息网络，为用户提供信息服务。

与之对应的是企业外联网（Extranet），是使用多个 Intranet 的外部网络，它使用的基本技术仍然是 Internet 技术。Extranet 是为实现进一步的信息交流、资源共享与合作经营，提高企业的经营和管理水平而组建的，有多个关联合作伙伴的外联网络。由于 Extranet 中的各个 Internet 相对独立，每个合作伙伴都有一部分内部信息是完全保密的，而每个企业又都有一部分信息是可以提供给伙伴的，这些在企业之间的共享信息又不完全对外界公开。因此，Extranet 是介于 Internet 和 Intranet 的一种网络。

Intranet 是采用 Internet 技术和标准的私有网络，而 Extranet 则是采用 Internet 技术，并将 Internet 的范围延伸到多个企业的内联网，甚至客户的企业外联网络。Extranet 把企业内部已存在的网络扩展到企业之外，使得它可以完成一些合作性的商业应用，例如，企业和其客户及供应商之间的电子商务、供应链管理等。企业与合作伙伴间使用 Extranet，可以做到信息共享，共同发展。

管理信息系统的应用，正随着信息技术与网络技术的发展，逐渐步入开放式、全球化、以信息为中心的全球信息服务模式之中，现在全球几乎 80% 的 Web 服务器都与 Intranet 应用有关，可以说，Intranet 已成为当前机构和企业计算机网络的新热点。

综合案例：REI 公司的管理信息系统之路

户外娱乐设备公司（REI）是在美国拥有 70 家连锁店、两个网上商店和一个以探索为主题的旅行社，主要销售户外活动所用的工具和衣服。在 2003 年，REI 公司的销售额超过了 8 亿美元。

公司成立于 1938 年，拥有 200 多万会员，总收入的 85% 左右被用来支付给所有会员的折扣，折扣为其购买额的 10%，它的目标不在于短期的收入，而是以长远的观点来进行技术上的投资。

REI 公司是第一批使用电子商务的零售商之一。早在 1996 年，REI 公司就已经在网络上开始了自己的生意。两年之后，公司的网上商店已经成为获利的投资。现在 REI. com、REI- OUTLET. com 加上目录电话订购占到公司年销售收入的 17%。REI 公司在没有影响到传统销售渠道的情况下，成功地将电子商务渠道、零售商店和电话订购整合到了一起。REI 的

55

法宝是让 REI 成为一个寻找信息的地方，想方设法以相应的方式把信息和购物途径联系到一起。方法是使用自助服务终端，使传统的顾客在零售店可以通过这些自助服务终端，看到产品、配件、风格和相关信息，还包括专家就各方面给出的详细建议。所以，尽管当时 REI 在最终产品的销售上仍然多数靠传统的手段来实现，但是它受互联网技术的影响很大。

伴随着公司的成长，REI 已从低速度的拨号上网升级到广域网（WAN），再到高性能网络。2002 年，REI 的每家店都安装了思科的无线局域网（LAN），为条形码扫描、运输、接受、定价和库存提供应用平台。后台使用统一的 Oracle 数据库，前端采用了 IBM 的 WebSphere 网站开发环境，完成了企业管理信息系统的整合。同时，还使用了 Documentum 的内容管理系统来帮助将不同渠道的信息集中到一起，从而实现企业资源的全局共享。

2003 年，公司推出了新的服务，顾客可以在家中通过网站订购货物，然后到当地的 REI 店提货。公司通过 IBM WebSphere 平台处理来自网站的订货和补货。同时，公司采用了数据仓库技术，以改进对顾客交易的分析。有了这些数据挖掘的输出信息，REI 就可以根据市场趋势和顾客购买习惯来精炼它的采购、市场和销售活动。

2004 年，REI 宣布采用 SeaTab Software 的 Pivotlink 企业智能解决方案，通过 Pivotlink，公司的主要决策者可以更容易地获得所有流程的关键结果，同时改进了同供应商的沟通，理顺、提升了供应链管理。

对于 REI，竞争优势来自于建立一个最强大、最灵活、可以容纳所有应用的管理信息系统，以互联网为媒介将所有企业过程融合到一起。

案例来源：斯蒂芬·哈格，等. 信息时代的管理信息系统. 严建援，等译. 北京：机械工业出版社，2004

本 章 小 结

本章介绍了管理的概念、性质，讨论了管理理论的发展历程以及现代管理的发展趋势，并对组织结构形式进行了论述。

学习系统科学的知识，一方面有助于人们认识系统，另一方面在认识系统基础上，人们可以去设计、改造和运用系统。

从某种程度上讲，运筹学能应用的领域也是管理信息系统的领域；运筹学常用的模型也是管理信息系统常用的模型；而管理信息系统中所需的、将应用的模型也应该是（广义）运筹学研究的模型。

从信息系统涵盖的信息资源的类型来看，其技术基础包括计算机系统、数据管理技术及数据通信与网络技术等。

计算机系统包括硬件系统和软件系统。硬件系统包括主机和外围设备；软件系统包括系统软件和应用软件两大部分。管理信息系统就是一种典型的应用软件。

数据管理技术经历了人工管理、文件系统、数据库系统三个发展阶段。数据库是目前企业信息系统组织数据、管理数据的常用技术，数据库的建立、使用和维护都需要数据库管理系统（DBMS）的统一管理和控制。数据库系统一般由数据库、硬件、软件（DBMS 及其相关开发工具和应用系统）、人员（数据库管理员和用户）构成。

信息系统建设中的一个重要组成部分是数据的通信和传输。根据信息系统的硬件、软件、数据等信息资源在空间的分布情况，系统的结构又可分为集中式和分布式，分布式系统又有 C/S 模式、B/S 模式。目前，管理信息系统的应用，正随着信息技术与网络技术的发展，逐渐步入开放式、全球化、以信息为中心的全球信息服务模式之中，Intranet/Extranet 已成为当前机构和企业计算机网络的新热点。

习　题

1. 什么是管理？管理的性质是什么？信息技术在管理中会发挥什么作用？
2. 简述现代管理理论的发展过程，并讨论其与信息技术的关系。
3. 管理有哪些组织结构？并分别讨论其与信息技术的关系。
4. 分析系统的思想及其在现实生活中的应用。
5. 什么是系统工程？其特点是什么？
6. 什么是系统集成？并论述其分类方式。
7. 什么是信息系统集成？
8. 分析讨论你身边管理信息系统中运筹学模型的具体应用。
9. 从组成结构的角度来看，计算机系统的组成部分有哪些？试分别论述。
10. 数据管理技术经历了哪些发展阶段，各有什么特点？
11. 简述数据库、数据库管理系统和数据库系统的概念。
12. 简述计算机网络的组成与结构。
13. 网络计算模式有哪几种？各有什么优缺点？
14. 举例说明 Web2.0 的典型应用。
15. 什么是 Intranet、Extranet？举例说明其在企业信息化中发挥的作用。

第 3 章

信息系统与组织管理

随着环境的变化与信息技术的发展，信息系统与组织管理的关系变得复杂化。一方面，信息系统在组织中所起的作用发生了很大的变化，信息系统不仅对组织的业务过程与管理活动进行着有效的支持，而且承担着对组织结构和组织运作方式的再设计，甚至包含着对组织的管理制度与管理模式的变革和创新。另一方面，组织及其管理模式也影响着信息系统建设的成败，以及信息系统在组织中的应用效果。

本章将从经营管理的视角来阐释信息系统与组织管理的关系，并在此基础上讨论由于信息系统的应用所带来的组织结构、竞争战略及业务流程的变革等问题。

3.1 对信息系统的再认识

3.1.1 经营视角下的信息系统

信息系统到底是什么？在竞争激烈的商业环境下，信息系统扮演着怎样的角色？信息系统如何改变着企业的组织与管理？作为一名管理者，必须知道信息系统如何帮助企业变得更有竞争力，也必须知道构建和使用信息系统所面临的挑战。

组织进行信息的处理是为了改善或提高其自身的效率和效益。为了描述信息系统在企业或组织的经营管理领域的作用，劳顿夫妇（Kenneth C. Laudon 和 Jane P. Laudon）在其所著的《管理信息系统》（第 6 版）中从经营视角对信息系统进行了描述：信息系统是一个基于信息技术的，为了应对环境挑战而建立的组织和管理上的解决方案，是组织创造价值的重要工具。这个观点不仅涉及了信息系统的技术要素，更强调了信息系统的组织和管理特性。图 3-1 描述了管理、技术、组织这三要素如何共同构成信息系统，即管理、技术和组织是如何针对经营上所面临的挑战来形成基于信息技术的解决方案。

1. 信息系统的管理维

管理人员的职责是识别环境给组织带来的挑战，制订应对挑战的战略与决策方案，进而为实现战略进行资源的分配和工作的协调。信息系统的应用支持各个层次管理人员的职能，为其提供反映组织运作实况的各种分析数据以支持其决策的正确性。信息系统的管理维体现出信息系统的目标。

2. 信息系统的技术维

信息技术包括计算机硬件、软件、存储技术及通信技术等，它们共同构成组织信息系统的技术基础设施，以便让整个组织分享资源、协调工作。信息技术是管理者应对变革的重要手段之一，信息技术的应用显著地改变了传统的管理方法和手段，帮助组织获取更多的效益和竞争力。信息系统的技术维体现出信息系统的实现手段。

3. 信息系统的组织维

规范的组织有着层次和专业的划分，不同的专业技术人员服务于组织的不同功能领域。组织通过内部层次结构和标准工作流程进行工作或协调。信息系统是组织的重要组成部分，信息系统的应用会改变组织中人员、结构、工作流程、政治和文化等关键要素，组织适应这些变革的程度也影响到信息系统的应用效果。信息系统的组织维体现出信息系统发挥作用的载体。

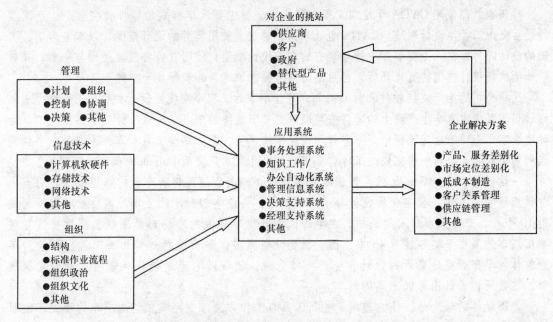

图 3-1　信息系统的管理、技术、组织三维示意图

认识信息系统的组织、管理和技术这三个维度的意义在于，若要有效地设计和应用信息系统，就必须首先了解组织的环境、结构、功能和战略，熟悉组织的管理模式、管理方法以及管理决策过程，进而识别现代信息技术为组织问题的解决方案所提供的能力和机会，并在系统的应用过程中积极适应技术带来的变革以充分发挥信息系统的作用。

丰田汽车的宏观视野

在客户下订单时才及时制造汽车是每一家汽车制造公司的梦想，丰田汽车制造公司已使这个梦想成真。2002 年 3 月，丰田与法国的达梭系统公司以及 IBM 公司签订一纸 8 ~ 12 亿美元的软件、硬件与服务的采购合约，用来连接分散在 25 个国家的 64 座工厂与它的 1000多家供货商。这项科技使丰田有能力为汽车制造过程中的每一个步骤模型化，包含汽车的外观、零件、每一个零件装配的顺序都与工厂本身的汽车设计有关。

达梭公司为丰田提供一套三维产品生命周期管理软件，功能包含协同设计、产品生命周期管理与支持生产的应用程序。IBM 公司则提供硬件与服务以及一套用来连接丰田这套新系统与公司内其他系统的软件。这套新系统将会替换丰田自行研发的计算机辅助设计与产品数据管理系统，该系统虽然已经获得高度评价，但依然无法达到丰田在汽车制造业保持领先所需的功能要求。

达梭公司的协同设计软件称为计算机辅助三维组件设计程序（Computer Aided Tri-Dimensional Interface Application，CATIA），它让丰田的设计师与远方供货商的设计伙伴得以相互合作来设计产品。他们可以使用计算机来构建三维设计模型，然后测试这些模型的"可生产性"，并测试零部件在汽车装配时是否易于安装。丰田将成为第一家在全球基础上测试设计模型的可生产性的汽车制造公司，其他公司仅能在个别独立的流程上使用这些工具。

丰田也计划使用 CATIA 于逆向工程：那些不会影响到汽车样式的零件将在整个生产流程的最后交由工程师设计制造。CATIA 也让丰田能够重复使用零件的设计模型，以车盖为例，丰田的设计师可以在一个模型库中搜寻现有的车盖设计模型，使用软件修改其外形与轮廓，并自动地测试新设计模型的可生产性，然后丰田便可要求该车盖的供货商生产这个新零件。

达梭公司的生产支持软件称为 Delmia，可让单个的工程小组使用设计和可生产性数据来制订计划，以规定汽车生产线上的零件安装顺序。丰田最终希望可以用这个计划来将整个工厂的环境数字化，明确生产流程中每一步骤所该完成的事项，需要哪些工具和零件，在每一个装配点所需配置的人数与所需完成的工作。丰田已经在几家工厂使用 Delmia 来模型化生产线。

一旦设计、生产计划与工厂制造战略相互结合，丰田便可将新车型的规格输入它的生产与供应链管理系统。数字化的设计与生产的整合，将使丰田新车的上市时间由数年缩短到仅需 10 个月。产品上市时间的长短，在丰田试图开发年轻人的市场时越来越显得重要。目前丰田汽车的买主平均年龄为 45 岁，而它想要吸引更多以最新流行趋势为买车考虑因素的年轻群体。丰田希望这套新的设计和生产支持系统，能帮助它迅速转换年轻消费者的营销数据，在数周内设计出可以上路的新车。

丰田最终的理念是，让它使用这些新工具与工作方法来支持其依订单交车的模式，依照客户要求的规格生产汽车并在数日内交车。丰田使用互联网技术设计出一套经销商每日交易系统，将丰田的经销商与丰田的新设计和生产管理系统连接，帮助经销商依客户喜好来订制汽车规格，并在数日后交车给客户。

案例来源：Kenneth C. Laudon，等. 管理信息系统. 周宣光，译. 北京：清华大学出版社，2005

用图 3-1 所阐述的视角来分析丰田汽车公司的信息技术应用。在图 3-2 中展示了丰田汽车公司的协同设计、生产支持系统与经销商系统，是如何来应对企业面临的客户结构的改变、客户需求个性化、缩短产品上市周期等挑战的。这些系统缩短了产品上市的周期，提高了产品开发和生产过程的效率，从而为丰田汽车公司创造了巨大价值。图 3-2 也描述了管理、技术与组织应如何共同合作来构成这个信息系统。

从上述经营视角下对信息系统的认识可以看出，信息系统就是一个社会技术系统。它不仅是一个由机器、设备与各种技术结合而成的技术系统，更重要的是体现了组织人员带入其中的知识、技能、态度和价值观以及组织中权力结构和激励系统等社会要素。从社会技术系统的角度可以避免人们以纯技术的眼光来看待信息系统，使人们还应关注人的态度、管理和组织变革等问题。例如，信息技术成本下降和能力上升的事实并不必然或容易地转换成生产力的提升或是利润的提高。系统效能的最佳化应是整体的，即技术与组织双方互相调整配合。技术必须配合组织的需求来设计，而组织及其员工也必须随着技术的引入，通过训练与学习来改变自己。

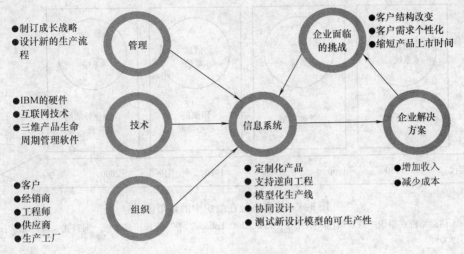

- 制订成长战略
- 设计新的生产流程

管理

- IBM的硬件
- 互联网技术
- 三维产品生命周期管理软件

技术

- 客户
- 经销商
- 工程师
- 供应商
- 生产工厂

组织

信息系统

- 客户结构改变
- 客户需求个性化
- 缩短产品上市时间

企业面临的挑战

企业解决方案

- 定制化产品
- 支持逆向工程
- 模型化生产线
- 协同设计
- 测试新设计模型的可生产性

- 增加收入
- 减少成本

图 3-2　丰田公司信息系统的三维示意图

3.1.2　信息系统在组织中的角色演化

在信息系统应用于组织的过程中，信息系统对组织的影响发生了改变，其在组织中的地位与作用也同时发生着变化。信息系统应用于组织管理的早期阶段，在竞争不十分激烈时，组织的经营管理者更多关注"物质、能源"这两大资源，信息作为资源的价值尚未充分表现出来。信息系统在组织内主要体现在技术的变化，其对组织的影响有限，在组织中的地位和作用并不凸显。信息系统只是一个附属物，即附属于组织固有的、适应于竞争相对平缓的外部环境的结构形式、业务流程、经营模式、规章制度及职能划分等。

但是到了 20 世纪后期，随着信息技术的飞速发展，人类社会进入到一个新的历史阶段——信息社会。随之而来的是，经济高速增长，供需平衡被打破，竞争日趋激烈，社会经济活动的深度与广度不断扩大。经营者认识到只占据物质资源是远远不够的，必须充分地掌握组织内、外环境中的信息，如市场、客户、合作伙伴、竞争对手等所有信息，并且要快速分析、处理这些信息以用于决策，在既定资源约束条件下达到利益最大化，实现组织生存与发展壮大的长远目标。

为适应上述经济环境的变化和经营管理的需要，组织的信息管理方式也在不断地调整和变革，组织形成了新的信息战略——如何充分有效地开发、利用信息资源以增强竞争实力、获得竞争优势的战略。体现这一战略思想的信息系统的架构与地位也悄然发生着变革：组织的存在与运转越来越依赖于信息系统的支持，融合先进的管理思想的信息系统成为促进组织结构、业务流程、经营模式、职能划分等进行变革以适应外部环境变化的主导力量。

信息系统在组织中的地位从最初的从属状态逐渐上升到与组织固有体系的互动，甚至已经凌驾于传统意义的"组织"之上。这一时期的信息系统比过去涉及更多的组织内容，信息系统的内涵从仅体现技术变化扩展到管理控制，进而覆盖组织所有的基本活动，如图 3-3所示。早期的信息系统主要引起技术改变，较容易实现；其后逐渐影响到管理控制，随后是组织的各种核心活动，进而延伸超出企业的范畴，包含了供应商、客户甚至竞争者。

61

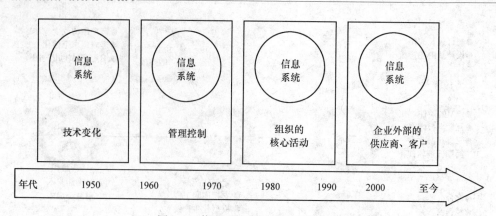

图 3-3　信息系统在组织中的新角色

注："图 3-3 信息系统在组织中的新角色"引用于：Kenneth C. Laudon，等. 管理信息系统. 周宣光，译. 北京：清华大学出版社，2005

3.2　信息系统与组织

全面地认识组织与信息系统的关系有着重要的意义：不了解组织就不能了解现行系统和设计新系统，信息系统必须与组织紧密结合起来；而组织也应当懂得自己必须适应环境和技术的变化，借助于信息系统提升自己。绝不要相信"技术将替你做事"这类观点，要想恰当地使用信息系统，必须主动地变革业务过程，让技术针对具体情况发挥作用。

3.2.1　信息系统与组织的双向关系

信息系统和组织之间的关系是双向的。一方面，任何信息系统的引进都需要组织的审批，且现存的组织结构对信息系统的设计或引进能否成功将会产生直接影响。另一方面，信息系统也影响着组织，信息系统的建立必然使得组织采用新的工作方式，信息系统还会改变组织长期以来在权力、责任、义务和情感上建立的均衡状态。

信息系统对组织的效率与效益的提高具有巨大作用，然而现实情况却是，多数信息系统并未像人们想象的那样引起组织的根本性转变。研究表明，组织中有许多因素，包括组织周围的环境、组织战略和目标、组织结构、组织的标准作业过程和组织文化等对信息系统的作用有着较大影响，如图 3-4 所示，这些因素作为媒介和载体，传递着信息系统与组织之间的相互促进与制约的关系。

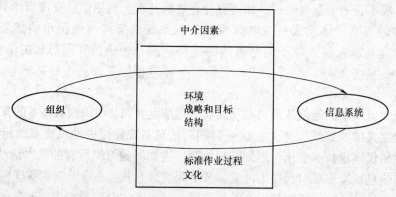

图 3-4　组织与信息系统间的中介因素

下面从组织所在的环境、组织战略和目标、组织结构、标准作业过程、组织文化等几个方面来分析信息系统和组织之间的双向关系。

1. 组织所在的环境

任何组织都是存在于特定的环境中的，组织环境包括外部环境和内部环境，组织通过获得环境信息了解现状并预测未来。环境中的成分，如客户、供应商、竞争对手、政策法规等，都会对组织的行为及其效果产生影响，组织要想实现自己的目标，就必须适应其所存在的环境。在信息技术飞速发展的今天，信息系统是扫描环境的重要手段，能帮助管理者识别内外部环境变化，并要求组织作出响应。因此，信息系统辅助组织响应环境的变化，同时还协助组织反作用于环境。

组织的信息化行为也同样会受到环境的影响和制约，信息系统应当能够适应组织的新需求和环境的变化。只有具有很强的环境适应性，信息系统才能更有生命力。

2. 组织战略和目标

组织战略是组织为实现自己的目标所遵循的基本原则，而组织目标是组织表现其经营目的实现状态的具体指标，如利润、技术领先程度、规模发展规划、市场份额等。信息系统不仅仅是一种技术，它往往与组织的战略和目标的实现紧密关联。信息系统的规划过程就是把组织的战略目标转变成为信息系统的战略目标的过程。因此，从战略的高度重新认识与充分利用信息技术已经是管理者不得不正视的现实。

同时，信息系统的体系结构需要有效地支持组织的战略和经营目标。信息系统的体系结构是为企业实现特定的目标或功能，应用信息技术的特定方式，支持组织各功能领域、各个管理层次的应用系统的设计。例如，生产型企业强调其信息系统应当具有较高的集成性以支持企业高效、低成本运作与管理，而以资本运作为核心的投资控股型企业则着重在投资分析方面需要信息系统的支持。此外，在组织的不同发展阶段，对信息系统也会产生不同的需求。

3. 组织结构

组织的一个关键因素就是它的结构。组织的结构使得劳动力进行分工、按职能部门的划分受到专业训练并被要求完成特定的工作，组织的层次化使得组织中的成员能协同工作。高层的人员从事管理、专业性的和技术性的工作，而低层的人员从事操作性的工作。组织需要各种不同的人员扮演不同的角色并掌握不同的技能。

当信息系统建立以后，高层领导可以方便地得到详尽的基层信息，因此，对中层及基层的管理人员的需要可能会减少，而高层领导的管理幅度将扩大，从而使得整个组织结构呈扁平状。同时，岗位、职责和人员必然因此而产生剧烈波动，利益分配的平衡被打破，不能积极主动适应这种变动的人员势必产生抵触情绪，对组织信息化的推动将会形成潜在甚至直接的阻碍作用。

4. 标准作业流程

组织中常规的、重复性活动和步骤称为标准作业流程（Standard Operating Procedure，SOP）。SOP 是组织长期积累的结果，改变它需要付出相当大的努力。有许多组织成功地进行了这种变革，极大地提高了他们的竞争力，这是因为现代的信息系统不仅是一个软、硬件系统，而且涵盖了大量先进的管理思想和最佳业务实践。因此，在信息技术/信息系统的应用过程中通常伴随着组织业务流程的变革，例如，组织在实施业务流程重组（ERP）之前需要进行业务流程分析。

另一方面，大多数组织在进行 BPR 时，也需要借助信息技术/信息系统的实施进行推动。从这一点上来说，信息系统管理的一个重要任务，就是要决定在多大程度上改变现有的业务流程使它适应信息系统，或者如何使信息系统以及相关的软件功能适应现有的业务流程。

5. 组织文化

组织成员共有的价值观和行动规范称为组织文化，每个组织都有它们独特的文化，组织文化是被组织成员所广泛认可的一组概念、价值观和工作方法的集合。信息技术可以用来支持现有的组织文化，也可能与之产生抵触。当与现行的组织文化相抵触时，信息技术往往难以发挥应有的作用。同时，不能期望在短时间内改变组织文化。经验表明，组织文化的转变比技术更新需要更长的时间。

因此，引进信息技术之前需要对组织的文化进行深入了解，信息系统应当能够适应组织中的文化氛围及其他内外部条件。如果信息系统与组织固有的行为习惯存在抵触，而这种抵触又不能够通过管理上的调整和变革来消除，那就得考虑改变信息系统以适应组织的实际情况。否则，系统不但不能发挥期望的作用，还有可能对组织造成不利的影响。另外，领导的重视程度对信息系统的作用将产生重大影响。

此外，还有其他一些因素诸如组织政治、管理决策等，也在组织与信息系统之间发挥着类似的中介作用。

3.2.2 信息系统对组织影响的理论分析

关于信息系统如何影响组织，已有许多的研究成果，不同的理论运用各自的核心概念和基本原理，从不同的角度对信息系统如何影响组织进行了分析。下面主要从经济学的几个领域来分析信息系统对组织的影响。

1. 微观经济理论

从经济学的角度来看，信息技术可被视为一种生产要素，并可以自由地替代资本与劳动力。当信息技术的成本不断下降，而劳动力的成本却不断升高时，利用信息技术可以实现手工操作的自动化或对原有的业务流程的进行重新设计，这样自然取代了成本不断提高的劳动力，从而使企业以较少的资本和劳动力投入却生产同样多的产出。

因此，微观经济理论认为，广泛地应用信息技术将会减少企业中层管理者的数量以及管理的层次、改进原有的生产过程、提高生产率、降低成本，并在组织规模扩大的过程中有效地控制管理成本的上升趋势，使组织获得持续的规模经济性。

2. 交易成本理论

交易成本理论认为，当企业在市场上购买其自身不生产的产品时，成本就发生了，这类成本被称为交易成本。企业追求交易成本的经济性。从传统上讲，企业通过规模扩张的方式来降低交易成本，如进入新的市场、雇佣更多的雇员、兼并小公司，等等。这种靠纵向联合的方式降低市场交易成本是有限度和代价的，一方面随着企业规模的膨胀，其内部的管理与协调成本也在急剧上升，这将抵消其下降的交易成本；另一方面，庞大臃肿的组织机构也很难适应市场的快速变化，并充分发挥其核心竞争力。

而信息技术的应用能帮助企业降低交易成本，使企业利用外部的资源比利用内部的资源更经济。随着交易成本的减少，企业能更方便和更便宜地从市场中采购所需的资源而不必自己来生产这些资源，企业规模也相应缩减，而企业间的供应链则迅速发展。若公司能通过电子商务和外部供应链得到同样多的业务量和利润，谁还会靠雇佣工人以扩大规模而受上涨的管理成本之苦呢？例如，通用电气公司把其员工从 20 世纪 80 年代初的 40 万减为 23 万，而收入则增加了 150%。

3. 代理理论

企业可以看做是一群追求自我利益最大化而不是追求集体利益最大化的当事人之间形成的"委托—代理"关系结构。委托人（雇主）雇佣代理人（雇员）作为其利益的代表来执行任务，并把一些决策权力授予代理人。然而，代理人需要被时时地监督和管理，否则的话，代理人往往倾向于谋取个人利益而不是业主的利益，这样就会产生代理成本或管理成本。当公司发展到一定的规模和较大的经营范围时，业主就要花费越来越多的精力去获取信息以监督和掌控代理人的行为，这就导致了管理成本的上升。

信息系统技术能减少在这种"委托—代理"关系中获取和分析相关信息的成本，加大管理者的控制程度，从而有效地减少企业的非生产性人员和委托人的代理成本。例如，信息技术的应用能让组织用很少的职员来协调订单处理、库存查询等活动，信息技术扩展了组织的影响力和经营范围。在恰当的情况下，信息技术也能让大型组织具有小型组织的灵活性和敏捷性。

3. 2. 3　信息系统应用的组织阻力及对策

1. 关键的组织因素

从信息系统与组织的关系分析中可以看出，管理人员不能仅从某个片面来理解组织与信息系统之间的关系。信息技术是信息化生产力的重要组成部分，但信息化不等于计算机化、不等于通信网络化。组织因素滞后于技术的发展成为制约信息化发展的主要障碍之源。

为了从技术应用中获得收益，在进行技术改造的同时，必须对关键的组织因素进行考虑。根据以往的经验，主要有以下因素：

1）组织的类型及其所处的环境。
2）组织结构、专业分工及标准工作流程。
3）组织文化。
4）领导的风格及其对信息技术的理解与支持。
5）系统服务的组织层次。
6）系统影响到的主要利益群体。
7）组织中将使用信息系统的员工的情感和态度。
8）组织过去对 IT 的投资及效果、现有的技能、人力资源等。
9）信息系统所辅助的任务和决策类型。

2. 组织阻力及对策

信息系统的行为观点指出，建立新信息系统或改造旧系统决不仅仅是对机器或工人的技术性再安排，新的信息系统可能改变组织结构、组织文化、组织政治和工作流程，这必然会打破组织原有的平衡，产生新的冲突和组织阻力，管理者要主动地管理组织的这个动态平衡过程。

开发新系统的最终目的是为了提高组织的绩效，所以，应把系统应用的过程看做是一个有计划的组织变革过程。新系统建立的同时也必须明确提出组织变革的方式和内容，除了业务流程的变化外，还要说明每个岗位职责的变化，组织结构的调整和变化，人员之间制约关系的变化，每个人权力及行为上的变化。要对这些变化的时机、方式、后果作出仔细的计划，才能保证变革实施的成功。完整的组织冲击分析应说明新系统将怎样影响到组织的结构、决策以及日常运作。为了使新系统能与它所服务的组织完美地协调、统一成一个整体，组织的冲击分析工作就必须得到加强。

信息系统对组织的冲击以及组织对信息系统的抵制都是不可避免的。采取以下策略可以在某种程度和某些方面消除组织的抵制所造成的后果。例如，让用户参与系统的设计、实施以及培训，在引入系统前进行必要的组织变化，改善用户与设计者的关系等。通过对组织抵制问题的分析，我们所得到的最大的启示是：系统的设计不能单纯从技术出发，而必须仔细分析组织的现状和新系统所带来的组织变革。

信息技术和信息系统对组织所产生的影响极大地被组织的惯性所拖累，组织变革的过程远比预期的复杂和缓慢，是一个渐进过程。鉴于信息技术作用的局限性，不能指望靠技术来解决那些实质上是人与组织本身的问题。计算机的作用是由使用者的智慧决定的，信息系统的应用是组织和个人行为的写照。

3.3 信息系统与组织结构

3.3.1 传统的组织结构模式

自从"科学管理之父"泰勒首创以实行职位分类为基础的企业管理制度之后，建立在职位分类基础上的严密组织结构很快在企业中流行开来。组织结构层次分明、工作人员的分工明确、不允许插手别人职权范围内的事情等逐渐被奉为企业管理的金科玉律。在长达80年左右的时间中，世界众多企业在泰勒制中获益匪浅，大大提高了生产效率。但是步入20世纪90年代以后，被奉为管理楷模的IBM、富士通、通用电气等一流大公司却先后出现了亏损。与此同时，大量中小企业却因经营机制灵活，在激烈的市场竞争中应变力极强。于是，企业组织结构变革问题逐渐提上了企业经营者的议事日程。

1. 传统组织模式的特征

企业处于不同的发展阶段、发展规模以及发展环境中，往往采用不同的组织结构模式。传统的组织结构模式包括：直线职能式、事业部式和矩阵式等（详见第2章）。其中直线职能式都是集权式的组织结构，存在着职能部门之间横向联系较差、信息传递路线较长、反馈较慢、难以适应环境变化等问题。而事业部式和矩阵式结构是随着企业经营全球化、多样化趋势而发展起来的分权式组织形式，其对环境有较强的适应性。但上述组织结构形式有一个共同特征：等级式的纵深分层组织结构。

2. 传统组织模式的问题

等级结构强调专业分工、职责明晰、组织稳定性好，在特定的历史时期对企业的发展壮大起到了积极的作用。但是随着时代的变迁及经济与社会的发展，等级结构的内在问题也日益凸显出来，主要表现在以下几方面：

1）纵向来看，等级结构的形成源自于管理幅度的限制。在传统的管理模式下管理幅度有限，当组织规模扩大到一定程度时，必须靠增加层次来保证有效的管理。当组织的纵向层次过多，信息的传递就会出现延误与失真，上下级沟通不畅，造成决策的迟缓与偏差，企业的灵活性与适应性大大降低、竞争力下降。高层决策层强调标准化管理和照章办事，难以适应基层千变万化的情况。基层管理者没有决策权，因而"惟命是从"不思变革。

2）横向来看，传统的企业组织结构模式是按照职能来划分各个部门的，各个部门根据其自身职能的需要来进行信息管理，没有考虑相互之间的信息交流。企业的部门与部门之间、员工与员工之间存在着职能关系的壁垒，每一道壁垒就是一堵墙，企业内部信息呈垂直流动，而不能水平流动。这就导致了企业内部各个职能部门之间形成了相互独立的信息孤岛，职能部门间协调的难度增大，信息难以交流和共享。面向职能的组织中，专业化分工带来的效率优势往往被过多、过细的分工所造成的分工之间的边际协调成本所抵消，这些无形的壁垒使组织无法适应市场的快速变化和个性化的消费需求。

传统的组织结构模式，在相对稳定的市场环境中，是效率较高的一种组织形式。但是随着信息化时代的来临，为了适应外界环境的快速变化，企业必须更有弹性和更强的适应性，而金字塔结构缺少的恰恰是对变化的快速感应能力和适应性。

3.3.2 信息技术在组织结构变革中的作用

计算机与网络技术的迅速发展，使组织内部结构、流程以及组织间的关系得以重新设计。例如，组织边界、内部结构、控制机制、产品与服务等的重新设计，信息化的经营模式正在形成。信息技术在组织结构变革方面的作用主要表现在以下几个方面：

1. 减少组织的层次

大型层级组织的中层管理人员有相当一部分职能就是上传下达：向上反映收集到的组织基层的运作信息，向下传达组织高层的意图，而这些职能大部分可用现代信息系统来实现。信息系统可向管理者提供丰富的信息，以使其能监督更多的员工和生产过程。另一方面，信息技术使低层员工可以接收到更广泛的信息，过去由管理人员完成的基础决策可直接由低层工作人员来完成，决策权下移，从而减少了组织的层级。同时，互联网与便携技术的应用使得小组的合作不再受到地理位置的限制，这也意味着管理人员的控制范围的扩大，高层管理人员可以管理和控制的范围更大、地域分布更广，中层管理人员的缩减使得组织的扁平化成为可能，从而克服管理机构臃肿的现象。

2. 分布式的工作地点

网络、便携、可视等信息技术使得分布在不同国家、地区的企业员工可以密切合作，传统的完整意义上的组织可能会消失。例如，利用信息系统连接供应商可以取消库存部门；通信技术消除了多种类型工作的距离障碍，业务人员可获得更多的实时信息，通过各种途径与客户进行沟通；小组的远程协作成为现实，如 Ford 汽车公司就采用跨洲协作的方式进行新产品的开发，项目的设计时耗大大缩减。

组织在产品或服务的提供上也不再受物理位置或组织边界的限制，网络化的信息系统使企业能很好地协调地理上分布的资源和能力，甚至以虚拟组织的方式利用外部企业的能力。虚拟企业打破了传统的组织边界和物理位置的限制，能根据特定产品与服务的需求将相关的

67

资源、能力和信息连接起来，充分利用各个企业的核心能力。例如，一个销售鲜花的虚拟企业，通过免费电话接受客户订单，然后将订单内容输入计算机并传送到生产鲜花的农场，农场员工根据订单采摘鲜花并由快递公司将花送到客户手中。

3. 增加组织的弹性

信息技术使得组织能够以更加灵活的方式运行，增强企业的应变能力和把握市场机会的能力。无论是小型企业还是大型企业，都可以借助于信息系统获得更多弹性。小型企业可以利用信息系统中如库存跟踪、订单处理等，在不需要太多管理人员、文员和生产人员的情况下有效运作；大型企业也可以利用信息系统中如"批量订制系统"来获得更多的灵活性与快速响应能力。如 Levis 的直销店提供一种个性订制的服务，客户只要将自己的尺寸信息输入计算机，信息传递至工厂，工厂就可在标准产品的生产线完成订制的产品。

4. 组织边界的重新定义

网络化的信息系统使得企业之间可以方便地实现电子数据交换，如库存信息、订单信息的电子传送与共享，这大大减少了企业从外部获取产品或服务的成本。同时，借助于信息系统的关联也可改善企业之间的关系，帮助企业更有效地进行供应链管理。这种连接两个或多个企业的信息系统称为"组织间信息系统"或"跨组织系统"，这类系统的应用实现了组织之间信息流动的自动化，使一个组织的信息或信息处理能力可以改进另一个组织的行为或改进多个组织之间的关系，因而使得组织的边界变得模糊。

3.3.3 组织结构的发展趋势

当前管理领域关于组织结构模式的探讨集中反映了信息技术应用与组织设计的互动性。计算机和网络技术的应用需要一个更加动态的、弹性化的组织结构来适配，而组织的发展也需要更迅速、快捷的信息交换和共享网络。一些整合的信息系统，如 ERP、CRM 等正利用其高度的技术渗透性和网络协作功能，打破企业内各个部门之间的分割和孤立状态，把企业改造成一个面向任务的集成化的管理团队。

如前所述，信息技术的发展与应用从多方面改变了组织结构的传统假设与限制，而且通过对企业行为的理论分析和总结，可以看出在信息技术的渗透与影响下，企业组织的结构模式呈现出以下所述的发展趋势。

1. 扁平化趋势

传统意义上的组织从诞生之时就本能地开始了规模扩张之路，这是规模经济性及较高的市场交易成本所导致的必然趋势。随着企业规模的持续扩大，大而全的组织结构使得市场交易费用逐步下降，但组织内部的协调成本却快速膨胀，直至完全抵消了前者的下降。企业效益增长缓慢，发展停滞不前，"大企业病"便显现出来。企业信息化的实施将优化企业的信息过程，大大提高信息收集、处理、传输的能力，中间管理层的减少使企业从"多层金字塔结构"逐渐向"扁平化结构"转化。

2. 网络化与小型化趋势

20 世纪 80 年代，美国企业界流行起"外包"方式，日本则是"精益生产"，组织开始呈现出网络化的趋势，这一趋势主要是源自于企业发现规模大并不一定就经济。社会分工的不同使得企业既存在具备核心竞争力的部分，同时也存在不具备核心竞争力的部分。为了更有效地组织生产，应该把在传统的组织模式下通常由组织内部部门完成但实际上并不"划算"的部分，如制造、包装、仓储、运输、销售等环节剥离出去，通过合同外包等方式交由其他组织来实现所需功能，而组织可以集中精力开展核心业务以增强其核心竞争力。

组织网络化实质上是由若干相互独立的组织所构成的一个成员不断变动的合作关系网。这种动态变化的立体网络最大的优点在于，让组织把重心放在其具有核心竞争力的领域，以最少的投入获取最大的效益，充分发挥社会分工协作的优势。同时，企业不再是"大而全"式的，也不再追求简单的规模扩张。组织在网络化发展的同时也呈现出小型化和分散化的趋势。

信息网络的应用是企业网络化的技术基础。网状企业的形成与运作，依赖物流、资金流和信息流的畅通。而物流与资金流的运行也得靠信息流来调动，所以，信息系统是网状企业的神经系统。

3. 虚拟化趋势

虚拟组织可以认为是网状企业的一种极端形式。由于信息技术、通信技术和网络的高度发达，企业之间的合作关系突破了传统的合作关系，而是通过网络、应用信息技术和通信技术进行分散的、互利的合作，一旦合作目的达到，合作关系便解除，因此，这是一种暂时的、跨越空间的合作形式。IT 的深入应用使企业间的虚拟化成为可能，而且企业间的动态合作需求也促使企业向虚拟化方面发展。

综合上述分析，企业的组织结构模式正由多级递阶的金字塔式结构向扁平化、网络化、分散化、小型化、虚拟化转变，如图 3-5 所示[注]。减少决策层次、下放权力、加强横向联系与协调、快速捕捉市场机会是这一系列变化趋势的核心所在。

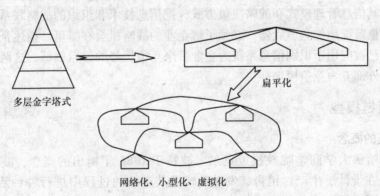

图 3-5　组织结构模式的变化趋势

3.4　信息系统与竞争战略

伴随着信息技术的飞速发展和社会环境的激烈变化，组织管理的重心历经了由物质资源管理到资金管理再到人才管理的过程，现在正转向信息管理、知识管理，并且将信息管理

⊖　甘仞初．信息系统原理与应用．北京：高等教育出版社，2004

与组织的战略决策联系起来，基于信息资源开发利用的竞争战略成为组织竞争的最重要战略。

信息技术不再是企业战略的事后投资，它已成为制订企业战略的真正原动力。信息系统不仅仅只是支持企业的运作、决策的一系列技术，它还可以改变企业的竞争模式。

3.4.1 信息系统的战略性

20世纪80年代中期以后，随着信息成为和人、财、物同等重要的战略资源，人们逐渐认识到，信息技术在组织中的应用不仅能提高工作效率、带来经济效益，而且还能够改变产品或服务的性质、改变组织参与竞争的方式，更为重要的是，为企业提供了新的参与市场竞争的战略性手段。

组织应用信息技术的目标和方式及其应用所产生的影响有了新的发展，信息技术越来越成为企业的战略工具。现今，组织应用信息技术的目标由追求企业某个局部领域的效率和效益的提高，向追求企业整体效率和效益的提高及增强企业竞争力的方向转变。这时，战略信息系统（Strategic Information System，SIS）的概念应运而生。

战略信息系统是能够改变组织的目标、过程、产品/服务及组织与外部环境的关系，以帮助组织赢得竞争优势的计算机信息系统。战略信息系统的概念包含两方面的内涵：一个是信息系统，另一个是战略。其中的"信息系统"可以是在组织中任何层次上应用的、任何类型的信息系统，如在第1章中介绍的TPS、MIS、DSS、EIS等；而"战略"则强调了信息系统的功能、作用是战略性的，即战略信息系统必须影响或支持企业的经营战略，通过改善企业的运行情况为企业带来竞争优势或削弱竞争对手的竞争优势。

利用信息系统取得竞争优势的关键在于，是否能够根据信息技术的发展和信息环境的变化，及时转变其信息管理模式和战略决策方式，把信息技术和组织的战略联系起来。

为了将信息系统用作竞争武器，必须了解企业的战略机会在哪里。描述企业和企业环境的两个模型，已被应用于识别信息系统为企业带来竞争优势的经营领域，这两个模型分别是价值链模型和外部五力竞争模型。

3.4.2 价值链模型

1. 价值链的概念

价值链是哈佛大学商学院教授迈克尔·波特于1985年提出的概念，波特认为，"每一个企业都是在设计、生产、销售、发送和辅助其产品的过程中进行种种活动的集合体。所有这些活动可以用一个价值链来表明。"企业的价值创造是通过一系列活动构成的，这些活动可分为5个基本活动和4个辅助活动两类。5个基本活动是内部后勤、外部后勤、生产作业、市场营销和售后服务；4个辅助活动是企业基础设施、人力资源管理、技术开发、采购。企业的价值活动不是一些孤立的活动，它们相互依存，一个创造价值的动态过程，即价值链。

波特的价值链理论揭示了企业与企业的竞争，不只是某个环节的竞争，而是整个价值链的竞争，而整个价值链的综合竞争力决定了企业的竞争力。因此，企业的效率或竞争优势来自于价值活动的有效组合，来自于价值链的优化，企业的竞争成功也产生于合理的价值链设计。

　　价值链的构成如图 3-6 所示，价值链中的每一个环节都会为顾客的产品或服务增加价值。我们的目的是要找出其中的主要活动和过程，并确定支持这些过程的信息技术和应用系统，即企业信息系统应用所要改造的重点业务环节。这种思考和分析可以帮助人们了解系统开发的意义。

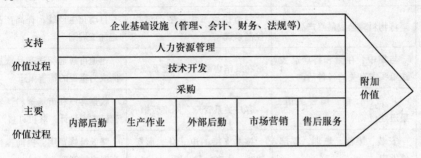

图 3-6　价值链的构成

2. 价值链分析法

　　价值链的所有环节都具有单独价值，但是通常这些环节组合起来的价值往往大于它们的单独价值之和，多出来的价值称为附加价值，如图 3-6 中价值链最右侧的部分。可以说，附加价值越大，顾客对组织的产品和服务消费越多。这对于组织则意味着一种竞争优势以及更丰厚的利润。这些活动有着完全不同的经济效果，对竞争优势的确立起着不同的作用。

　　企业要保持的竞争优势，实际上就是企业在价值链某些特定的战略环节上的优势。运用价值链的分析方法来确定核心竞争力，就是要求企业密切关注组织的资源状态，要求企业特别关注和培养在价值链的关键环节上获得重要的核心竞争力，以形成和巩固企业在行业内的竞争优势。

　　价值链模型指出最适合采用竞争策略的企业活动，也突显出信息系统最有可能产生战略影响的活动。通过辨识那些能有效地利用信息技术增强其竞争地位的具体关键环节，企业可以更加全面地确定自己的竞争优势和“战略型”信息系统方案的选择——支持获取对公司增值最多的价值活动所需的战略信息。

3. 信息技术对价值链各环节的支持

　　信息技术是通过改变价值活动的进行方式来影响价值链的，价值链中的每一环节都具有物理上的实际部分和信息处理部分。实际部分包括了执行活动所需要的实际任务，而信息处理部分包括了信息的获得、处理和传输。每个价值链环节的信息处理部分都可以被信息技术所支持，如表 3-1 所示。战略制订者可以通过研究目前信息技术所应用的环节及其发展潜力，来判断哪些活动可在信息技术的支持下最大限度地增加企业产品和服务的价值。

4. 增值环节与减值环节

　　价值链上的环节有些是增加价值的，有些是减少价值的。两种环节都是信息技术可以发挥作用的区域。区别仅仅在于，当信息技术用于增值环节时，可以直接导致附加价值的增加；而将信息技术用于减值环节时，此流程变得更有效率，或者能够更好地满足顾客需求，从而减少了价值的损失。

71

表 3-1　信息技术在价值链各环节的应用和支持

活　动	定　义	可用的信息技术	信息技术的作用
内部后勤	物料的入库、存储及出库	库存管理自动化	加快物料的调拨，联机订货，保证安全库存，减小库存成本
生产作业	将物料转换成最终产品	制造执行系统，生产过程控制系统	自动化生产线，提高产品质量，缩短加工周期
外部后勤	与集中、存储和将产品发送给买方有关的各种活动	在线销售系统，调度系统	迅速可靠地配送产品或服务，互联网成为重要的销售渠道
市场营销	广告、促销、销售队伍、渠道建设	客户关系管理，网络营销	收集客户和市场资料，辅助产品与营销方案设计，联机订货
售后服务	安装、维修、培训、零部件供应	技术支持的电子化、服务热线，潜在故障诊断	降低维修费用，提前提供服务，提高客户满意度
企业基础设施	支持整个价值链的会计制度、行政流程	办公自动化，财务系统	组织机构分散化，管理控制、协调组织内部管理
人力资源	招聘、雇佣、培训、薪酬	人事管理系统	方便查看员工的资料和业绩，利于人事决策
技术开发	改善产品和生产工艺	计算机辅助设计和制造	缩短设计、生产周期和提高设计、生产质量，降低生产成本
采购	物料的供应、研发设备的购买	在线查看供应商存货规划	大范围即时最优价格，供应商管理库存

　　首先，研究企业流程，在顾客的帮助下，通过各种方法（如专家咨询、CRM 等）确定各个环节在价值附加中所起作用的比例，比例大的就是价值链的关键环节。当这些关键环节由新的信息技术和信息系统所支持的时候，能够最迅速、最大量地产生价值附加，进而可以参照这种分析结果来确定应当优先建设的信息系统。

　　其次，确定减少顾客价值的环节也很重要，方法与上面的增值环节类似。价值减少最多的关键环节，通常也是最需要信息系统支持的环节。价值减少环节是怎样产生的呢？比如说，顾客可能认为销售是减少价值的，因为销售人员不能及时得知库存状况，因此可能出现缺货状况，影响了公司在客户心目中的形象。这时，建立销售环节的信息系统就是十分必要且有效的了。

3.4.3　五力竞争模型

　　在波特所提出的经典的竞争战略模型中（如图 3-7 所示），任何企业想要生存下去并取得最后的成功，都必须合理有效地应对 5 种竞争力量。同时，企业还可以利用 5 种基本竞争战略来应对它所面临的竞争威胁。

　　1. 5 种竞争力量

　　（1）本行业中现有竞争对手

　　大部分行业中的企业，其目标都在于使得自己获得相对于竞争对手的优势，所以，在运营中就必然会产生冲突与对抗现象，这些冲突与对抗就构成了现有企业之间的竞争。现有企

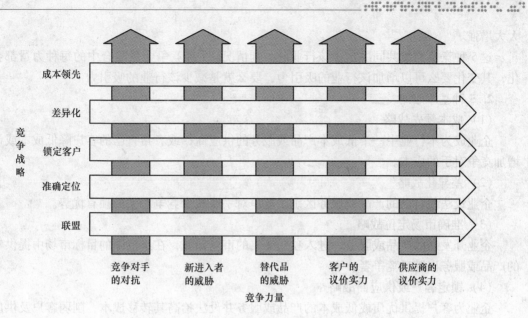

图 3-7　企业应对竞争力量的竞争战略模型

业之间的竞争常常表现在价格、广告、产品介绍、售后服务等方面，其竞争强度与许多因素有关。

（2）本行业及市场中新进入者的威胁

新进入者在给行业带来新生产能力、新资源的同时，将希望在已被现有企业瓜分完毕的市场中赢得一席之地，这就有可能会与现有企业发生原材料与市场份额的竞争，最终导致行业中现有企业盈利水平降低，甚至还有可能危及这些企业的生存。

（3）可能会抢占市场份额的替代品的威胁

两个处于不同行业中的企业，可能会由于所生产的产品是互为替代品，从而在它们之间产生相互竞争行为，这种源自于替代品的竞争会以各种形式影响行业中现有企业的竞争战略。首先，现有企业产品售价以及获利潜力的提高，将由于存在着能被客户方便接受的替代品而受到限制。其次，由于替代品提供者的侵入，使得现有企业必须提高产品质量、或者通过降低成本来降低售价、或者使其产品具有特色，否则其销量与利润增长的目标就有可能受挫。最后，源自替代品生产者的竞争强度，受产品买方转移成本（客户转向竞争对手的产品或服务时所发生的成本）高低的影响。总之，替代品价格越低、质量越好、用户转换成本越低，其所能产生的竞争压力就越强。

（4）客户的议价实力

客户主要通过其压价与要求提供较高的产品或服务质量的能力，来影响行业中现有企业的盈利能力。

（5）供应商的议价实力

供应商主要通过其提高投入要素价格与降低单位价值质量的能力，来影响行业中现有企业的盈利能力与产品竞争力。供应商力量的强弱主要取决于他们所提供给买方的是什么投入要素，当供应商所提供的投入要素其价值构成了买方产品总成本的较大比例、对买方产品生产过程非常重要、或者严重影响买方产品的质量时，供应商对于买方的潜在讨价还价力量就大大增强。

这5种竞争力量共同决定了该行业的盈利情况。5种竞争力量组合中的每种力量都会变化，其变化要么可以增加该行业的吸引力，要么就是减少该行业的吸引力。

2. 5种基本战略

（1）成本领先战略

企业成为本行业中一个低成本产品或服务的供应商，或者帮自己的客户降低成本或设法增加竞争对手的成本。

（2）差异化战略

企业设法使自己的产品或服务区别于竞争对手或减少竞争对手的独有优势。

（3）准确市场定位战略

企业开发新的产品或服务，进入独一无二的市场领域，在小范围的目标市场中提供专门的产品或服务以胜过竞争者。

（4）锁定客户或供应商战略

企业为客户提供优质或低成本的产品或服务并设法抬高其转移成本，削弱客户及供应商的讨价还价能力。

（5）联盟战略

与客户、供应商、竞争对手、顾问及其他公司建立新的企业链接和联盟，借此进行协作或信息共享。

3.4.4 利用信息技术获得竞争优势

信息技术的战略性应用要达到三个目标：生产率的提高、市场反应能力的增强和竞争优势的强化或保持。生产率的提高是目的，市场反应能力的增强是表现形式，竞争优势的强化或保持是最终结果。企业管理者如何让信息技术投资直接支持企业的竞争战略呢？以下是信息技术帮助企业实现5种基本竞争战略的示例。

1. 降低成本

企业将信息系统应用于组织内部作业、管理控制、计划和人力资源等业务，可以帮助企业显著降低其内部成本，以低于同行业竞争对手的价格（或更好的质量）提供产品或服务，因而让公司获得竞争优势。

例如，零售业巨头沃尔玛采用顾客驱动的连续补货系统来保持商品的低价位和不缺货。当顾客为其所购物品在收银机付款时，销售终端记录交易信息并发送到沃尔玛总部，总部收集所有连锁超市的订单发送给供货商，这样使得采购过程更加迅速，而且也更准确。因为能快速补货，沃尔玛公司不需要花费高额资金维持大量的库存商品，使成本更低。在沃尔玛的竞争对手中，Sears花费销售额的30%用于管理费（仓储、物业、工资等），Kmart是21%，而采用了降低运营成本的信息系统，沃尔玛仅支付销售额的15%用于管理费。

再例如，Avis轿车租赁公司开发的Wizard系统是一个内部战略性管理信息系统，该系统能跟踪公司车队的方位、成本和业绩，对租赁车队的分布进行优化，以保证客户随租随到且成本最低。

2. 差别化产品和服务

企业可以利用信息系统来创造出独特的新产品或服务，从而实现与竞争者的差异化优势。产品和服务的差异化可以抬高竞争者的进入成本，避免竞争者采用相同的产品和服务来跟进，因而也不必靠低成本和价格来竞争。

例如，制造商和零售商可以利用信息系统为单个客户量身定做特殊规格和需求的产品。戴尔计算机公司利用订单组装方式直接销售个人计算机给客户，客户按照自己的需求经由网络或电话下达订单，戴尔的工厂接收到订单后会按照指定的零部件来进行装配。又如，美国安德森制窗公司开发了"智慧门窗"系统，该系统允许五金商店和零售门市的顾客自己设计门窗，计算机把顾客的窗户规格传递到公司的制造厂进行生产。通过应用该系统，使安德森公司的生意猛增。

上述两个例子中，信息技术创造了按顾客要求订制的产品和服务，第一家提供这类产品和服务的企业就赢得了先动优势，同时也建立了行业壁垒。

3. 准确的市场定位

企业可以通过为特定的目标群体以更好的方式提供产品或服务来创造新的补缺市场。通过差异化目标群体，企业在小范围的目标市场提供比竞争者更优异的专业化产品或服务。

信息系统可以为上述营销策略提供决策信息。信息系统将大量被人们忽略的信息看做组织的重要"资源"，可以深入"挖掘"出增加利润及市场渗透率的信息。这类信息系统还可更仔细地分析客户的购买模式、独特的消费习惯、偏好与品味等，以使企业将有限的广告与营销资源瞄准精确的目标市场来投放。

借助于商务智能的成果可以从海量的数据中发现规则与模式，提供给管理者作为决策的依据，甚至可根据个性化的偏好建立个人消费数据库以驱动一对一的营销。这些分析数据来自于广泛的领域，例如，信用卡交易记录、人口统计数据、超级市场或零售商结账柜台计算机中的购买数据以及网站搜集的资料，等等。

例如，Sears Roebuck 持续分析 6000 万名信用卡使用者的消费数据来锁定诸如家庭用品购买者、园艺器材购买者、音响发烧友或准妈妈等各类消费者，从而有针对性地提供各种促销活动，如公司会向购买烘干洗衣机的用户邮寄维修合约。

据统计，争取新客户比留住老客户的花费高 5 倍。通过深入分析客户的购买过程与活动，公司可以发现能产生更多利润的客户，发掘他们的潜在需求，灵活地定价，灵活地提供商品和服务以争取更多的商机。同样，公司也可以利用这些数据找出无利可图的客户。

4. 锁定客户与供应商

信息系统能提高客户的转移成本，"套牢"客户，从而帮助企业降低客户的议价能力。例如，亚马逊网站会通过协作过滤等技术建立一个有关顾客购物习惯的特定档案，当顾客再次登录时，在档案中已经有为其订制的产品；如果选择去别的地方购物，由于顾客所登录的新网站没有关于其过去购买记录的档案，此时就产生了转移成本，从而打消了顾客"叛离"的念头。

锁定供应商、削弱其议价能力的最好办法就是提供替代的供应源，B2B 市场是一种可以聚集大量供应商和买家的网络服务，可供买家选择的供应商非常多，可以起到这一作用。另外一种削弱供应商议价能力的办法是买家尽可能多地获得供应商的销售信息，通过互联网，很多信息都可免费得到，这样，供应商的能力就被有效地削弱了。

"零库存"也是拴住客户的强大工具，它为供应商提供了决定性的竞争优势。同时，也给供应商带来好处，供应商能够连续地观察客户对产品的要求，及时调整生产计划来确保足够的库存量。

5. 建立战略联盟与信息伙伴

越来越多的公司通过利用面向战略优势的信息系统，与其他公司构成战略联盟，这种情况下的公司合作是借助于资源和信息的共享来实现的。这种联盟经常是信息伙伴关系，两个或多个公司在互利的基础上共享信息，借此联合各自的力量而无实际上的合并。

美国航空公司和花旗银行之间的合作就是一个例子。持卡人每使用花旗银行的信用卡消费一美元，就可以在他的乘机活动中消费奖励一英里的航程。通过这种交叉营销的方式，花旗银行可以争取到新的信用卡顾客并提高其忠诚度，而美国航空公司也可以通过提高顾客的忠诚度而获益。

这样的伙伴关系使公司能接触到新的顾客群，合作各方可以共享计算机硬件和软件的投资。有时，传统上是竞争关系的公司也能从这类伙伴关系中获益。

3.5　信息系统与业务流程重组

随着市场竞争的激烈化，企业之间技术、资金等实体资源的同质性增强，企业越来越认识到竞争的焦点应该从产品或服务的生产、制造、营销、财务等具体部门的管理上，转移到从整体上考虑企业的运作、激励机制及组织结构等系统性的流程因素上。企业的核心能力与可持续的竞争优势，都将来自于企业所独有的、可以提高顾客满意度的组织变革。

3.5.1　组织变革的类型

信息系统是组织变化的强大工具，有 4 种风险收益各不相同的组织变化，它们是自动化、流程合理化、业务流程重组和异化。

1. 自动化

自动化是信息技术所引起的最常见的组织变革形式，如民航订票系统、POS 系统等，都是初期自动化的例子。自动化的特点是风险较小，但它不能给组织带来本质的变化，只能在某一局部的业务范围内提高工作效率，所以经常会引发新的瓶颈。

2. 流程合理化

流程合理化是指将自动化的业务操作进一步精简和改进，消除新的瓶颈，使自动化的效率更高。自动化只是暂时缓解了业务流程的效率问题，并没有对整个业务流程进行合理的规划，没有解决根本的问题，而流程合理化以整体的思想从整个业务流程的角度对业务操作进行改进。

3. 业务流程重组

所谓业务流程是指为提供某项业务成果而必须完成的一系列逻辑相关的任务。例如，开发新产品、采购订货、财务核算等。业务流程重组也叫业务流程再造或业务流程再设计，这是组织变动中更有力的一种类型。为降低成本、提高服务质量、增加效益等，需要对原有的提供产品和服务的业务流程进行分析、简化、优化和重新设计。

利用信息技术，组织可以对他们的业务流程进行重新审视，优化并提高这些业务流程的执行速度和服务质量。业务再造活动对工作流程进行的重组，合并了一些工作任务，减少了一些繁琐、重复的桌面工作，甚至取消了某些工作岗位。显然，它比工作流程合理化更进一步，它要对工作流程重新进行组织。

4. 范式转移

流程合理化和业务流程重组都只限于企业某些部分的改变。新的信息技术的应用能从根本上影响整个组织的经营方式，甚至企业的性质，这种更彻底的组织变革称为范式转移（Paradigm Shift）。例如，银行可以完全放弃对其分支机构中出纳员业务的自动化、合理化及业务的再造，转而去考虑可否利用 Internet 来完成所有的银行业务。在英国，4 家网络银行已经总计达到 5% 的市场占有率。网络银行的优势在于可以 24 小时提供服务并且成本较低。Smile 是英国的一家网络银行，它的运营成本仅是实体银行的 10%，因此可以提供较高的利率给使用其支票与存款账户的客户。

3.5.2　业务流程重组

1. 业务流程重组的概念

信息技术的推广应用改变了企业原有的信息收集、处理、传输和共享的方式，在企业信息化建设过程中，如果仅仅是模拟实现原有的管理过程，用计算机替代原来的某些手工作业，并不能从根本上提高企业的竞争能力。因此，应用信息系统必须要实行业务流程重组（或再造），按照信息技术的特点对现有流程进行改造并重新设计，确保企业有一个科学、规范的管理基础。这个阶段的工作是不可逾越的，特别是对于我国大多数企业长期处于管理粗放、信息化管理水平普遍较低的状况而言就显得更为必要。

业务流程重组（Business Process Reengineering，BPR）的概念最早于 1993 年由美国学者哈默和钱皮给出。他们给 BPR 下的定义是：对企业流程进行根本地再思考和彻底地再设计，以求企业关键的性能指标获得显著的提高，如成本、质量、服务和速度等，使得企业能最大限度地适应以"顾客（Customer）、竞争（Competition）、变化（Change）"为特征的现代企业经营环境。

在这个定义中，包含三个关键特征：根本地、彻底地、显著的。

根本地：是指突破原有的思维定式，以回归零点的新观念和思考方式，对现有流程与系统进行综合分析与统筹考虑，避免将思维局限于现有的作业流程、系统结构与知识框架中去，以取得目标流程设计的最优。

彻底地：是指抛弃所有的陈规陋习创造全新的业务处理流程，而非对既存的事物进行肤浅的改良、增强或调整。

显著的：是指企业竞争力增强，企业的管理方式与手段、企业的整体运作效果达到一个质的飞跃，体现高效益与高回报。

因此，业务流程重组的本质就在于根据新技术条件下信息处理的特点，以事物发生的自然过程寻找解决问题的新途径。BPR 追求的是一种彻底的重构，而不是追加式的改进。

关于业务流程重组，最经典的一个例子就是福特汽车公司的"无票据处理"流程的重组。

福特公司的"无票据处理"流程的重组

当福特（Ford）公司借助办公自动化将北美财务部门的员工从 500 多人减少到 400 多人时，他们发现马自达（Mazda）公司的财务部只有 5 个人，办公效率却是福特的 5 倍，于是他们对现有流程进行了分析。

在旧的付款流程中，首先由采购部发送订单给卖方，同时将订单的副本交给财务会计部；等卖方将货运抵福特后，验收部将有关收货的记录转交给财务会计部，同时，卖方也会开出发票，送交财务会计部，如图 3-8 所示。

于是，财务会计部便有三种关于货物的文件——订单、验收单以及发票，只有确认三种单据无误才办理付款。而订货单、收货记录和发票之间不一致的现象极为普遍，核对工作集中在财务部，负责结算付款业务的员工把大量的时间都花在采购部门的订货单、验收部门的收货记录和供应商提供的发票的审核过程上，对各种问题的调查和确认花去了业务人员很多时间，使付款业务的办理效率很低。

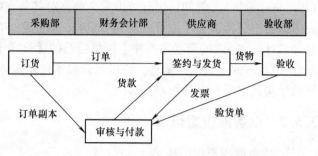

图 3-8　福特公司财务付款的旧流程

对这一业务流程进行彻底性改造的核心是实现"无票据处理"，防止不一致现象的发生。经过重组后的流程如图 3-9 所示。

在新的流程中，采购部门在发订货单给供应商的同时，将订货单输入联机数据库，验收部门收到货物后，查询数据库中的资料，核对无误后办理签收，系统会自动提示财务人员签发付款支票给供应商。

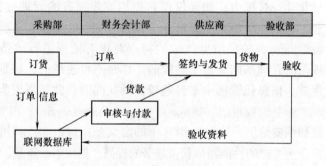

图 3-9　福特公司再造后的新流程

现在，财务会计部的职员不再拿着发票核对订单和验收单。在新流程中，根本就不再用发票，从而简化了整个付款流程。经过业务流程重组，使财务部门在核准付款之前必须审核的项目从 14 个减少到 3 个，从而使福特公司财务部门的员工减少了 75%，工作效率却大大提高。

案例来源：中国企业信息管理师网站，http://www.cio.cn

2. BPR 的核心思想

在传统的企业中，一项工作的实施要由许多层次和部门来分别承担其中的一部分，这就必然需要频繁的跨部门的协调。尽管个别活动的效率从专业化分工中得到了提高，但随着企业规模的扩大和产品的日益多样化，各项活动间衔接的困难、跨部门协调的时间和费用的浪费问题越来越突出，为了使被割裂的流程重新得到综合，企业只能依靠层级制作为"粘合剂"。因此，企业要想得到综合的高效率，必须对业务流程进行彻底的整合。

BPR 的核心思想就是利用先进的制造技术、信息技术以及现代的管理手段、最大限度地实现技术上的功能集成和管理上的职能集成，以首尾相接、完整的整合性过程来取代以往被各部门割裂的、难于管理的、支离破碎的过程，建立全新的过程型组织结构。BPR 的核心任务就是组织由"职能型"向"流程型"的转变。业务流程再造打破了原有的职能与部门界限，把原来分散的活动用流程的观点优化后再组织起来，同时按照业务过程的需要来重新划分组织结构，并整合 IT 支持系统，统一对过程进行管理。这些业务过程跨越组织内部的各个职能部门甚至延伸到组织外部的其他组织，从而实现企业经营在成本、质量、服务和速度等方面的巨大改善，如图 3-10 所示。

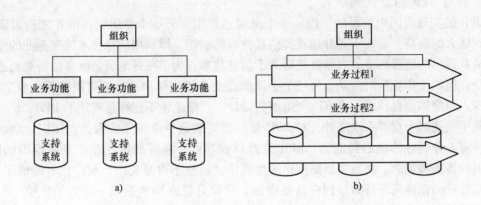

图 3-10　组织由"职能型"向"流程型"的转变

a）面向职能的组织模型　b）面向过程的组织模型

需要注意的是，上述的整合设计不是简单地考虑如何优化企业现有的工作流程，而是运用突破性的思维，抛开原有的规则、假设，探索、开发出新的跨职能工作流程。它不是进行一些修修补补，也不是单纯借助现代化科技手段使原本可能各行其是的工作过程得到自动化，而是一种自上而下的彻底的变革。

3. BPR 的原则

虽然 BPR 的功效强大，但作为一个非常有争议的概念，企业实施 BPR 项目却并非易事，失败的例子也屡见不鲜。成功再造的前提是实施者对 BPR 的以下原则有一个深入的认识：

（1）以顾客为中心的原则

BPR 强调将顾客满意放在第一位，建立能以最快的速度响应和不断满足顾客个性化和差异化需求的业务流程、组织结构和营运机制。

（2）重流程而不重职能、组织和部门的原则

以往企业强调的是完整的组织结构和职能部门，而 BPR 强调的是流程为顾客而定，组织结构为流程而定，而不是流程为组织而定，部门职能独立和分割正在逐渐弱化。BPR 打破了以部门为单位的劳动分工体系。

（3）整体最优原则

BPR 强调整体全局最优而不是单个环节或作业任务的最优，是系统论思想在重组企业业务流程过程中的具体体现。它以整体流程的系统优化和全局最优为目标来设计流程中的各项活动，消除部门本位主义和利益分散主义。

（4）集成化原则

在设计和优化业务流程与组织结构时，企业应同时考虑利用最新的 IT 技术来实现信息完整地一次性获取和处理的机制，最大限度地实现信息整合和实时共享。实时动态地对销售、生产、售后服务等信息进行有效的平行整合，使企业分散的资源有机地连接起来，将监

79

控机制融合在业务流程和信息流当中，使过程控制和结果控制结合起来，而不是完全依靠最终结果来实现控制。

3.5.3 BPR 的实施

1. 实现 BPR 的两个手段

BPR 的实现有两个重要的手段：一个是信息技术，另一个是组织。BPR 之所以能使企业得到巨大的提高，就在于充分地发挥信息技术的潜能，即利用信息技术改变企业的业务过程。哈默提出的流程再造的内涵就是指基于信息技术，为了更好地满足顾客的需要而进行的变革企业组织工作流程的活动。另一个手段就是变革组织结构，达到组织精简，效率提高。没有深入地应用信息技术，没有改变组织的设计，严格地说不能算是实现了 BPR。

除了上述两个重要手段之外，对 BPR 更加重要的是企业领导的抱负、知识、意识和艺术。没有企业领导的决心和能力，BPR 是难以成功的。领导的责任在于克服组织的阻力，改变旧的传统和观念。在当今急剧变化的世界中，经验不再是资产，而往往有时成了负担，为改变经验的惯性而进行的培训在日益增加。领导只有给 BPR 造就一个好的环境，BPR 才有可能成功。

2. 再造对象的选择

企业的业务流程再造是一项复杂、庞大、影响面广且深远的大工程，从业务到人员都可能要发生较大的变动，因此，其风险性和困难程度都很大。也就是说，并不是任何企业在任何时候对任何流程都适用 BPR，这就是再造对象的选择问题。企业应首先对自身的情况进行准确的定位，再从适当的契入点开始 BPR 的实施过程。

一般来说，"两头"的企业即濒临破产的和需要大发展的企业较容易推进 BPR。通常有以下几种情况时，企业应该考虑进行 BPR：

1）企业濒临破产，不改只能倒闭。

2）企业竞争力下滑，企业需要调整战略和进行重构。

3）企业领导认识到 BPR 能大大提高企业竞争力，而企业又有扩张需要。

4）企业正在实施信息系统，系统的建设提出 BPR 的需求。

5）BPR 的策略在与自己相关的企业获得成功，影响本企业。

当企业作出 BPR 的决定后，接下来的问题就是应首先针对哪些业务流程实施再造，以下是常见的选择：

1）不完整的业务流程。

2）对全局工作都有影响的核心业务流程。

3）高附加值的业务流程。

4）提供客户服务的业务流程。

5）处于瓶颈位置的业务流程。

6）跨职能部门的业务流程。

另外，利用"再造成本—顾客重要性"矩阵也可以简单、快捷地判断出需要优先再造的流程。该矩阵将业务流程分为4类，如图3-11所示。

结合各种组织内部的数据和顾客反馈信息来界定各类流程在矩阵上的位置，其中，位于①区的业务流程是再造的优先目标，其实施成本较小，而对顾客的重要性又较大，企业应集中资源保证这类流程的成功再造。位于②区的流程对顾客的重要性较高同时再造成本也较高，一般是融入了企业核心能力的流程，从长远来看，这类业务流程的再造对企业可持续发展意义深远，应结合企业的战略规划有计划地对这类流程进行再造。位于③区的流程对顾客满意度影响不大，但再造成本较低，这类支援性流程可以被作为那些资金充裕的企业的再造候选对象。位于④区的流程对顾客满意度影响不大且再造成本偏高，属于企业应尽早放弃或取消的再造对象。

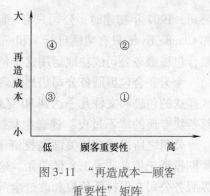

图 3-11　"再造成本—顾客重要性"矩阵

3. BPR 的步骤

整个 BPR 项目体系由观念再造、流程再造和组织再造三个层次构成，每个层次内部又有各自的实施步骤和过程，主要的步骤如下：

（1）发现与准备阶段

高层管理人员应在战略的高度重新定义发展目标，明确企业定位；进行初步的企业再造影响分析；选择典型的示范项目。

（2）确定再造的业务过程

确定少数几个可能有较大影响和回报的业务过程作为再造的对象。分析这些业务过程的主管部门及其信息需求，要进行哪些改动，部门间应如何配合。

（3）评价已有业务过程的执行效果

对原有工作过程的效果、成本、响应时间、岗位设置、客户满意度等指标进行评测，以期提出明确的业务再造的新目标。

（4）找出利用信息技术的机会

信息系统的设计思路是先弄清业务职能和业务过程的信息需求，然后考虑怎样用信息技术来支持这些需求。原有的业务过程是建立在某些长期存在的假设前提上的，而信息技术的飞速发展可能会推翻这些假设前提。例如，无线通信可让人们不必在固定场所传输信息、共享数据库，可让人们在不同地方共享同一信息等。因此，原有的业务过程就可能在新技术的支持下被重新设计成更理想的方式。

（5）建立新业务过程

对业务流程进行细致的分析；设计多种体现简化、整合、自动化原则的新业务流程方案；对各个方案进行成本—效益分析与评价。选择方案、实施并不断地完善该方案。

国内企业选择和实施 BPR 的过程一般不是一次性的变革，而是一个逐渐改进的过程，它分为三个递进阶段。

第一阶段：企业以降低成本和扩大规模为目的，进行局部的自动化改造和管理运营活动的优化；第二阶段：焦点从内部管理优化转向加强与消费者及供应商的联系；第三阶段：以信息技术为媒介进行系统化的业务流程再造，形成新的核心竞争力，新的运营单元随之形成。

综合案例：联合包裹服务公司用信息技术在全球竞争

联合包裹服务公司（United Parcel Service，UPS）是世界上最大的空中和地面包裹速递公司。1907年初建时，公司只有一间很小的地下办公室。两个来自西雅图的少年Jim Casey和Claude Ryan只有两辆自行车和一部电话，当时他们曾承诺"最好的服务，最低的价格"。联合包裹服务公司成功地运用这个信条近百年之久。

今天联合包裹服务公司仍然兑现那个承诺，它每年向美国各地和185个以上的国家和地区递送的包裹和文件几乎达到30亿件。公司不仅胜过传统的包裹递送方式，并且可以和联邦特快专递的"不过夜"递送生意抗衡。

公司之所以成功的关键是投资于先进的信息技术。1992～1996年，联合包裹服务公司预期投资于信息技术1.8亿美元。这使公司在全世界市场上处于领导地位。技术帮助联合包裹服务公司在保持低价位和改进全部运作的同时，促进了对客户的服务。

由于使用了一种叫做发货信息获取装置（DIAD）的手持计算机，联合包裹服务公司的司机们可以自动地获得有关客户签名、运货汽车、包裹发送和时间表等信息。然后司机把DIAD接入卡车上的车用接口中，即一个连接在移动电话网上的信息传送装置。接着包裹跟踪信息被传送到联合包裹服务公司的计算机网上，在联合包裹服务公司位于新泽西州Mahwah的主计算机上进行存储和处理。在那里，信息可以通达世界各地向客户提供包裹发送的证明。这个系统也可以为客户的查询提供打印信息。

依靠"全程监督"，即公司的自动化包裹跟踪系统，联合包裹服务公司能够监控包裹的整个发送过程。从发送到接收路线的各个点上，有一个条形码装置扫描包裹标签上的货运信息，然后信息被输入到中心计算机中。客户服务代理人能够在与中心机相连的台式计算机上检查任何包裹的情况，并且能够对客户的任何查询立刻作出反应。联合包裹服务公司的客户也可以使用公司提供的专门的包裹跟踪软件，来直接从他们的微型计算机上获得这种信息。

联合包裹服务公司的商品快递系统建立于1991年，能为客户储存产品并在一夜之间把它们发到客户所要求的任何目的地。使用这种服务的客户能够在凌晨1:00以前把电子货运单传送给联合包裹服务公司，并且在当天上午10:30货物的运送就应完成。

1998年，联合包裹服务公司积极进军海外市场，建立它自己的全球通信网络——联合包裹服务网。该网作为全球业务的信息处理通道，通过提供有关收费及送达确认、跟踪国际包裹递送和迅速处理海关信息的访问，拓展了系统的全球能力。联合包裹服务公司使用自己的电信网络，把每个托运的货物文件在托运的货物到达之前直接输送给海关官员，海关官员让托运的货物过关或者标上检查标记。

联合包裹服务公司正在增强其信息系统的能力，以便能保证某件包裹或若干包裹能按规定的时间到达其目的地。如果客户提出要求，联合包裹服务公司将会在送达之前拦截包裹，并派人将其返回或更改送货路线。公司甚至可能使用它的系统直接在客户之间传送电子书信。

案例来源：仲秋雁，等. MBA管理信息系统. 大连：大连理工大学出版社，2006

本 章 小 结

本章主要从经营的视角探讨信息系统与组织之间的复杂关系。

从经营视角来描述，信息系统是组织管理上针对环境带来的挑战而提出来的基于信息技术的解决方案，这一定义强调了信息系统的组织和管理特性。

　　信息系统与组织之间的关系是双向的。组织中有许多因素，包括组织的环境、组织战略和目标、组织结构、组织的标准作业流程和组织文化等作为媒介和载体，传递着信息系统与组织之间的相互促进与制约的关系。

　　当前管理领域关于组织结构模式的探讨集中反映了 IT 应用与组织设计的互动性。信息技术的发展与应用从多方面将企业组织结构模式由传统的多级递阶的金字塔式结构向扁平化、网络化、分散化、小型化、虚拟化转变。

　　伴随着信息技术的飞速发展和社会环境的激烈变化，基于信息资源开发利用的竞争战略成为组织竞争的最新战略。本章从描述企业和企业环境的价值链模型与五力竞争模型两个角度识别信息系统为企业带来的竞争优势。

　　本章最后还讨论了企业业务流程重组理论，BPR 打破了原有的职能与部门界限，把原来分散的活动用流程的观点优化后组织起来，为工作流的过程管理提供了条件。

习　　题

1. 如何理解经营视角下的信息系统？
2. 整理有关案例资料，描述管理、技术、组织这三要素是如何共同构成信息系统的。
3. 如何理解管理信息系统的社会技术特征？
4. 举例说明信息系统在组织中的角色演化。
5. 如何理解信息系统与组织之间的双向关系？
6. 解释信息系统影响组织的三个经济理论，它们有无局限性？
7. 传统的组织结构模式的突出问题是什么？
8. 信息技术在组织结构模式变革中有哪些作用？
9. 信息化环境下组织结构模式的发展趋势是什么？
10. 什么是战略信息系统？其内涵是什么？
11. 什么是价值链？如何理解信息技术对价值链各环节的支持？
12. 什么是五力竞争模型？
13. 信息技术如何帮助企业实现 5 种基本竞争战略？
14. 试阐述"流程合理化"与"业务流程的重组"的区别。
15. 什么是 BPR？其核心思想是什么？
16. 简述 BPR 的两个手段及其在 BPR 过程中的作用。
17. 试举例说明 BPR 的步骤及实施效果。
18. 综合案例讨论题：
(1) 联合包裹服务公司的包裹跟踪系统的输入、处理、输出分别是什么？
(2) 联合包裹服务公司采用了什么技术？这些技术与其经营战略是如何关联的？

第 4 章
信息系统在企业中的典型应用

随着经济全球化及信息技术的飞速发展，信息系统已广泛应用于企业的生产、经营及管理等各个领域，并成为企业提高管理水平和经济效益的重要手段。

现代信息系统的发展趋势之一就是集成化。面向生产运营管理的信息系统从用于库存与计划控制的物料需求计划（Material Requirement Planning，MRP）开始，经历了集成物流与资金流管理的制造资源计划（Manufacture Resources Planning，MRP II），发展到对整个企业资源进行管理的企业资源计划（Enterprise Resource Planning，ERP）。ERP 作为企业集成化的信息系统，仍将企业内部资源的管理作为重点。但是，随着全球经济化进程的不断加快，企业间的竞争日趋激烈，以客户为中心的理念逐步兴起，企业的发展不仅与企业内部资源的有效管理有关，还与企业的上下游企业，即供应链成员企业及客户的信息集成与管理密不可分，由此，供应链管理（Supply Chain Management，SCM）和客户关系管理（Customer Relationship Management，CRM）应运产生。同时，通信与网络技术的发展和电子商务（E-Commerce，EC）的出现，为企业间的信息系统集成提供了支持，也为 ERP、SCM 和 CRM 的融合提供了平台，并促进了现代信息系统在企业中的应用和企业的发展。

本章将分别对企业资源计划（ERP）、客户关系管理（CRM）、供应链管理（SCM）和电子商务（EC）的原理与功能进行阐述，揭示信息系统对企业经营和管理的作用与影响。

4.1 企业资源计划

企业生产经营活动的最终目的是获取利润，为了实现此目的，就必须合理地组织和有效地利用设备、人员、物料等制造资源，以最低的成本、最短的制造周期、最高的质量生产出满足客户需求的产品。因此，应用现代信息技术和先进的管理思想与方法对企业管理进行根本的改革，采取有效的生产管理技术组织、协调、计划和控制企业的生产经营活动，提高企业素质与市场竞争优势，已成为现代企业生存和发展的战略措施。

4.1.1 ERP 的产生背景

在 20 世纪 80 年代后期，社会开始发生革命性的变化，即从工业化社会进入信息化社会，企业所处的时代背景与竞争环境发生了很大的变化。主要表现在：企业要不断创新才能生存，企业生产过程的调整应适应市场需求的迅速变动，竞争的全球化。以制造业为例，来了解企业管理中可能出现的一些问题：生产企业认为数量不够的设备，却经常被闲置；认为面积不够的存放地，却堆放了长期不用的物料；企业销售人员高效地完成产品销售，但生产部门却无法如期交货；采购部门未能及时供应生产所需原料，但仓库却囤积了许多不用的材料，仓库库位饱和，资金周转缓慢；车间计算所需物料时间过长，物料订货周期被迫延长；财务部门不信赖仓库部门的数据，不以它为依据计算制造成本，等等。以上这些现象的出现，暴露出企业生产管理中存在的弊端，是一些企业所面临的严峻问题。因此，企业必须改进管理方法与手段，促使企业的产、供、销、财、需各环节高效同步运行，实现数据共享，缩短从客户订单到完工交货的周期，迅速将客户的需求同分销、制造甚至供应商沟通，提高客户满意度。

ERP 就是基于以上不断变化的管理需求并借助于信息技术，有效地组织、计划和控制企业所有资源的企业管理信息系统。它高效地解决了企业中存在的上述问题，体现了各类企业迈向知识经济时代、顺应管理革命的发展趋势，是企业在信息时代生存和发展的重要基础。

ERP 首先由制造业开始启用，到目前已在金融业、商业、采掘业（石油、矿产）、服务业等行业普及推广。企业成功实施 ERP 后，会给企业带来哪些好处？多数企业认为，最为显著的是直接经济效益的提高，其次是管理的标准化、规范化，然后是行业竞争力的提高。另外，它还对企业形象改善、管理思维转变、员工积极性的激励方面都有所帮助。据美国生产与库存控制学会（APICS）统计，使用一个 ERP 系统，平均可以为企业带来的经济效益如下：

1）库存下降 30%～50%。

2）延期交货减少 80%。

3）采购提前期缩短 50%。

4）停工待料减少 60%。

5）制造成本降低 12%。

一般地，企业应用 ERP 是从战略、流程、人才和技术等多个方面，提高企业竞争优势、适应不断变化的市场发展需求。对于企业领导者来说，希望看到成本下降、市场扩大、利润提高；对于企业管理者来说，希望优化企业管理流程、加强经营控制、规范管理；对于信息主管来说，希望消除信息孤岛、提高信息集成度。企业能否成功应用 ERP 的一个重要环节，就是根据企业具体实际制订相应的 ERP 目标，并以此为依据考核和评定 ERP 的应用效果。

4.1.2　ERP 的发展过程

作为一种先进的管理思想和方法，ERP 的发展过程大体经历了 4 个阶段：基本 MRP 阶段、闭环 MRP 阶段、MRPⅡ阶段以及 ERP 形成阶段。

1. 基本 MRP

20 世纪 60 年代，制造业的焦点是库存控制，即必须保存足够的库存以满足客户的需求。在传统的生产管理中，企业为了及时生产出产品，往往采用监视库存的方法，一旦库存降低，就重新订货以保证不间断地生产。这种生产的顺利进行是以大量库存作为前提和基础的，因此导致库存资金积压、生产成本上升。

为了减少库存、降低成本，获取更多利润，企业必须合理组织和有效利用原材料、零部件等物料。人们逐步意识到物料需求是企业生产活动中的关键环节，希望物料能在需要时及时补充，而不是过早地堆积在库房。1965 年，美国 IBM 公司奥列基（Orlicky）博士针对制造业物料需求随机性大的特点，提出物料需求计划（MRP）方案，即根据产品的需求与结构，确定原材料和零部件的需求量和订货时间，制订生产计划，并在满足生产的前提下，有效降低库存，提高资金利用率。而计算机技术的进一步发展，为该方案的实施提供了有力的支持，利用计算机对物料进行辅助管理，可准确计算物料需求的时间与数量，实现准时生产、降低库存，体现按需定产的宗旨。

MRP 的基本原理是，在已知主生产计划（Master Production Schedule，MPS）的条件下，根据产品结构以及库存等信息由计算机编制出各个时间段各种物料的生产及采购计划。也就是说，主生产计划、物料清单和库存信息构成 MRP 的三个主要输入项，生产作业计划与采购计划是两个主要输出项。**MRP 的处理过程就是读取 MPS 数据，分解 BOM，计算物料毛需求、净需求和下达作业计划。**其逻辑流程如图 4-1 所示。

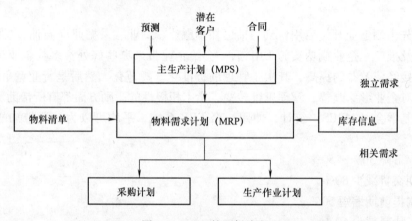

图 4-1　MRP 的逻辑流程

主生产计划是描述企业生产什么，生产多少，什么时段完成的生产计划。它是物料需求计划的直接来源，是联系市场销售与生产制造的中间环节，是指导企业生产管理部门展开生产活动的权威性文件。例如，某铅笔厂在 2010 年 12 月 31 日前，生产 100 万支自动铅笔。这个计划描述了生产对象（自动铅笔）、生产数量（100 万支）和生产时段（2010 年 12 月 31 日前），这是 MPS 的主要内容。

企业中所涉及的所有产品、零部件、原材料、中间件等在逻辑上均视为物料，生产需要的各种物料又分为独立需求和相关需求。其中，独立需求是指其需求量和需求时间由企业外部的需求（客户订购的产品、样品、售后服务备件品）决定的那部分物料需求；而相关需求是指根据物料之间的结构组成关系，由独立需求的物料产生的需求（半成品、零部件、原材料等）。

物料清单（Bill Of Material，BOM）是描述产品结构的文件。它详细记录一个产品所需要的原材料、零件、组件及所有部件等的组成、装配关系和数量要求。

对产品结构的描述可以采用产品结构树的形式直观地表达，"根"为父项，其分支即从属组件为子项，父项与子项又是相对的，某子项可以是其从属组件的父项。结构树是按层次将产品的结构（从属关系和数量）清晰地描述出来的。图 4-2 表述的就是一个简单的产品结构树："眼镜"为"镜框"和"镜片"的父项，"镜框"为"眼镜"的子项，而"镜框"又为"镜架"的父项。产品结构树表示一个产品所需要的所有组件，并指出这些组件之间的实际结构关系，即从原材料、零件、部件直到最终产品，每一层次间的隶属和数量关系。

在计算机中，将产品结构关系以特殊的形式（如二维表）存储起来就构成 BOM 文件。如表 4-1 所示，一个 BOM 文件应至少包含三个数据项：标识代码、需求量（单位父项所需该子项的数量）、层次码（子项相对根的位置）。另外，BOM 中还可包含对子项的详细说明，如来源、计量单位、有效时间、成本等信息。

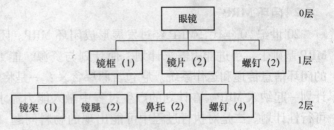

图 4-2　眼镜的产品结构树

注："图 4-2 眼镜的产品结构树"引用于：程控，革扬. MRP II/ERP 原理与应用. 2 版. 北京：清华大学出版社，2006

表 4-1　眼镜的 BOM 表

层　次	父项编码	子项编码	子项名称	单位用量	单　位	说　明
0	…	J200	眼镜	1	副	
1	J200	100100	镜框	1	副	
1	J200	100200	镜片	2	片	
1	J200	210332	螺钉	2	个	
2	100100	100210	镜架	1	个	
2	100100	100310	镜腿	2	支	
2	100100	100410	鼻托	2	个	
2	100100	210332	螺钉	4	个	

库存信息是 MRP 的重要数据，主要用于说明企业所有产品、零部件、在制品、原材料等的存在状态，包括总需求量、预计到货量、现有数、净需求量和计划订货量等相关数据。

生产作业计划是对每一项加工件的建议计划，包括开始生产日期、完成日期、生产数量（生产进度）。采购计划是对每一项采购件的建议计划，包括开始订购日期、到货日期、采购数量（采购安排）。

由此可见，MRP 系统主要回答了制造业生产管理中的 4 个问题：

1）"生产什么"的问题——MPS。

2）"需要什么"或"用什么生产"的问题——BOM。

3）"已有什么"的问题——库存信息。

4）"需要多少，何时需要"的问题——生产作业计划/采购计划。

MRP 是以物料为中心组织生产的管理模式，是生产管理领域的一次重大变革。这种模式的运作，建立在两个假设前提之下，一是假设生产计划可行，即认为有足够的生产设备和人力来保证生产计划的完成；二是假设采购计划可行，即认为有足够的供货能力和运输能力来保证完成物料的采购。而实际上，在生产过程中可能会出现资金短缺、设备损坏、人员不足等问题，导致生产计划无法顺利完成，或是有些物料由于市场紧俏、供货不足、运输中断等问题，导致采购计划无法按时、按量进行。也就是说，MRP 只说明了需求的优先顺序，没有考虑生产企业现有的生产能力和采购的相关条件约束，也没有对各过程的可行性进行研究和处理。同时，MRP 缺乏根据计划实施情况的反馈信息对计划进行调整和控制的功能。为解决以上问题，基本 MRP 逐步发展为闭环 MRP。

87

2. 闭环 MRP

20 世纪 70 年代，MRP 经过发展形成闭环 MRP。闭环 MRP（Closed-loop MRP）在基本 MRP 基础上，引进能力需求计划，使计划与资源、能力相结合，构成自上而下又自下而上的闭环信息传递和运作系统。它包含两层含义：一是将能力需求计划与生产作业计划及采购计划一起纳入 MRP，在计划的产生过程中融入能力需求分析，使下达的物料需求计划成为可行性计划。二是对执行过程中可能出现的物料问题（如设计更改、废品、外购件未能按时到货）和能力问题（如定额不准、设备故障、人员缺勤）致使计划无法实现时，要及时将情况上传到计划层，形成自下而上的信息反馈，从而构成一个闭环系统。

美国生产与库存管理协会（APICS）发表的闭环 MRP 原理图如图 4-3 所示。

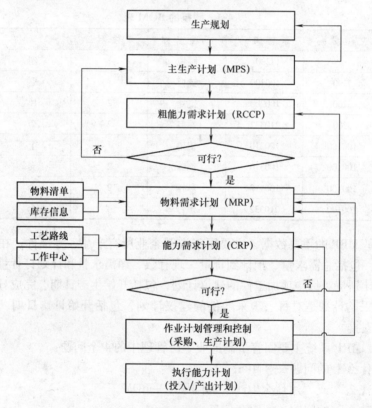

图 4-3　闭环 MRP 原理图

MPS 源于企业的生产规划，通过粗能力计划（Rough Cut Capacity Planning，RCCP）的产能负荷分析确定 MPS 的可行性，若可行则 MPS 作为下一阶段制订 MRP 的依据，否则需要进行调整。用可行的 MPS 在 BOM 和库存信息的支持下完成 MRP 的制订。此时，MRP 应与能力需求计划（Capacity Requirements Planning，CRP）进行平衡，检验 MRP 的现有生产环境是否可行，若可行则依据 MRP 安排采购与生产作业，若不可行则按生产环境的变化调整 MRP 并再与 CRP 平衡。同时，在作业执行过程中，及时将作业计划与实际作业的差异反映到 MRP 中，实现对今后 MRP 执行的平衡和调整，以便 CRP 在变化的生产环境中总可以顺利地保证 MRP 的可行性。

由此可见，闭环 MRP 的控制过程包括以下几个环节：

1）生产能力控制以物料需求计划为基础，根据计划的物料需求量和生产基本信息，计算设备与人力的需求量、各种设备的负荷量，以便判断生产能力是否足够。若发现能力不足，则进行设备负荷调节和人力补充；若能力无法平衡，则调整产品的生产作业计划。

2）生产活动控制以调整好的物料需求计划为基础，利用计算机的模拟技术，按照作业优先级的原则，自动地编制各设备或工作中心的作业顺序和作业完成日期。

3）采购和物料控制以物料需求计划和库存管理策略为基础，编制物料采购计划，并检查该采购计划是否可以实现。

通过上述几个环节，就形成计划—执行—反馈—修改—执行的闭环系统，成为一个完整的生产计划与控制系统。闭环 MRP 解决了物料的计划与控制问题，实现了物料信息的集成，使生产活动的各个过程得到统一。但是，在企业管理中，生产管理只是其中一个方面，它所涉及的是物流，而与物流密切相关的还有资金流，这在许多企业中是由财会人员另行管理的，这就造成了数据的重复录入与存储，甚至造成数据的不一致。要实现资金流和物流的统一管理，用货币形式说明企业"物料计划"带来的效益，将营销、财务与生产管理相结合，闭环 MRP 就发展成为 MRP Ⅱ。

3. MRP Ⅱ

20 世纪 70 年代末至 80 年代初，闭环 MRP 进一步发展并逐步形成制造资源计划（Manufacture Resources Planning，MRP Ⅱ）。MRP Ⅱ 以 MRP 为核心，将 MRP 的信息共享进一步扩大，使生产、销售、采购与财务信息紧密结合在一起，组成了一个全面的生产管理集成系统。因物料需求计划与制造资源计划的英文缩写相同，为了区别，将制造资源计划简记为 MRP Ⅱ。MRP Ⅱ 处理流程如图 4-4 所示。

以 MRP 为核心生成作业计划与采购计划，实现对产品的生产和控制，并在此过程中将所有的活动与财务系统相结合，把库存信息、物料清单等用于成本核算；由采购及供应商信息建立应付账，并可进行采购预算；由销售及客户信息产生应收账，应收账与应付账汇总到总账，再由总账产生各种报表，使生产与财务活动协调、统一，这就构成了 MRP Ⅱ 系统。

MRP Ⅱ 的基本思想是把企业

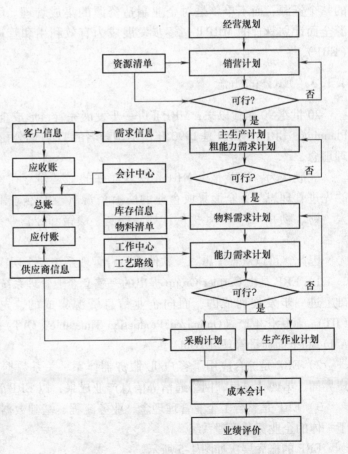

图 4-4　MRP Ⅱ 处理流程

作为一个有机整体，从整体最优的角度出发，通过运用科学方法对企业的各种制造资源和产、供、销、财各个环节进行有效地计划、组织和控制，使它们得以协调发展，并充分地发挥作用，从而提高企业的整体效率和效益。实现物流同资金流的信息集成是 MRPⅡ 区别于 MRP 的一个重要标志。

MRPⅡ 是一种计划主导型的生产管理方法。它以计算机为手段，高效率地处理复杂的计划问题。由于事先进行了周密的计划安排，使得复杂的生产活动，特别是机械制造业的多品种、中小批量的生产有了合理的组织与科学的秩序。MRPⅡ 中的一些基本思想和计划方法完善与发展了生产管理的方法与技术，这是生产管理方法的重大创新。

然而，20 世纪 80 年代以来，企业的生存环境发生了重要变化。在市场形势复杂多变、产品更新换代周期缩短的情况下，MRPⅡ 对需求与能力的变更，特别是计划期内的变动适应性差，需要较大的库存量来吸收需求与能力的波动，其集中式的管理模式也难以适应使用者对系统方便、灵活的要求和企业改革发展的需要。在买方市场形势下，竞争的加剧和用户对产品多样性和交货期日趋苛刻的要求，单靠"计划推动"式的管理难以适应，大量企业并未从 MRPⅡ 获得预期的效益。另外，MRPⅡ 的资源概念始终局限于企业内部，面对竞争日益加剧的国际市场，MRPⅡ 系统已不能满足企业多元化（多行业）、跨地区、多供应和销售渠道的全球化经营管理模式的要求。企业应将信息管理的范畴扩大到企业的整个资源，而不单单是对企业制造资源的集成管理。因此，主要面向企业内部制造资源全面计划管理的 MRPⅡ，逐步发展成为有效利用和管理企业整体资源的企业资源计划（ERP）。

4.1.3　ERP 的概念

20 世纪 90 年代以来，MRPⅡ 进一步发展完善，形成企业资源计划（Enterprise Resource Planning，ERP）。ERP 是 1990 年由美国著名的 IT 咨询公司 Gartner Group 最早提出的一种管理理念。

一般认为，ERP 是由 MRPⅡ 发展而来的，是建立在信息技术基础上，利用现代企业的先进管理思想，全面集成企业的所有资源（支持企业业务运作和战略运作的事物，即人、财、物），并为企业提供计划、控制、决策和经营业绩评估的全方位和系统化的管理平台。

因此，可以从管理思想、软件产品、管理系统三个层次认识 ERP。

1）ERP 是由 Gartner Group 提出的一整套企业管理系统体系标准，其实质是在 MRPⅡ 基础上进一步发展而成的、面向企业信息资源集成的、先进的管理思想，如准时制生产（JIT）、最优化生产（Optimized Production Timetable，OPT）、敏捷制造（Agile Manufacturing，AM）和全面质量管理（TQM）。

2）ERP 是综合应用了客户机/服务器体系、关系数据库结构、面向对象技术、图形用户界面、第四代语言、网络通信等信息产业成果，以 ERP 管理思想为灵魂的软件产品。

3）ERP 是整合了企业管理理念、业务流程、基础数据、人力物力、计算机硬件和软件于一体的企业资源管理系统。

ERP 的概念层次如图 4-5 所示。

通过概念层次可以看出，从管理角度、信息角度和企业角度对 ERP 的内涵与外延有不同的界定。对企业来说，ERP 中的企业资源是指支持企业业务运作和战略运作的一切事物，包括人、物、设备、能源、市场、资金、技术等。因此，我们可以认为，ERP 就是一个有效地组织、计划和实施企业所有资源管理的系统，它依靠信息技术以保证企业信息的集成性、实时性和统一性。

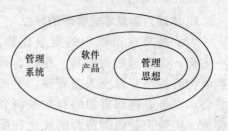

图 4-5 ERP 的概念层次

4.1.4 ERP 与 MRP Ⅱ、MRP 之间的关系

1. ERP 是 MRP Ⅱ 的扩展

与 MRP Ⅱ 相比，ERP 实现的功能更强，管理资源更多，支持混合式生产，从企业全局角度进行经营与生产，是制造企业的综合集成经营系统。ERP 在 MRP Ⅱ 的基础上扩展了管理范围，将企业内部划分成几个相互协同作业的支持子系统，如财务、市场营销、生产制造、质量控制、设备管理、产品数据管理、维护管理等。它将系统的管理核心从"在正确的时间制造和销售正确的产品"转移到"在最佳的时间和地点，获得企业的最大增值"。基于管理核心的转移，其管理范围和领域也从制造业扩展到了其他行业和企业，加强了功能和业务的集成，特别是商务智能的引入，使得以往简单的事务处理系统变成了真正智能化的管理控制系统。

2. MRP 是 ERP 的核心功能

制造业的主要特点是需要从供应方买来原材料，经过加工或装配制造出产品并销售给需求方。任何制造业的经营生产活动都是围绕产品这个核心展开的，制造业的信息系统也不例外。MRP 就是从产品的结构即物料清单出发，实现了物料信息的集成——从原材料到制造件再到产品，将企业的"产、供、销"信息集成起来。MRP 是一种保证既不出现物料短缺又不积压库存的计划方法，解决了制造业所关心的缺件与超储的矛盾，所以，ERP 把 MRP 作为其生产计划与控制模块，MRP 是 ERP 系统不可缺少的核心功能。

3. MRP Ⅱ 是 ERP 的重要组成

MRP 解决了企业物料供需信息集成，而 MRP Ⅱ 则运用管理会计的概念，用货币形式说明了执行企业"物料计划"所带来的效益，实现了物料信息与资金信息的集成。MRP Ⅱ 把传统的账务处理同发生账务的事务结合起来，例如，将体现债务债权关系的应付账、应收账同采购业务和销售业务集成起来，同供应商或客户的业绩或信誉集成起来，同销售和生产计划集成起来等，按照物料位置、数量或价值变化定义事务处理，使与生产相关的财务信息直接由生产活动生成。ERP 是一个高度集成的信息系统，它必然体现物流信息同资金流信息的集成。MRP Ⅱ 系统主要包括的制造、供销和财务三大部分依然是 ERP 系统不可跨越的重要组成。

总之，从 MRP 到 MRP Ⅱ 再到 ERP 是制造业管理信息集成的不断扩展和深化，每一次进展都是一次质的飞跃，同时又是一脉相承的。随着信息技术和现代管理思想的发展，ERP 的内容还将不断扩展。图 4-6 从管理范围和功能上显示了 ERP、MRP Ⅱ 和 MRP 三者的联系。

4.1.5 ERP 的管理思想

ERP 有效地实现了对企业资源的管理，其管理思想主要体现在以下三个方面：

91

1. 体现对信息集成管理的思想

为了提高在市场中的竞争优势，一方面，企业通过对销售、生产、采购、物流各环节以及人力资源、生产设备、资金等内部资源的有效控制和集成，实现企业内部资源的优化和配置。另一方面，企业还必须把经营过程中的有关各方，如供应商、制造商、分销商、客户等信息集成起来，有效安排企业的产、供、销活动，满足企业利用内外部资源快速、高效进行生产经营的需求。

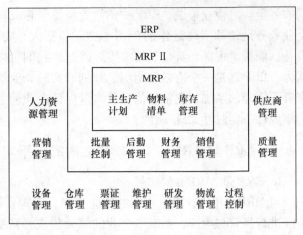

图 4-6　ERP、MRP Ⅱ 和 MRP 三者的联系

2. 体现精益生产和敏捷制造的思想

ERP 系统支持对混合型生产方式的管理，其管理思想表现在两个方面：一是"精益生产（Lean Production，LP）"，即企业按大批量生产方式组织生产时，把客户、销售代理商、供应商、协作单位纳入生产体系，企业同销售代理、客户和供应商的关系，已不再是简单的业务往来关系，而是利益共享的合作伙伴关系。通过减少和消除一切不产生价值的活动（即浪费），缩短对客户的反应周期，快速实现价值增值，促使企业管理体系的运行更加顺畅。二是"敏捷制造"，即当市场发生变化，出现特定的市场和产品需求时，企业的基本合作伙伴不一定能满足新产品开发、生产的要求，这时，企业会组织一个由特定的供应商和销售渠道组成的"虚拟工厂"，把供应和协作单位看成是企业的一个组成部分，运用"同步工程（Simultaneous Engineering，SE，即对整个产品开发过程实施同步、一体化设计）"组织生产，用最短的时间将新产品打入市场，时刻保持产品的高质量、多样化和灵活性。

3. 体现事先计划与事中控制的思想

ERP 系统中的计划体系主要包括：主生产计划、物料需求计划、能力计划、采购计划、销售执行计划、利润计划、财务预算和人力资源计划等，而且这些计划功能与价值控制功能已完全集成。另外，ERP 通过定义与事务处理相关的会计核算科目与核算方式，在事务处理发生的同时自动生成会计核算分录，保证了资金流与物流的同步记录和数据的一致性，改变了由于时空分离而导致的资金信息滞后于物料信息的状况，便于实现事中控制和实时作出决策。

ERP 所包含的管理思想是非常广泛和深刻的。ERP 不仅面向信息集成体现精益生产、敏捷制造、同步工程的管理思想，而且必然要结合全面质量管理（TQM）以保证质量和客户满意度，结合准时制生产（JIT）以消除一切无效劳动与浪费、降低库存和缩短交货期，它还要结合约束理论（Theory of Constraint）定义瓶颈环节、消除制约因素以扩大企业的有效产出。

4.1.6　ERP 的主要功能模块

企业是一个复杂的运营实体，针对具体企业的管理思想、方式和方法也千差万别。用于企业管理的 ERP 系统也具有复杂的功能，并随企业的不同而具有不同的功能。

一般地，ERP 的主要功能包括生产控制（计划/制造）、财务管理（会计核算/财务管理）、物流管理（分销/采购/库存管理）和人力资源管理四大模块，基本功能如下：

1. 生产控制管理模块

该模块是 ERP 系统的核心，是一个综合性的计划系统。它将企业的整个生产过程有机地结合在一起，使各个分散的生产流程自动连接，连贯执行，有效降低库存，提高工作效率。

生产控制管理是一个以计划为导向的先进的生产管理方法。企业首先确定一个总生产计划，再经过系统逐步分解，进行物料需求、能力需求、车间控制等计划的确定，并将它们下达到各部门执行，即生产部门以此计划生产，采购部门按此计划采购等。

2. 财务管理模块

在企业的经营管理中，财务管理是极其重要的一个环节。ERP 的财务模块与系统中的其他模块有相应的接口，能够相互集成，可将由生产活动、采购活动获取的信息自动计入财务模块生成总账、会计报表，替代了手工输入凭证等繁琐的过程，提高了工作效率及输入数据的准确率。一般 ERP 的财务模块分为会计核算与财务管理两大部分，其中会计核算部分主要是记录、核算、反映和分析资金在企业经济活动中的变动过程及其结果，它由总账、应收账、应付账、现金、固定资产、多币制等部分构成；财务管理部分主要是基于会计核算的数据，再加以分析，从而进行相应的预测、管理和控制活动。

3. 物流管理模块

物流管理模块包括销售管理、库存控制和采购管理三部分。

销售管理从产品的销售计划开始，对其销售产品、销售地区、销售客户等信息进行管理和统计，并可对销售数量、金额、利润、绩效、客户服务作出全面的分析。它的主要功能包括销售计划管理、销售订单管理、销售合同管理、销售客户管理以及销售统计和分析等。

库存控制用来控制存储物料的数量，保证稳定的物流，支持正常的生产，但又最小限度地占用资本。它是一种相关的、动态的、真实的库存控制系统，能够结合、满足相关部门的需求，随时间变化动态地调整库存，精确地反映库存现状。这一系统主要包括：建立库存并决定订货采购、物料及产品验收入库、收发料的日常业务处理等。

采购管理确定合理的订货量和优秀的供应商以及保持最佳的安全储备。它能够随时提供订购、验收的信息，跟踪和催促对外购或委外加工的物料，保证货物及时到达。它还可建立供应商的档案，用最新的成本信息来调整库存的成本。其具体功能有供应商信息查询、催货、采购与委外加工、统计、价格分析等。

4. 人力资源管理模块

现代企业中的人力资源日益受到企业的关注，被企业视为资源之本。人力资源管理作为一个独立模块加入到 ERP 系统中，与 ERP 中的财务、生产控制组成一个高效的、具有高度集成的企业资源系统。人力资源管理模块的功能主要包括：人力资源规划的辅助决策、招聘管理、工资核算、工时管理以及差旅核算等。

案例

某化工集团的 ERP 应用分析

某化工集团股份有限公司是原省属军工企业，1994 年改制。公司现有资产总额 2.1 亿元，员工 800 余人，是国内民爆器材的重点骨干企业，省同行业龙头企业。

公司主要生产工业炸药、精细化工、纸塑包装三大系列产品。另外，与国外公司合资组建了热陶瓷有限公司，主要生产、销售高性能陶瓷纤维及其制品。公司的销售网络健全，覆盖全国20多个省（市、自治区），产品远销苏丹、尼日利亚等国，深受国内外用户好评。

在实施ERP之前，公司除财务部门使用了财务软件外，其余部门如采购、库存、生产、质检等均使用手工管理。20世纪90年代初，公司共有两台计算机，有三名计算机人员，企业的计算机应用属于采用自动化替代手工处理，用计算机模拟人工的单项应用阶段。2000年后，公司的技术、生产、计划、管理部门开始逐步投入少量PC，根据各部门的需求应付日趋增长的业务工作。这些应用虽然对生产制造与管理起到了一定的作用，但矛盾与问题也频频出现。

由于缺乏统一规划，系统之间网络不通，数据格式不同，部门间不能互用，造成数据冗余且无法共享，千变万化的市场信息不能及时传递到相关部门。粗放的管理与细化管理的需求极不相适，以至于公司领导难以指导与控制各部门的业务管理，进而严重影响公司领导的经营决策。

生产的管理与计划的制订，也成为企业进一步发展壮大的瓶颈。某产品2003年的产量为3吨，而两年以后同期产量增长到15吨。而且，民爆行业产品订制化程度非常高，即使是看上去相同的两个型号也会存在很大的不同，比如使用范围、爆破系数等。因此，生产要完全根据订单设定具体参数，先把订单分解成各种规格的原材料或者半成品，然后再合并相同规格的物料，投入生产，最后根据订单选出相应的物料进行生产。整个制造过程非常复杂，稍有差错就可能造成缺料、规格不匹配或生产过量而导致浪费。如果在生产过程中计划发生了变更，就很有可能带来一系列延迟和混乱。同样，在仓储、质检等方面，由于手工操作，物料不统一，笔误的现象也屡屡发生，致使重复工作多、周期长、客户满意度低。

在问题面前，企业高层审时度势，决定借鉴国内外先进的管理思想，对企业资源进行统一管理。计算机小组由技术编制调整为管理编制，成立信息中心。企业于2003年正式开始了对信息化道路的探索，并牵手浪潮ERP。

企业选择了浪潮ERP-PS生产制造系统，该系统是面向制造业的全面ERP解决方案。主要功能包括：账务处理、报表管理、辅助管理、现金流量表、工资管理、固定资产、采购管理、销售管理、库存管理、存货核算、财务分析、全面预算、领导查询、质量管理、人事管理、生产计划、生产数据、车间管理、合并报表、设备管理、集团预算、综合管理等。

在ERP系统运行过程中，根据系统的具体要求，对企业的物料进行了统一编码和统一命名，对供应商和经销商进行了统一编码和分类，由此解决了企业长期物料不清的状态，解决了对供应商和经销商管理不规范、仓库物料管理粗放、分类不清的状态。通过ERP系统实现了企业与分支机构之间的实时、动态的信息交换，使企业内部的销售、生产、采购、财务等生产经营信息得到及时传递，在信息集成的基础上实现企业产、供、销、人、财、物的功能集成化管理。该系统统一协调与供应商及客户的业务，快速处理企业范围内的生产、采购和调拨，使企业的物流、资金流和信息流达到高度的统一，使企业逐步走向敏捷、互动的高级形态。系统促使企业在管理思想、管理模式、业务流程、组织结构、质量管理、规章制度、科学决策、信息化建设和企业竞争力等方面进一步得到规范和提高。

ERP系统启用之后，费用的监控通过归口部门管理，使得在传统财务中难以查询的情况一目了然，起到了很强的约束和控制作用。系统解决了历年来销售、供应、财务对账难的问题，清晰、明确地反映出销售应收账、供应应付账与财务账的一致性（系统提供自动对账功能），消除了账款差异。目前，财务管理系统是从各子系统直接输入原始单据，由系统根据原始单据的类型和经营业务事项自动编制会计凭证、自动登记各相关账户，实现了一张入库单、一张发票一次录入，车间、仓库、全公司各业务部门会计、统计的总账、明细账和业务台账由计算机一次完成。系统保证了会计数据的真实、完整，使会计基础工作得到了很大的优化。系统具有的灵活查询功能，为预测和分析带来了很大的方便和高效率。同时，也为企业管理者提供了有价值的第一手资料。

ERP 系统在市场规划、价格策略、服务、销售、预测、客户信息等方面进行信息集成和管理集成，实现了市场营销与后方生产、采购、库存、财务等管理集成，实现了客户需求与企业内部物流管理和制造计划同步，改变了前方与后方脱节、不一致的状况。

在 ERP 系统运行过程中，通过库存管理子系统可以充分了解仓库产成品存储状态，据此调整生产计划，加强积压产品的销售，使生产占用和库存占用的资金大幅下降。同时，系统加快了销售货款的回收速度，缩短了资金周转期，提高了物流速度。

由于生产计划管理子系统的应用，建立了企业内部及供应商和经销商等各方的基础数据，使企业的销售计划、生产计划和采购计划的准确性大大提高。原来编制计划费时费力，生产计划管理子系统的应用使大量的计划编制任务在很短的时间内就可完成，并且能够灵活变更，产品的交货期大大缩短，现在公司的部分产品可做到上午生产，下午即可发货。

浪潮 ERP 系统的成功上线不仅解决了企业管理上存在的诸多问题，而且帮助企业提升了管理水平和经济效益，达到了预期的效果。

加强企业物料管理是 ERP 系统取得效益的主要方面。根据系统显示，库存和在制品减少 20% ~ 30%，资金占用减少 25%。同时由于库存量减少，库存管理费用也相应降低。

劳动生产率的提高使管理人员费用降低 24.7%，月度费用由 2003 年的 885.8 万元降至 2005 年的 667 万元。同时，由于生产和配料过程紧凑，减少了混乱和重复工作，平均提高劳动生产率 15% 左右。

生产过程中实现按产品消耗定额限额发料，有效减少了原材料浪费，降低生产成本 10%。以炸药为例，生产成本由 2003 年的 3505 元/吨降至 2005 年的 3140 元/吨。

案例来源：浪潮集团通用软件事业部

4.2　客户关系管理

ERP 系统侧重于企业内部资源的集成与管理，提高了企业内部业务流程的自动化程度，但缺少直接面对客户的系统功能，难以体现以客户为中心的理念。在日益发展的网络经济环境下，客户的信息和需求变化多样，客户面对企业，完全可以决定要选择谁、何时选择以及如何选择，客户选择摆脱了传统地理关系的限制，对随时随地得到服务的要求更高，对质量、个性化和价值的要求更挑剔。因此，客户的满意度和忠诚度是企业赢得市场的重要因素，建立和维持客户关系成为企业取得竞争优势的重要基础。

4.2.1　CRM 的产生

近年来，客户关系管理得到广泛的应用，但以客户为中心的理念却早在 20 世纪 50 年代于国外兴起。当时很多企业寄希望于通过改进技术、压缩生产周期、应用内部资源管理来提高增长率和利润率，但事实上效果并不明显。进入 90 年代，伴随着产品和服务的高度同质化，产品和服务的差异越来越小，通过产品差别细分市场来创造企业竞争力已变得越来越困难。依照传统的营销 4P（Product 产品、Price 价格、Place 渠道、Promotion 促销）理念，企业发现在产品质量、供货及时等方面已没有多少潜力可挖。于是，美国营销学者提出 4C（Consumer 客户、Cost 成本、Convenience 便利性、Communications 沟通）理念，主张以客户为中心，研究客户需求。因此，企业开始从强调降低经营成本的供应方发展策略转向与客户联系更紧密、从客户关系方面寻找机会的需求方发展策略，客户关系管理逐渐为人们所重视。

1980 年初出现"接触管理（Contact Management）"，即专门收集客户与公司联系的所有信息。1985 年，巴巴拉·本德·杰克逊提出关系营销的概念，使人们对市场营销理论的研究迈上了一个新的台阶。1990 年前后，许多美国企业为了满足日益竞争的市场需要，开始开发销售自动化系统（Sales Force Automation，SFA），随后又着力发展客户服务系统（Customer Service System，CSS）。1996 年后，一些公司开始把 SFA 和 CSS 两个系统合并起来，再加上营销策划、现场服务，在此基础上再集成计算机电话集成技术（CTI）形成集销售和服务于一体的呼叫中心（Call Center），这样就逐步形成了客户关系管理。特别是 Gartner Group 于 1999 年正式提出客户关系管理（Customer Relationship Management，CRM）的概念，促进了客户关系管理的进一步发展。

一般认为，CRM 的产生有三方面因素：一是需求的拉动。随着市场经济的深入发展和企业间竞争的日益激烈，越来越多的企业要求提高销售、营销和服务的业务自动化和科学化，实现对面向客户活动的全面管理，这是 CRM 产生的需求基础。二是管理理念的更新。随着市场经济观念的不断深入和信息化时代的到来，企业的经营思路从以产品为中心转向以客户为中心；管理战略从市场占有率转向客户占有率；经营成果的标志从投资回报率转向客户保持率；信息管理由分散到集成，由局域网到互联网。这些转变均从管理的角度说明企业实施 CRM 的必要性。三是技术的推动。信息技术的飞速发展为 CRM 的实现创造了条件，提供了工具。企业可通过多种渠道全面、快速、准确地获取和共享客户信息，并进一步提高对客户信息收集、整理、加工和利用的质量。

可见，企业应以客户为中心，围绕客户信息努力提高客户占有率、客户保持率、客户满意度和客户忠诚度。提升客户关系管理水平将有利于企业竞争力的提高，有利于企业赢得新客户、保留老客户和提高客户利润贡献度。

4.2.2　CRM 的概念

对于 CRM 的定义，目前还没有一个统一的表述。不同的研究机构从不同的角度对 CRM 进行了描述，具有代表性的有以下几种：

1）Gartner Group 认为，客户关系管理就是为企业提供全方位的管理视角，赋予企业更完善的客户交流能力，最大化客户的收益率。

2）CRMGuru.com（全球最大的 CRM 社团）认为，客户关系管理是一项商业策略，透过选择和管理客户达到最大的长期价值，CRM 需要用以客户为中心的商业哲学和文化以支持有效的营销、销售和服务流程。

3）IBM 认为，客户关系管理包括企业识别、挑选、获取、发展和保持客户的整个商业过程。IBM 把客户关系管理分为三类：关系管理、流程管理和接入管理。

综上所述，CRM 可概括为：借助先进的信息技术和管理思想，整合客户信息资源，并在企业内部实现客户信息和资源的共享，为客户提供更经济、快捷、周到的产品和服务，提高客户价值、满意度、盈利能力以及客户的忠诚度，保持和吸引更多的客户，最终实现企业利润的最大化。

可以从以下三个方面理解 CRM：

从管理理念上看，CRM 是按照"以客户为中心"的发展战略开展包括判断、选择、争取、发展和保持客户所实施的全部商业过程，是一种将客户资源转化为企业收益的管理方法，是一种新颖的管理机制和先进的管理思想。它加强了企业与客户间的联系，使企业在营销、销售、服务与支持各个方面形成协调的关系。

从技术层面上看，CRM 是基于信息技术，有效整合企业资源、流程，建立面向客户的业务和流程的信息系统。它通过前端以客户为中心的工作流和后端客户智能的整合，为提升客户价值提供了一个信息支撑平台。

从客户层面上看，CRM 以客户关系为重点，使企业低成本、高效率地满足客户的需求，并与客户建立基于学习型关系的一对一营销模式，最大程度地提高客户的满意度及忠诚度。

4.2.3　CRM 的主要功能

CRM 主要涉及企业的市场、销售和服务三个管理部门。它将企业开拓市场、增加销售额以及提高服务质量这三个目标结合起来加以协调，并通过信息技术的支持对信息进行综合分析，提升企业管理水平。

一般而言，CRM 的功能可以归纳为三个层次：对销售、营销和客户服务三部分业务流程的信息化（操作层）；与客户进行沟通所需手段（如电话、传真、网络、E-mail 等）的集成和自动化（接触层）；对支持企业战略战术决策所积累信息的处理和智能化（分析层）。CRM 的功能层次如图 4-7 所示。

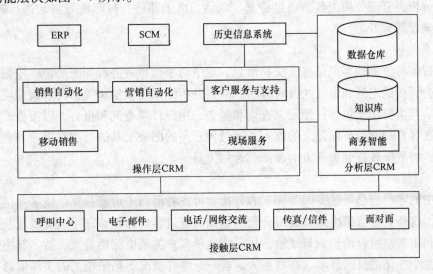

图 4-7　CRM 的功能层次

一般地，CRM 的主要功能模块包括如下几方面。

1. 销售自动化

销售自动化以自动化方式替代传统的销售过程。通过向销售人员提供计算机、网络、通信等工具，使销售人员了解日程安排、定价、商机、交易建议、费用、佣金、关键客户等信息，确保销售人员及时掌握最新市场动态，实现销售过程的自动化，缩短销售周期，提高工作效率并获取销售利润。其主要功能包括：现场销售，多渠道销售管理，联系和客户管理，销售佣金管理，销售费用管理，日历日程安排等。

2. 营销自动化

营销自动化是对营销活动的设计，对销售自动化的补充。它通过分析客户和市场信息，策划营销活动和行动步骤，加强市场开拓。其主要功能包括：营销计划的编制、执行、结果分析及营销活动的管理，目标客户清单的产生和管理，预算和预测，"营销百科全书"（关于产品、定价、竞争信息等的知识库）的建立，客户的跟踪、分销和管理，营销资料管理等。

3. 客户服务与支持

客户服务与支持是 CRM 的重要部分。它通过与客户支持、现场服务相关的业务流程的自动化，有效提高服务质量，增强服务能力，捕捉和跟踪服务中的问题，延长客户的生命周期。其主要功能包括：通过访问知识库实现对客户问题的快速判断和解决，支持合同和资产管理，业务研讨，现场服务，订单跟踪，客户关怀，服务请求，维修行为安排与调度，联系活动管理等。

4. 呼叫中心

呼叫中心是 CRM 的重要功能之一，是企业与客户交流的窗口。它通过将销售与服务集成为一个单独的应用，使业务代表能够向客户提供实时的销售和服务支持，能够动态地推荐产品和服务，或遵循自动化的流程解决服务咨询，进而向客户提供其他的产品和服务。其主要功能包括：呼入呼出电话处理，互联网回呼，呼叫中心运行管理，电话转移，路由选择，报表统计分析，管理分析工具，通过传真、电话、电子邮件、打印机等自动进行资料发送，呼入呼出调度管理等。

5. 商务智能

商务智能将收集的客户信息、交易信息、竞争对手信息等进行加工处理，挖掘潜在客户和商业机会，提供定量和定性的及时分析，并将分析结果反馈给相关部门和管理层以作为决策的依据。其主要功能包括：预定义查询和报告，用户订制查询和报告，以报告或图表的形式查看潜在客户和业务可能带来的收入，通过预定义的图表工具进行潜在客户和业务的传递途径分析，将数据转移到第三方的预测和计划工具等。

6. 知识管理

企业中的客户信息经过专门的加工和分析，可在各部门中形成共享，使客户信息转化为客户知识，这是企业营销决策和资源分配的基础。通过客户知识管理可以有效地获取、发展和维系有利于客户组合的知识与经验，尽可能地从客户关系中获得最大收益。其主要功能包括：站点上个性化信息的显示，在联系人、客户、事件概况上粘贴相关的文件信息，文档管理，对竞争对手 Web 站点的监测，根据用户定义的关键词对 Web 站点的变化进行监视等。

花旗银行用 CRM 赢得顾客

对于开展服务营销的企业来说，客户数据库的建立是非常重要的。创建客户数据库是为了更好地了解客户，以便为客户提供产品设计和金融服务。花旗银行正是借助于智能的 CRM 系统，使得与客户的关系更加密切。

花旗 CRM 系统，首先是一个庞大的信息库，可以说是花旗银行的"百宝囊"。它的信息主要包括：客户的基本信息，如姓名、性别、职业、职位、偏好、交易行为、什么时候使用了他们的产品、交易时间有多久等；统计分析资料，包括客户对银行的态度和评价、信用情况、潜在需求特征等；银行投入记录，包括银行与客户联系的方式、地点、时间，客户使用产品的情况等。数据库的基本资料不仅靠人工输入，它还在客户使用银行产品的过程中，自动地被数据库记录下来，减少了信息调研所付出的人力资源。

花旗 CRM 系统还具有智能挖掘功能，即 CRM 根据所存储的客户信息进行综合分析，从而发现客户，并与客户进行良好的沟通。由于实现了数字化，这种分析和沟通相对于人的大脑来说，在速度和准确度上都有很大的提高，这就为花旗银行的营销节省了大量的人力和物力。

从顾客在花旗银行存第一笔款或者更早的时候，顾客就是 CRM 系统中的一名客户了，顾客的一举一动都难逃 CRM "犀利的眼睛"。顾客刷卡了，刷了多少次；取钱了，取了多少钱；贷款了，贷款做什么用了；甚至顾客三个月后想买什么，CRM 都一清二楚。

每个人都有一些消费习惯，这些习惯也会被花旗 CRM 系统捕捉到。CRM 可以根据蛛丝马迹，分析预测出顾客将来的消费倾向，以便及时跟进相应的营销活动，选择合适的产品进行推荐。"如果我们看到某个客户在分期付款购买汽车时很快就要付最后一笔款时，我们就可以根据客户的消费模式预测出这位客户很可能在 6 个月之内再购买一辆汽车。于是，我们便可以及时、准确并且抢先让这位客户知道，我们银行会有特别优惠的汽车贷款利率给他。我们马上便会寄去我们银行购买汽车分期付款的宣传品。"花旗银行总是在顾客想到时或想到之前，为顾客想好一些事情。所以，顾客总在花旗银行的"监控"之下，但却有一种被"监控"的幸福感。顾客受到的"监控"越多，就表明获得的服务越多，生活质量越高，精神满足越多。

花旗 CRM 系统可以"透视"顾客口袋里有多少钱，或者将来会有多少钱，凭此可以判断顾客的钱会给银行产生多少利润。用 CRM 识别客户是否盈利，盈利多少，帮助花旗区分了庞大的客户群。作为盈利客户，就会一直与花旗银行保持联系，CRM 同样也会了解到这一情况，并会通知银行给出相应的折扣、奖励等优惠，这会让顾客感到忠诚对自己是有益的，尤其是在顾客还没有感到这一点时，花旗银行的做法通常会带给顾客一些惊喜。顾客受到感动，就会觉得欠了银行一笔感情债，于是反过来，顾客会"投其所好"，用更多的业务来报答银行。温柔的"陷阱"就这样形成了，银行盯住了顾客，而顾客也离不开银行了。

案例来源：http://www.1to1.com.cn/Article/content.asp?id=4295

99

4.3 供应链管理

随着全球经济的发展以及 Internet 和电子商务的广泛应用，企业所处的商业环境发生了巨大变化：产品的寿命周期越来越短，产品的种类飞速膨胀，客户对交货期的要求越来越高，对产品和服务的期望越来越高，市场竞争日趋激烈。企业在严峻的挑战面前，需要在提高客户服务水平的同时努力降低运营成本，在提高市场反应速度的同时给客户更多的选择，因此，人们开始将目光从企业内部生产过程的管理，转向产品生命周期的供应环节乃至整个供应链系统。本节从这一大的背景出发，首先分析了供应链管理（SCM）的产生背景，然后介绍了供应链的概念以及供应链管理的定义和主要思想等，最后提出供应链管理的基础框架及应用。

4.3.1 供应链管理的产生背景

1. 企业管理模式的转变

20 世纪 90 年代以前，企业出于管理和控制的目的，对原材料、零部件或半成品供货商一直采取投资自建、投资控股或兼并的"纵向一体化"管理模式。但是，这种"纵向一体化"的企业经营过于分散，一方面使得企业难以集中资源优势和技术优势，在相对擅长的领域建立和强化自己的核心竞争力；另一方面，"纵向一体化"的企业在投入全部资源，建立自己的产业价值链的同时，由于规模庞大，机构臃肿，也逐渐丧失了其适应市场的快速反应能力。

20 世纪 90 年代以来，随着经济全球化和知识经济时代的到来，顾客需求越来越个性化，市场需求的不确定性不断增加，整个市场竞争呈现出明显的国际化和一体化趋势。在这种情况下，人们往往会将资源需求延伸到企业以外的其他地方，借助其他企业的资源以达到快速响应市场需求的目的，于是出现了基于"横向一体化"管理模式的供应链整合思想，即基于更细的社会分工基础上的上下游企业间的合作。"横向一体化"的企业注重自己的核心业务，能充分发挥核心竞争优势，将非核心业务外包给其他企业，利用企业外部资源快速响应市场需求，并与上下游企业密切合作，最大限度地获得竞争优势。

2. 信息技术的推动

信息技术特别是 Internet 技术的迅猛发展，使得信息传递和资源共享突破了组织原有的时间概念和空间界限。信息技术可以将上下游的合作企业紧密地连接起来，成为一个链式的结构，并使企业间的信息传递路线与产品的物理运动路线相一致，这样各个企业能够共享链上的信息，有效协调各自的行为。另外，信息技术也为企业之间合作、实施并行工程提供了强有力的技术支持，使企业间合作的广度和深度都大大加强。最后，信息技术的应用范围涉及整个供应链企业的经济活动，直接影响供应链企业间供应、生产、库存、销售中任何一环的响应速度、成本和效益。信息技术的应用大大降低了供应链企业的交易成本，建立了与供应商、分销商和客户更快、更方便、更精确的电子化联络方式，实现了信息共享和管理决策支持，使供应链企业能以低成本实现共享管理，并能随着管理规模的扩大形成规模管理效应。

鉴于"纵向一体化"管理模式的种种弊端和"横向一体化"管理思想的兴起，这样便形成了一条从供应商到制造商再到分销商的贯穿上下游企业的"链"——供应链。而链上的节点企业必须达到同步、协调运行，才可使链上所有企业都能受益，而信息技术特别是网络技术的发展，使得企业之间的实时信息传递和信息共享成为可能，于是，供应链管理这一新的管理理念应运而生。

4.3.2　供应链的概念

1. 供应链的定义

供应链是围绕核心企业，通过对物流、资金流和信息流的控制，在产品生产和流通过程中将所涉及的原材料供应商、制造商、分销商、零售商直到最终消费者连成一个整体的供需网链结构模型。根据定义，可将供应链的结构简单地归纳为如图4-8所示的网链结构模型。

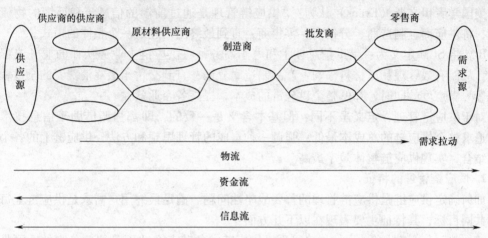

图4-8　供应链的网链结构模型

从图4-8中可以看出，供应链由所有加盟的节点企业组成，其中一般有一个核心企业（可以是产品制造企业，也可以是大型零售企业），节点企业在需求信息的驱动下，通过供应链的职能分工与合作（生产、分销、零售等），以物流、资金流和信息流为媒介实现整个供应链的不断增值，给相关企业都带来收益。但供应链上的各企业必须同步、协调运行，才有可能使链上的所有企业都受益。

2. 供应链的特征

从供应链的结构模型还可以看出，供应链是一个网链结构，由围绕核心企业的供应商、供应商的供应商和批发商、批发商的零售商等组成。一个企业是一个节点，节点企业和节点企业之间是一种需求与供应关系。供应链主要具有以下特征：

1）复杂性：因为供应链节点企业组成的跨度（层次）不同，供应链往往由多个、多类型甚至多国企业构成，所以，供应链结构模式比一般单个企业的结构模式更为复杂。

2）动态性：因企业战略和适应市场需求变化的需要，供应链节点企业需要动态地更新，并相互提高响应速度，这就使得供应链具有明显的动态性。

3）面向客户需求：供应链的形成、存在和重构，都是基于一定的市场需求而发生，并且在供应链的运作过程中，客户的需求拉动是供应链中物流、资金流和信息流运作的驱动源。

4）交叉性：节点企业可以是这个供应链的成员，同时又是另一个供应链的成员，众多的供应链形成交叉结构，增加了协调管理的难度。

4.3.3　供应链管理的概念

由前文可见，供应链是客观存在的，链上的企业必须协同工作，共同优化和管理整个供应链，共同为客户提供优质的产品和服务，共同降低成本和库存。也就是说，对整个供应链上所涉及的物流、信息流和资金流等实行一体化管理，才能有效地提高企业效率，共享供应链管理为企业带来的效益，由此就产生了供应链管理的思想。

1. 供应链管理的定义

中国国家标准《物流术语》对 SCM 的定义：利用计算机网络技术全面规划供应链中的物流、资金流和信息流，并进行计划、组织、协调与控制等。

美国学者伊文斯（Evens）认为："供应链管理是通过前馈的信息流和反馈的物流及信息流，将供应商、制造商、分销商、零售商，直到最终用户连成一个整体的模式。"

IBM 将 SCM 定义为：借助信息技术和电子商务，将供应链上业务伙伴的业务流程相互集成，从而有效管理从原材料采购、产品制造、分销，直到交付给最终消费者的全过程，在提高客户满意度的同时，降低整个供应链的成本，提高各企业效益。

对于供应链管理，定义虽不同，但基本含义是一致的，即都强调借助于信息技术的支持；追求整个供应链的总成本最低；强调一种集成的管理思想和方法；供应链上的各个节点有机结合，实现供应链整体效率最高。

2. 供应链管理的特征

如何确定供应链是供应链管理的首要战略性问题。满足最终用户需求是供应链上每个成员的共同目标，其特征主要表现在以下几方面：

1）供应链管理是全过程的战略管理。供应链中各节点企业不是彼此分割的，而是环环相扣的一个有机整体。因此，从总体上考虑，如果只依赖于部分环节的信息，则会由于信息的局限或失真，导致决策失误、计划失控、管理失效。供应链管理要求各企业之间实现信息共享、风险共担、利益共存，并从战略的高度来认识供应链管理的重要性和必要性，从而真正实现全过程的战略管理。

2）供应链管理是一种基于流程的集成化管理模式。传统的管理以企业的职能部门为基础，往往由于职能矛盾、利益目标冲突、信息分散等原因，各职能部门无法完全发挥其潜在效能，因而很难实现整体目标最优。

供应链管理则是一种横向一体化经营的集成管理模式，它以流程为基础，以价值链的优化为核心，强调供应链整体的集成与协调，通过信息共享、技术扩散、资源优化配置和有效的价值链激励机制等方法实现经营一体化。

3）供应链提出了全新的库存观，强调供应链中贸易伙伴之间的密切合作，致力于总体库存的大幅度降低。传统的库存思想认为：库存是维系生产与销售的必要措施，是一种必要的成本。而供应链管理使企业与其上下游企业之间在不同的市场环境下实现了库存的转移，降低了企业的库存成本。这也要求供应链上的各个企业成员建立战略合作关系，通过快速反应降低库存总成本，有效地克服供应链中的"牛鞭效应"现象。

啤酒试验与"牛鞭效应"的产生

麻省理工学院的斯特曼教授做了一个著名的实验——啤酒实验。在这个实验中有四组学生分别代表消费者、零售商、批发商、生产商，由此形成一个简单的供应链。实验要求：任何上、下游企业之间不能交换任何商业信息，只允许下游企业向上游企业传递订单，消费者只能将订单下给零售商。结果表明：由于链中各节点企业之间信息的不对称以及为了追求自身利益的最大化，造成需求信息在供应链内部传递时失真。这种失真现象导致企业物流成本的增加，降低了企业反应能力，从而导致企业利润下滑，人们通俗地称为"牛鞭效应"。究其原因主要有以下几个方面：

1. 需求预测信息单一

如同在"啤酒实验"中所示，在传统的供应链中，各节点企业总是以其直接下游的需求信息作为自己需求预测的依据，对未来没有准确预测，因而常在预测值上加一个修正增量作为订货数量，产生了需求的虚增。"牛鞭效应"随之产生。

2. 供应链各节点企业的价格波动

零售商和分销商面对价格波动剧烈、促销与打折活动、供不应求、通货膨胀、自然灾害等情况，往往会采取加大库存的做法，使订货量远远大于实际的需求量。而对消费者来说，在价格波动期间，他们会改变购买，但这并不能反映消费者的实际需求，因为他们会延迟或提前部分需求。如每年的长假，由于商家的促销，消费者会将假前的部分需求推迟，也会将以后的部分需求提前，集中到假期消费，这样需求的变动就比较大。所以，价格波动会产生"牛鞭效应"。

3. 订货批量

在供应链中，每个企业都会向其上游订货，一般情况下，销售商并不会来一个订单就向上级供应商订货一次，而是在考虑库存和运输费用的基础上，在一个周期或者汇总到一定数量后再向供应商订货；为了减少订货频率，降低成本和规避断货风险，销售商往往会按照最佳经济规模加量订货。同时，频繁地订货也会增加供应商的工作量和成本，供应商也往往要求销售商在一定数量或一定周期订货，此时销售商为了尽早得到货物或全额得到货物，或者为备不时之需，往往会人为提高订货量，这样导致了"牛鞭效应"。

4. 供应链的多层次性

由于在供应链的各个层次，经营者都会设置安全库存，多层的累积，乃至同一层次中多个仓库库存的累加都会导致整个供应链系统库存产品量的数倍增加，进而导致企业对市场波动的反映速度减缓，再促使企业提高为客户服务的水准，尤其是现货供应水平和提高安全库存，从而形成"牛鞭效应"。

5. 宏观环境变异

这是由于政策和社会等环境的变化所产生的不确定性，造成了订货需求放大。一般应付它最主要的手段是持有高库存，且不确定性因素越大，库存就越高，但这种高库存所代表的并不是真实的需求。

6. 信息沟通不顺畅

由于缺少信息交流和共享，企业无法掌握下游的真正需求和上游的供货能力，只好自行多储备货物。同时，供应链上无法实现存货互通有无和转运调拨，只能各自持有高额库存，这也会导致"牛鞭效应"。

通过以上的分析，我们可以发现"牛鞭效应"产生的根本原因在于供应链中上、下游企业间缺乏沟通和信任机制，而每一个企业又都有各自的利益，由此造成需求信息在传递过程中不断地被扭曲。

案例来源：雷丽芳. 论企业物流管理中如何降低"牛鞭效应"的影响. 中小企业管理与科技. 2009

(8)：23-24

4）应用现代信息技术和通信技术，遵从共同的标准和规范。信息共享是供应链管理的关键，供应链管理需要来自各个节点企业的实时、准确的信息，有效的供应链管理不可能没有 IT 系统提供准确可用的数据。一些有用的 IT 工具，如条码技术、Internet、电子数据交换（EDI）等，被集成到 SCM 中的各个职能领域发挥其作用。

3. 供应链管理与传统管理的区别

供应链管理不同于传统的企业管理，它更强调供应链整体的集成与协调，要求各节点企业围绕物流、信息流、资金流进行信息共享与经营协调，主要表现在以下几方面：

1）传统管理是基于单一企业的管理，虽然也和其他企业相互联系，但是与相关企业的关系是竞争关系，即"输赢（Win-Lose）"关系，而供应链管理强调的是链上的所有节点企业的"双赢（Win-Win）"关系，以提高整个供应链的效益为目的。供应链管理是对所有资源的整合，超越了单一企业的范畴，充分利用了供应链上节点企业的资源。

2）供应链管理更加注重客户需求。供应链的形成、存在、重构，都是基于一定的需求而产生，并且在供应链管理过程中，需求是拉动物流、信息流、资金流的源泉。

3）供应链管理更为复杂。复杂性来源于供应链中的"不确定性"。如制造不确定性、供应不确定性、市场需求不确定性等，其中，市场需求不确定性对企业影响最大，增加了供应链管理的复杂程度。

4.3.4 供应链管理的框架

供应链管理是使企业更好地从上游供应商处采购制造产品或提供服务所需的原材料，然后生产产品和服务，并将其递送给下游客户的艺术和科学的结合。图 4-9 给出了供应链管理的基础框架，可以看出，供应链管理的要素包括两个支撑体系和五大职能。

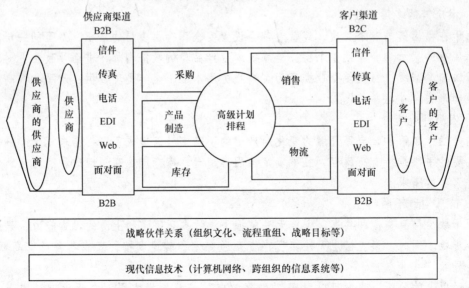

图 4-9　供应链管理的基础框架

1. 两个支撑体系

（1）现代信息技术

信息共享是实现供应链管理的基础，供应链的协调运行建立在各个节点企业高质量的信息传递与共享的基础之上。为了达到与外部供应链的集成，企业必须采用适当的信息技术，为企业内部的信息系统提供与外部供应链节点企业的良好的接口，达到信息共享和信息交互，达到相互操作的一致性。

因此，Internet/Intranet 的集成、EDI、Web 数据库等现代信息技术，是通过电子化手段传递商务信息并实现供应链协同管理的基础平台。

（2）战略伙伴关系

供应链中的本企业与上游供应商、下游经销商所建立的以信任、合作、双赢为基础的关系就是供应链战略伙伴关系，这种伙伴关系是供应链管理赖以实现的软环境。通过建立良好的战略伙伴关系，企业就可以很好地与用户、供应商和服务提供商实现集成和合作，共同在预测、产品设计、生产、运输计划和竞争策略等方面设计和控制整个供应链的运作。

因此，供应链节点企业应在组织文化、流程重组、经营目标等方面进行战略调整，为实现多赢营造一个有利环境。

2. 五大职能

除了两个支撑体系，对于供应链上的核心企业来说，供应链管理还包括五大职能。

1）采购管理：采购管理包含采购自助服务、采购内容管理、货物来源的分配、供应商的协作、收货及付款、采购智能等功能。SCM 的采购与 ERP 中的不同，它是由交易关系转变为合作关系，由为避免缺料的采购转变为满足订货的采购，由被动供应转变为主动供应，由制造商管理库存转变为供应商管理库存。SCM 系统追求的是零库存管理。

2）库存管理：库存管理从实物管理的角度出发，实现企业对物料的管理。与 ERP 中的库存管理不同，如何加速物料流动，减少库存积压，加强物流的批次跟踪，严格物料的失效期管理是 SCM 中库存管理的重点，它是一套完整的库存管理解决方案。

3）销售管理：销售管理主要有销售订单管理、客户自助服务、订单配置、需求获取、订单履行、开票以及销售智能等功能。与 ERP 中的销售管理不同，它是由推式市场模式转变为拉式市场模式，由以制造商为中心转变为以客户为中心，由等待型销售方式转变为创造型销售方式。

4）高级计划排程（Advanced Planning and Scheduling，APS）：它是 SCM 的重要组成部分，包括综合预测、供应链计划、需求计划、制造计划和排程、供应链智能等功能。SCM 需要 ERP 的集成数据来进行供应链的分析，以便提供决策。而 ERP 也需要 APS 的优化功能以进一步提升管理水平。

5）物流管理：合作性与协调性是供应链管理的一个重要特点，但如果没有物流系统的无缝连接，运输的货物逾期未到，顾客的需要不能得到及时满足，采购的物资常常在途中受阻，都会使供应链的合作性大打折扣。因此，无缝连接的供应链物流系统是使供应链获得协调运作的前提条件。

IBM 公司欧洲业务的供应链管理

供应链管理的实现，是把供应商、生产厂家、分销商、零售商等在一条供应链上的所有节点企业都联系起来进行优化，使生产资料以最快的速度通过生产、分销环节变成增值的产品，到达有消费需求的消费者手中。这不仅可以降低成本，减少库存，而且使供应链上的资源得到优化配置，更重要的是，通过信息网络、组织网络实现了生产及销售的有效连接和物流、信息流、资金流的合理流动。

IBM 公司过去倾向于根据库存来生产计算机，由于其制造的产品型号繁多，常常发现在有的地区存储的产品不合适，从而丧失了销售时机。计算机行业面临的另一问题是技术上的日新月异，这意味着库存的产品会很快过时，造成浪费。为解决这些问题，IBM 公司和产业界的其他众多计算机厂商正在改变其供应链，使之能够适应急剧变化的市场环境。图 4-10 是 IBM 公司欧洲业务的供应链管理模型。

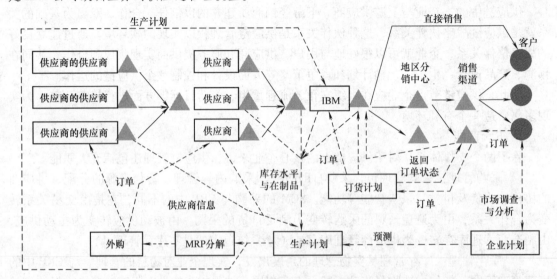

图 4-10　IBM 公司欧洲业务的供应链管理模型

▲库存　——→物流　- - - →信息流

通过实施供应链管理，IBM 公司生产的盲目性得到避免。完整的欧洲区供应链管理系统所带来的益处是：帮助 IBM 公司随时掌握各网点的销售情况，充分了解、捕捉与满足客户的真正需求，并且按照订单制造、交货，没有生产效率的损失，在满足市场需求的基础上，增进了与客户的关系；能全面掌握所有供应商的详细情况；合理规划异地库存的最佳水平；合理安排生产数量、时间以及运输等问题；合理调整公司的广告策略和价格政策；网上订货和电子贸易；可随时把计算机的动态信息告诉每一位想了解其内容的客户；减少了工业垃圾和制造过程对环境的破坏。

案例来源：马士华，等. 供应链管理. 北京：机械工业出版社，2000

4.4　电子商务

随着经济全球化与经济信息化成为一种强有力的趋势，全球互联的商业时代已经到来，电子商务作为新经济的标志，能够跨越时间与地域的限制，使信息的处理与传递更加迅速、准确。电子商务的产生与发展对企业的经营模式、政府的管理模式、人们的生活方式等方面都带来了巨大的影响和变革，并将成为未来企业运营与商务活动的基础。

4.4.1　电子商务的产生与发展

电子商务产生的源动力是信息技术的进步和社会商业的发展。Internet 的出现将信息技术的进步推向一个新的高度。同时，信息技术与社会商业日益融合，使社会网络化、经济数字化、竞争全球化、贸易自由化的趋势不断加强。电子商务正是在这种背景下产生的。

早在电报刚出现的时候，人们便开始了对运用电子手段进行商务活动的讨论。当贸易活动信息开始在通信线路中传输的时候，就标志着运用电子手段进行商务活动的开始。

20 世纪 60 年代以来，计算机、网络通信等信息技术相继产生并不断发展，电子商务在这些技术的互动发展中不断完善与提升，特别是在 90 年代出现 Internet 后，为电子商务的进一步发展和在企业中的应用奠定了坚实的基础和条件。伴随着信息技术的发展，电子商务的应用平台从电报网、电话网、广播电视网发展到 Internet。

一般地讲，电子商务的发展大致经历了以下两个阶段：基于 EDI 的电子商务和基于 Internet 的电子商务。

1. 基于 EDI 的电子商务（20 世纪 60 年代~90 年代）

20 世纪 60 年代末，贸易商们在应用计算机处理各类商务文件时发现，由手工输入到计算机中的数据大多来源于其他贸易伙伴由计算机产生的文件，由于过多的人为因素，影响了数据输入的准确性和工作效率的提高。于是，人们开始尝试在贸易伙伴之间利用计算机实现数据的自动交换，电子数据交换（EDI）应运而生。

EDI 产生于美国，是一种利用计算机进行商务信息处理的方法。它将贸易、运输、保险、银行和海关等行业的信息，用一种国际公认的标准格式，通过专用计算机通信网络，使各有关部门、公司和企业之间进行数据交换和处理，并完成以贸易为中心的全部业务过程。由于 EDI 的使用可以完全取代传统的纸张文件的交换，因此人们称它为"无纸贸易"或"电子贸易"。

但是，EDI 标准极其复杂，行业内以及行业间的标准难以协调，统一的国际标准难以实现。EDI 多用于行业内的商务活动，行业间的 EDI 并未广泛展开。同时，租用专用网的费用相当高，限制了 EDI 的推广。因此，基于 EDI 的电子商务应用范围非常有限。

2. 基于 Internet 的电子商务（20 世纪 90 年代至今）

20 世纪 90 年代以来，Internet 迅速发展并普及，逐步地从大学、科研机构走向企业和百姓家庭，其功能也已从信息共享演变为一种大众化的信息传播工具。从 1991 年起，一直排斥在 Internet 之外的商业贸易活动也开始加入其中并逐步扩大，使电子商务成为 Internet 应用的最大热点之一。

在基于 Internet 的电子商务发展初期，企业主要通过在 Internet 上建立企业网站发布信息。随着 Internet 进一步的推广与应用，有些企业便将网站前端，包括商品目录、价格、订单等，与后端管理系统相连接，如订单管理、存货控制等。此时的企业电子商务网站可动态地提供有关库存、商品价格及订货、发货的最新信息，使客户直接从网站发出订单并追踪，有效控制订购过程。因此，基于 Internet 的电子商务降低了交易成本，提高了客户满意度。

与基于 EDI 的电子商务相比，基于 Internet 的电子商务具有以下明显的优势：

1）费用低。由于 Internet 是国际的开放性网络，使用费用较低，企业利用这一优势可有效降低交易成本。

2）覆盖广。Internet 几乎遍及全球的各个角落，用户可以跨越地域的限制，方便地与贸易伙伴传递商业信息和文件。

3）使用灵活。基于 Internet 的电子商务不受特殊数据交换协议的限制，任何商业文件或单证，都可以直接通过填写与现行的纸面单证格式一致的屏幕单证来完成，不需要再进行转换，易于操作。

4）功能全面。Internet 可以全面支持不同类型的用户实现不同层次的商务目标，如发布电子商情、在线洽谈、建立虚拟商场或网上银行等。

进入 21 世纪以来，移动通信技术迅猛发展，通过手机等移动通信设备与 Internet 有机结合进行电子商务活动成为可能，移动电子商务（M-Commerce）逐渐成为人们进行商务活动的新模式。与传统电子商务不同，移动电子商务是利用手机、个人数字助理（PDA）等无线终端进行商务活动，为用户随时随地提供所需的服务、应用、信息和娱乐。

随着移动网络从 2G 向 3G（第三代移动通信技术）的演进，网络所支持的移动数据速率快速提升，为移动电子商务的推广与普及创造了条件。同时，全球拥有手机等移动通信工具的人数众多，移动电子商务正在形成一个庞大的市场。伴随 3G 时代的到来，移动电子商务必将成为电子商务最活跃的领域。

4.4.2 电子商务的概念

国际上对电子商务尚无统一定义，不同的学者、IT 厂商、国际组织、政府等都从不同角度对其进行了描述。2007 年 6 月，国家发展改革委和国务院信息办联合发布了我国《电子商务发展"十一五"规划》，首次明确了电子商务是网络化的新型经济活动，即基于 Internet、广播电视网和电信网络等电子信息网络的生产、流通和消费活动，而不仅仅是基于 Internet 的新型交易或流通方式。电子商务涵盖了不同经济主体内部和主体之间的经济活动，体现了信息技术网络化应用的根本特性，即信息资源高度共享、社会行为高度协同所带来的经济活动的高效率和高效能。

目前，对电子商务广泛认可的观点是将电子商务划分为两个层次的概念：狭义的电子商务和广义的电子商务。

狭义的电子商务，主要是指买卖双方及有关各方利用计算机网络和数字化手段进行产品与服务的交易活动，它仅仅将 Internet 上的交易活动归属于电子商务。这类活动常称为电子交易（E-Commerce）。

广义的电子商务，是指利用计算机网络和数字化手段进行包括市场分析、客户联系、交易、物资调运、公司内部联系等全部商务活动，即实现商务活动的电子化。这类活动常称为电子业务（E-Business）。

以上两个层次的概念所确定的基本对象都是商务活动，所强调的活动形式都是基于电子化。所不同的是，它们审视电子商务的角度和侧重点不同：狭义电子商务强调交易过程，广义电子商务强调企业生产、经营、服务与应用。它们对电子商务中的商务外延界定范围不同：狭义电子商务仅仅界定为商务交易，广义电子商务界定为是利用电子方式的所有商务活动，甚至包括除商务活动之外的生产、管理和服务领域。它们对电子商务中的技术，即电子手段的外延范围不同：狭义电子商务主要强调基于 Internet，广义电子商务认为的电子方式涵盖所有的信息技术。

对于企业而言，电子商务的含义，一方面是通过电子网络向相关的企业订购产品或服务，允许其他企业或个人通过电子网络订购本企业的产品或服务；基于网络进行电子货币结算；通过网络宣传产品。另一方面是使企业内员工进行电子化的协同工作，利用信息网络技术完成企业计划、生产、调度和协调等任务。

为了更好地理解电子商务的概念，可以将电子商务与传统商务进行比较，如表4-2所示。

表4-2 电子商务与传统商务比较

商务类型 商务步骤	传 统 商 务	电 子 商 务
交易前准备	商品信息的发布、查询、匹配通过报纸、电视户外媒体等广告	交易的供需信息以网络为主进行发布、查询和匹配，信息沟通更快
贸易磋商	磋商常用的工具是电话、传真、邮寄等，是口头磋商或纸面贸易单证的传递过程	贸易双方通过电子信息传递贸易单证，由安全协议保证信息的正确、安全
合同签订与执行	磋商后需以书面形式签订具有法律效应的合同	磋商后双方进行电子签名，确认具有法律效应的电子合同
资金支付	有支票和现金两种支付方式	采用信用卡、电子支票、电子现金和电子钱包等支付形式

可见，电子商务与传统商务相比有明显优势，主要表现在以下几个方面：

1. 交易虚拟化

基于 Internet 的贸易双方从贸易磋商、签订合同到支付等环节，无须当面进行，均通过网络完成，整个交易完全虚拟化。

2. 交易透明度高

贸易双方的交易全过程都是基于网络进行，其通畅、快捷的信息传输无须人为参与就可保证各种信息之间的互相核对，防止伪造信息的流通。

3. 交易成本低

Internet 使用费用低，无店面，交易双方通过网络进行商务活动，减少中间环节。

4. 交易效率高

由于 Internet 将贸易中的商业报文标准化，使商业报文能在世界各地瞬间完成传递与计算机自动处理，原料采购、产品生产、需求与销售、银行汇兑、保险、货物托运及申报等过程无须人员干预，可在最短的时间内完成。

4.4.3 电子商务的功能

电子商务可提供网上交易及事务处理等全过程的服务，它具有广告宣传、咨询洽谈、网上订购、网上支付、电子账户、服务传递、意见征询、交易管理等功能。

1. 信息发布

电子商务可凭借企业的 Web 服务器在 Internet 上发布各类商业信息。客户可借助网上的检索工具迅速查找所需信息。同时，商家可利用企业网站和电子邮件在全球范围内做广告宣传，其成本低廉，信息量大。

2. 咨询洽谈

电子商务可借助非实时的电子邮件、新闻组和实时的讨论组了解市场和商品信息、洽谈交易事务。如有进一步的需求，还可用网上的白板会议交流即时的图形信息。网上咨询和洽谈能超越人们面对面洽谈的限制，提供多种方便的异地交谈形式。

3. 网上订购

电子商务可借助 Web 中的邮件交互传送实现网上订购。网上订购通常都是在产品介绍的页面上提供十分友好的订购提示信息和订购交互格式框。当客户填完订购单后，通常系统会回复确认信息单来保证订购信息的收悉。订购信息也可采用加密的方式使客户和商家的商业信息不会泄漏。

4. 网上支付

网上支付是电子商务活动中的一个重要环节。客户和商家之间可采用信用卡账号实施支付，而电子支付手段可节省交易成本。同时，网上支付还需要更为可靠的信息传输安全性控制，以防止欺骗、窃听、冒用等非法行为。

5. 电子账户

网上支付必须要有电子金融的支持，即银行或信用卡公司等金融单位要为电子商务提供网上资金给付的服务。电子账户管理是其基本的组成部分，信用卡号或银行账号都是电子账户的一种标志，其可信度需配以必要的技术措施加以保证，如数字凭证、数字签名、加密等手段。

6. 货物送交

对于已付款的客户，商家应将其订购的货物尽快送交到客户手中。如何进行物流的调配也是电子商务中的一个重要问题。在网上最易直接传递的货品是信息产品，而对大宗货品的传递，则可通过建立物流配送中心完成货物送交。

7. 意见征询

通过网站的交互功能可以非常方便地收集用户对销售服务的反馈意见，使企业的市场运营形成一个封闭的回路。客户的反馈信息不仅能提高售后服务的水平，更使企业获得改进产品、发现市场的商业机会。

8. 交易管理

整个交易的管理将涉及人、财、物等多个方面，以及企业和企业、企业和客户及企业内部等各方面的协调和管理。因此，交易管理是涉及商务活动全过程的管理。电子商务的发展，将会给企业提供一个良好的交易管理网络环境，以及多种多样的应用服务系统，以保障电子商务获得更广泛的应用。

4.4.4　电子商务的基础框架

电子商务的基础框架是指实现电子商务的技术和环境方面的支撑性保证。由图 4-11 可见，它是一个以应用为目的，以法律法规、技术规范和物流为保障，以信息平台为核心的有机整体。

从宏观上看，电子商务的基础框架由网络基础设施层、信息发布与消息传递层、贸易服务基础设施层和电子商务应用层 4 个层面，以及社会人文性的政策法规和自然科技性的工程技术标准两大支柱构成。

1. 网络基础设施

网络基础设施是支持电子商务的硬件基础设施，是通过电子化手段传递商务信息的基本平台。随着技术的发展，各种类型的网络逐渐在以 TCP/IP 协议为主的统一标准下联结为一体，从而为电子商务提供随时随地、多种形式的信息访问、发布和交换能力。

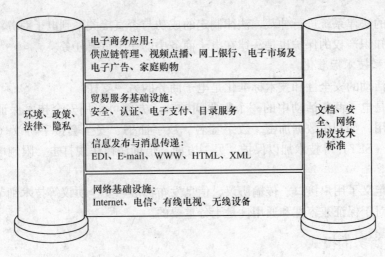

图 4-11 电子商务的基础框架

2. 信息发布与消息传递

信息发布与消息传递关注电子商务信息的表达形式。网络中传输的信息以图、文、声、像等多种媒体的形式出现，它们被超文本标记语言组织并在万维网（WWW）上发布。这种电子商务环境下多媒体表达方式的应用，改变了传统企业着力进行广告和促销活动的方式，它以一种更方便、快捷的方式传递企业信息，宣传企业文化。另外，网络中的信息传播工具提供两种交流方式，一种是面向人的非格式化的信息交流，如 E-mail、FAX 等，另一种是面向机器的格式化的信息交流，其处理和传递过程都是标准化、自动化的，如 EDI。

3. 贸易服务基础设施

贸易服务的基础设施是电子商务系统为贸易活动提供的通用的业务服务，主要包括安全、认证、电子支付、目录服务等工具。

安全和认证：提供的信息是可靠、不可篡改、不可抵赖的，可在有争议时提供证据。

电子支付：完成一笔网上交易，要进行电子支付，必须保证网上支付是安全的。

目录服务：将信息妥善组织，使之方便修改，支持市场调研、咨询服务、商品购买指南。

4. 电子商务应用

在上述基础上，可逐步建设实际的电子商务应用。如供应链管理、视频点播、网上银行、电子市场、电子广告、网上娱乐、家庭购物等。

5. 政策与法律

政策与法律是电子商务的两大支柱之一。

在电子商务的发展过程中，政府的支持和推进作用是不可缺少的。一方面，电子商务作为一种对现代市场经济起巨大冲击作用的革新力量，其宏观形态和发展方向也应该由政府进行一定程度的调控。另一方面，电子商务作为信息时代的重要特征，也应对政府的宏观政策制定起参考作用。由于电子商务的透明性，传统的监控方法开始变得无能为力。同时，政府如何在电子商务中发挥管理、监视、协调、促进和服务的作用，将对电子商务的进一步发展起到重要作用。

法律维系着商务活动的正常运作。由于网上商务活动的独特性，买卖双方的纠纷需要一个成熟、统一的法律系统进行仲裁，法律制定的成功与否直接关系到电子商务活动能否顺利进行。同时，知识产权的保护也是法律在电子商务中的一个重要任务。

6. 安全性和技术标准化

网络商务活动的安全性和技术标准化是电子商务的另一支柱。

安全问题是电子商务活动中的一个重要问题，一方面可采用安全技术保证数据不被窃取、篡改和滥用，如利用数据加密、数字签名、数字证书、安全套接字协议（SSL）、安全电子交易协议（SET）等技术加以保护。另一方面，借助法律法规打击、限制电子商务活动中的不法分子。

技术标准定义了用户接口、传输协议、信息发布标准、安全协议等技术细节。就整个网络而言，标准对于保证兼容性和通用性是十分重要的。

4.4.5 电子商务的模式

按照电子商务交易主体之间的差异，可以将电子商务划分为多种不同的模式，如图4-12所示。

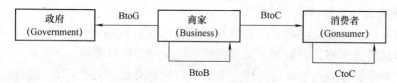

图 4-12 电子商务模式

下面列出常见的 4 种电子商务模式：

1. BtoC 模式

BtoC（Business-to-Consumer）模式是指企业对消费者的电子商务模式，也就是通常所说的电子化的在线商业零售，即网上购物。它直接面向消费者销售产品和服务，消费者通过网络进行网上购物并在网上支付。这种模式节省了客户和企业的时间和空间，提高了交易效率。随着 Internet 的普及，这类电子商务发展迅速。最具有代表性的国内 BtoC 电子商务模式网站有当当网（dangdang.com），全球最著名的 BtoC 电子商务网站是美国的亚马逊网上商店（amazon.com）。

2. BtoB 模式

BtoB（Business-to-Business）模式是企业对企业的电子商务模式，或者说是企业间的电子商务，即企业与企业之间通过 Internet 进行产品、服务及信息的交换。企业间通过网络交换信息，传递各种电子单证（如订单、发票、收付款通知等），从而使交易全程实现电子化和无纸化。BtoB 电子商务模式包括两种基本模式：一种是企业之间直接进行的电子商务（如制造商的在线采购和在线供货等）；另一种是通过第三方电子商务交易平台进行的商务活动。BtoB 模式是目前应用最广泛的一种，随着竞争的日益加剧，企业需要用电子商务来改善竞争条件，建立竞争优势。企业为寻求自身发展必将努力改善电子商务运行环境，从动态的角度看，BtoB 电子商务必将有较大发展。典型的 BtoB 电子商务网站有阿里巴巴（china.alibaba.com）、慧聪（hc360.com）、金银岛（315.com.cn）等。

3. CtoC 模式

CtoC（Consumer-to-Consumer）模式是消费者对消费者的电子商务模式，通过为买卖双方提供一个在线交易平台，使卖方可以主动提供商品上网拍卖，而买方可以自行选择商品进行竞价。随着 Internet 用户的高速增长，外部条件也日趋成熟，CtoC 日益蓬勃发展。典型的 CtoC 电子商务网站有淘宝网（taobao. com）、易趣网（eachnet. com）等。

4. BtoG 模式

BtoG（Business- to- Government）模式是企业对政府的电子商务模式，指的是企业与政府之间进行的电子商务活动。例如，政府将采购的细节在 Internet 上公布，通过网上竞价方式进行招标，企业也可通过电子方式进行投标。因此，政府可以通过这种方式树立政府形象，通过示范作用促进电子商务的发展。此外，政府还可以通过这类电子商务实施对企业的行政事务管理，如政府用电子商务方式发放进出口许可证、开展统计工作，企业可以通过网络办理交税和退税等。我国的金关工程就是通过该模式建立的以外贸为龙头的电子商务框架，并促进了我国此类电子商务活动的开展。

4.5　ERP 的扩展与 ERP Ⅱ [⊖]

4.5.1　ERP 的扩展

伴随经济全球化进程的不断加快和计算机网络技术的不断发展，信息系统在企业中的应用也不断变革。ERP 逐步与 CRM 和 SCM 整合，有效地实现了企业与供应商和客户信息的自动交互，提高了整个采购环节和客户关系管理的效率。此外，ERP 还可与第三方的 BtoB 网站全面链接，实现网上订货，及时提供产品，优化服务，减少中间成本，提高企业的市场竞争力。因此，ERP 在许多领域同其他的管理思想相互结合，便产生了许多的发展方向。

1. ERP 与 EC 的有机集成

在电子商务环境下，ERP、SCM 和 CRM 是企业信息系统的重要组成部分。为了使企业的业务处理流程更加连贯，增强企业对市场的响应能力和市场竞争力，如何成功地把这些系统有效地集成在一起并高效率地运行是目前急需解决的突出问题。

当前 ERP 系统的应用还主要是企业内部处理过程的集成，如财务、人力资源、订单管理以及制造和分销等，而很少涉及对企业外部的供应商和客户的管理；SCM 对供应链上的有关信息进行管理，而很少涉及企业内部的经营活动；CRM 是以客户需求为中心来组织推动整个企业的经营，其主要功能是记录客户与企业的交往和交易，并将有可能改变客户购买行为的信息加以整理和分析，同时进行商业情报分析，了解竞争对手、市场和行业动态。因此，需要在 ERP 系统的基础上融入 SCM 的功能，做到一个企业内外部信息的集成。然后，基于 Internet 技术在电子商业环境下将电子商务（EC）、交易管理（TM）和客户关系管理（CRM）加入到 ERP 之中。集成后的 ERP 系统不再局限于单个企业实体，而把重点转向以客户为中心，基于供应链进行管理。所以，ERP 的内涵发生了深刻的变化，传统 ERP 中的资源 R（Resource）被代表企业与供应商和客户之间的关系 R（Relationship）所取代。传统 ERP 中的计划 P（Planning）被管理 M（Management）所取代，ERP 将会发展为企业关系管理（Enterprise Relation Management，ERM）。ERM 系统的结构如图 4-13 所示。

⊖　本节部分资料参考 http：//erp. amteam. org/

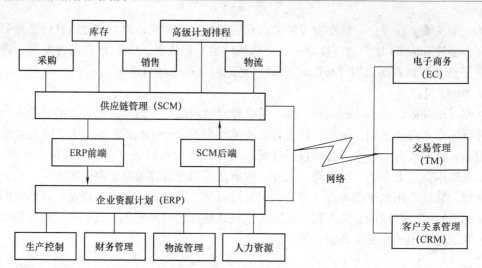

图 4-13　ERM 系统的结构图

2. ERP 的 Internet 发展

Internet 的技术特性在与 SCM、CRM 等新型业务模式相结合以后,充分显示出了它不可替代的优势。Internet 应用不仅可以改善供应链中各部分间的沟通,提高供应链效率,更重要的是 Internet 将会改变供应链的结构,对现有的销售及服务体系进行重组。Internet 还能使为每个客户提供个性化服务成为现实,甚至包括提供网上的自助式服务。Internet 的应用已经深入到企业和个人生活的方方面面。基于 Internet 的计算环境和 Java 技术平台促使了新一代 ERP 的产生,即网上的企业资源计划(iERP)。从长远看,Internet 与 ERP 结合的深度将从目前在网上管理业务数据,发展到将来直接开办网上业务。从最近几年 SAP 推出的 MySap. com 和 Oracle 推出的 Oracle 11i 都可以看出各大 ERP 供应商正在朝这个方向发展。

iERP 的开发基于 B/S 结构,它由客户端、Web 服务器、数据库服务器和应用服务器组成。其中,客户端仅安装浏览器,应用程序安装在应用服务器上,Web 服务器负责向外发布信息,数据库服务器负责对数据的存取。由于 iERP 的业务逻辑均集中在服务器上,对不同服务器的适应能力可以解决 ERP 对平台的依赖性,实现平台的多元化。面向 Internet 的计算环境还可以将维护工作集中在服务器一端,有效地降低系统的维护费。

3. ERP 的模块化发展

为了满足企业个性化管理的需要,ERP 系统在设计和开发过程中要保证各子系统、子系统中的各项功能,甚至每一个应用程序的高度模块化。只有这样才可以实现对系统的自由剪裁和重新配置。对 ERP 系统的剪裁不仅是对子系统的取舍,还包括对子系统内部各项功能的剪裁。这样可以达到根据大、中、小型用户的不同需求配置系统的目的。ERP 产品开发能够体现出开发者的管理思想。

ERP 的开发有两种模式可供选择,一种模式是坚持最佳业务实践,所谓的最佳业务实践,就是希望从成功企业的管理模式和业务流程中提炼出精华,体现到管理软件中去。这种软件往往大而全,企业在实施时一般要先做业务流程重组(BPR),然后再进行 ERP 系统的安装调试,因此,这种软件对企业的要求也比较高。另外一种模式是追求模块化,在开发时把 ERP 分成很细的一些模块,用户可以自由选择,并随时追加。这种 ERP 系统的功能没有前一种那么全，但留给用户更大的空间。它们往往提供灵活的应用程序接口，实施商可以根据不同用户的要求进行二次开发，为每一个用户提供量身定做的解决方案。而且，当用户的经营环境和业务模式改变时，ERP 系统本身也可以轻松地被加以改装，适应新的要求。

4. ERP 的商业智能化

ERP 正朝向具备商业智能（Business Intelligence）的信息系统方向发展，以便使决策者能在更短时间内得到有效的信息，即时回应市场的变化。要达成即时商业智能的目标，信息系统必须跨组织整合最新资料，计算关键绩效指标。这些即时绩效指标可与企业计划目标比较，差距过大时，管理者需要采取适当对策。让企业的最高管理者轻易获取第一手即时信息，快速解决棘手的商业问题，这就是商业智能系统的根本目的。

4.5.2　ERP Ⅱ

1. ERP Ⅱ 的概念

ERP Ⅱ（Enterprise Resource Planning Ⅱ）是 2000 年由 Gartner Group 在原有 ERP 的基础上扩展后，提出的新概念。为了区别于 ERP 对企业内部管理的关注，引入了"协同商务"（Collaborative Commerce 或 C-Commerce）的概念，它是指企业内部人员、企业与业务伙伴、企业与客户之间的电子化业务的交互过程。为了使 ERP 流程和系统适应这种改变，企业对 ERP 的流程以及外部的因素提出了更多的要求，ERP Ⅱ 利用开放的架构及将数据分配设计扩展，以支持公司对内及对外的协同流程、协同方案，为商业价值链上的每一位参与者随时取得所需的功能及信息。Gartner 给 ERP Ⅱ 的定义是："ERP Ⅱ 是通过支持和优化企业内部和企业之间的协同运作和财务过程，以创造客户和股东价值的一种商务战略和一套面向具体行业领域的应用系统。"

从技术上来说，ERP Ⅱ 包括了企业资源规划（ERP）系统及其他围绕 ERP Ⅱ 系统所出现的各个模块的功能活动。这些功能活动普遍包括：管理、决策、培训、沟通、人事等。所有这些模块及功能都要和平共存才能建立一个 ERP Ⅱ 方案。通过 ERP Ⅱ 系统中的接口把整个 ERP Ⅱ 方案凝固。ERP Ⅱ 与 ERP 的主要区别是引入了协同商务，强调企业注重深度行业专业分工和企业之间的交流，而不仅仅是企业内部业务过程管理。ERP Ⅱ 系统包含 6 个基本特征，分别从业务、应用和技术方面定义了其战略取向。

1）ERP Ⅱ 的作用：从传统 ERP 的资源优化和业务处理扩展到利用企业间协作运营的资源信息，并且不仅仅是电子商务模式的销售和采购。

2）领域：ERP Ⅱ 的领域已经扩展到非制造业。

3）功能性：超越传统通用的制造、分销和财务部分，而扩展到那些针对特定行业或行业段的业务。

4）业务处理：从注重企业内部流程管理发展到外部联结。

5）系统结构：与单调的 ERP 系统结构不同，ERP Ⅱ 系统结构是面向 Web 和面向集成设计的，同时也是开放的、组件化的。

6）数据处理方式：与 ERP 系统将所有数据存储在企业内部不同，ERP Ⅱ 面向分布在整个商业社区的业务数据进行处理。

可以看出，除了系统结构的不同之外，ERP Ⅱ 的这些特征代表了传统 ERP 的扩展。

图 4-14 清晰地展示了从 ERP 到 ERP Ⅱ 的发展趋势，另外也从技术层面说明了 ERP 和 ERP Ⅱ 的不同之处。

2. ERP Ⅱ 的发展

对用户和供应商双方来说，ERP Ⅱ 提供了巨大的机会，但实现的道路却是艰难的。对企业来说，ERP Ⅱ 将能够提供更广泛、更深层次的功能，比如协同商务，但需要改变业务流程和系统。对于大多数用户，都将是从 ERP 系统多步升级发展到 ERP Ⅱ。虽然供应商提供这些升级，但用户会发现几乎不可能做到持续不变的业务流程和系统的稳定性。

ERP Ⅱ 提供给 ERP 供应商一个在已经贫瘠的市场中成长的机会，但对大多数的供应商来说，ERP Ⅱ 意味着采用新技术并扩充功能的新版本，任务之巨大预示着很多供应商无法实现这种转变。Gartner Group 指出，近年来 ERP 仍然呈现出高速增长的势头，并为越来越多的企业所重视和应用，如今，ERP 产品供应商正向 ERP Ⅱ 行业进军。

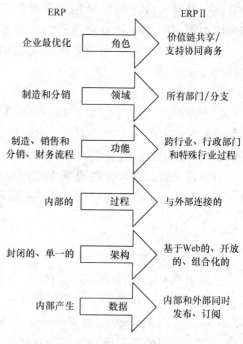

图 4-14　ERP 与 ERP Ⅱ 的比较

综合案例：联想电子商务分析

作为电子商务的前期工作，首先是软件基础建设方面。联想开始建设企业核心的业务管理应用系统和电子商务网站。为了整顿内部管理，提高工作效率，联想开始考虑实施 ERP，它是企业实施电子商务最基础、最核心的支撑系统。

通过 ERP 系统的实施，联想在企业信息功能和结构方面制定了统一的业务标准，建立了统一的信息平台，并利用这个平台，对整个公司的信息流进行统一的规划和建设。公司的财务管理、销售管理、库存管理等多个环节被集成在一个信息系统里，减少了数据冗余，并且使信息流动更加有序和安全。由于系统高度集成，从而使用户订单、库存、采购等业务流程中的数据能够实时更新，并能在用户之间集成和共享，同时又降低了运作成本，提高了盈利水平和工作效率。例如，财务结账日由原来的 20 天降低到 1 天，仅财务结算项目成本就减少了 9 成。

在加强内部信息化建设、实施 ERP 的同时，联想也没有忽视自身品牌的宣传和企业形象的树立。为了及时向外发布企业信息，让越来越多的人了解企业，联想还建立了实现互动的外部网站，在电子商务领域内迅速占领了一席之地。外部网站既是企业对外进行品牌宣传、信息和产品发布的窗口，也是企业进行电子商务、电子服务的必需工具。由于联想网站的用户访问请求响应速度快，页面设置合理，内容丰富多彩，不仅吸引了大量用户，而且还大大提高了品牌的知名度，及时地树立了企业的电子商务形象。

这时，联想的电子商务已经具备了基本框架，有网络硬件和信息环境作基础，有 ERP

完善企业内部管理以及电子商务网站作宣传。接下来，联想开始了电子商务的其他核心部分的设计，即 CRM 和 SCM 两个直接增值环节。

通过 CRM 系统构筑了客户信息数据库，建立企业与每一个用户之间一致的界面，用户的每一次访问（不论是 Web、电话还是现场）都被记录下来，用以分析他的使用需求和访问习惯，以便个性化地订制产品；企业不同部门的人对用户的拜访也被记录下来，用以了解用户全面的需求和心理。对于客户的咨询，只要使拨同一个电话就会自动转接到相关人员，而且此人能够立即获取已购设备用户以前的服务和维修记录，以便于向客户解答。也可以主动去了解用户对企业的需求和对产品的满意度，并有针对性地去提供他所愿意要的相关产品，从而大大提高企业的效率和客户满意度。

SCM 系统是在 ERP 基础上构筑的能和前端客户，以及后端供应商互动的系统，用以实现产品供应的通畅、合理、高效，既满足供应，又不积压库存，保持供应的高弹性。比如联想的第三代电子商务系统，将企业和代理商紧密地联系在一起，代理商可以通过 Web 了解到当前各种产品的供货周期、订单的执行情况、资金状况，而联想则可以即时了解各代理商每个产品的库存情况、销售情况，通过统计分析作出新的市场决策，大大提高了决策的准确性和时效性。同时，在此模块实施过程中，联想还将其中的应用成熟的模块，诸如网上订单处理、网上信用管理、网上支付提炼成 i-Order、i-Credit、i-Payment 这样的产品用以支撑自身的系统集成业务，给其他企业提供服务。

正是由于 CRM、SCM 等模块的实施，帮助联想实现了高效率、低成本，满足了客户个性化需求，提高了客户满意度。联想通过 E 化的方式，使产品设计和市场需要趋于一致，并缩短了企业和客户之间的距离，真正实现了电子商务更丰富的内涵。

案例来源：http://ec.yidaba.com/xxhgl/wlgl/2581583.shtml

本 章 小 结

本章主要对信息系统在企业的典型应用作简单介绍。阐述了企业资源计划（ERP）、客户关系管理（CRM）、供应链管理（SCM）、电子商务的基本概念和管理思想，并分别给出相应的系统应用，通过其应用成效理解和体会信息系统在企业的作用。

ERP 是在 MRP II 基础上发展起来的，建立在 IT 基础上，利用现代企业的先进管理思想，全面地集成企业的所有资源信息，并为企业提供决策、计划、控制和经营业绩评估的全方位和系统化的管理平台。其核心思想是实现对企业资源的集成管理。

CRM 通过管理与客户间的互动，努力减少销售环节，降低销售成本，发现新市场和新渠道，提高客户价值、客户满意度、客户利润贡献度、客户忠诚度，实现最终效果的提高。CRM 的理念要求企业完整地认识整个客户生命周期，提供与客户沟通的统一平台，提高员工与客户接触的效率和客户反馈率。

供应链是企业从原材料和零部件的采购、运输、加工制造、分销直至最终送到顾客手中，这一过程所形成的环环相扣的链条。供应链是一种说明商品生产供需关系的系统工具。供应链管理就是通过对供应链各节点成员间信息流、物流、资金流的管理来获得最大供应链盈利。

电子商务是基于 Internet 的，以电子数据为基础的买卖双方不谋面而进行的各种商贸活动。它实现消费者的网上购物、商户之间的网上交易和在线电子支付以及各种商务活动、交易活动、金融活动和相关的综合服务活动，是一种新型的商业运营模式。

伴随着经济全球化进程的不断加快和计算机网络技术的不断发展，信息系统在企业中的应用也不断变革。ERP 逐步与 CRM 和 SCM 整合，有效实现企业与供应商和客户信息的自动交互，提高整个采购环节和客户关系管理的效率。此外，ERP 还可与第三方的 BtoB 网站全面链接，实现网上订货，及时提供产品，优化服务，减少中间成本，提高企业的市场竞争力。

企业 ERP 日益与 CRM 和 SCM 相融合，并与电子商务整合为一个有机整体，ERP 的功能进一步丰富，并出现了 iERP 和 ERP Ⅱ 的概念及应用。

习　题

1. 简述基本 MRP 的逻辑流程。
2. MRP Ⅱ 的基本思想是什么？
3. 什么是 ERP？如何从管理思想、软件产品、管理系统三个层次认识 ERP？
4. 如何认识 ERP 与 MRP Ⅱ、MRP 之间的关系？
5. ERP 的管理思想是什么？其主要功能模块有哪些？
6. CRM 的产生背景是什么？
7. 什么是 CRM？如何理解 CRM 的功能层次？
8. 什么是供应链？其特征是什么？
9. 简述 SCM 的概念及其特征。
10. 描述 SCM 的框架。
11. "牛鞭效应"究竟会给企业造成什么危害？企业如何有效降低供应链管理中的牛鞭现象？
12. 如何理解电子商务的概念？
13. 电子商务的框架包括哪些主要的组成部分？电子商务有哪几种模式？
14. 搜索网络信息，了解 ERP 的扩展与 ERP Ⅱ 的概念。
15. 访问典型的、你熟悉的三家网上商店，分析以下问题：
（1）各自的商务模式是什么？分析该网店吸引你的原因。
（2）你在网上购买过什么商品？支付方式是什么？
（3）你认为目前网上购物主要存在哪些问题和不足？应该如何改进？

第5章
决策支持和商务智能

早期的管理信息系统，缺乏对企业组织机构中不同层次管理人员决策行为的支持。在实际工作中，特别是在辅助企业高层管理决策工作中，面对一些复杂的决策问题，管理信息系统往往显得无能为力。随着时代的进步，一方面，计算机和通信技术的迅猛发展使得数据的获取、存储、处理和传播更为迅捷，成本也大大降低。另一方面，管理科学和人工智能的迅速发展，如运筹学、数理统计、模式识别、系统论等都有很大的进步，这些有利条件促进了信息系统的发展和演化，使得信息系统成为支持或辅助决策的重要工具。

本章从介绍决策及其相关的知识入手，介绍了决策支持系统、群体决策支持系统和专家系统。详细介绍了商务智能的基本概念，以及实现商务智能的三种技术：数据仓库、联机分析处理和数据挖掘。

5.1　决策与决策支持系统

5.1.1　决策及其相关知识

决策即作出重大决定，是决定战略或策略问题，它是人们在工作和社会生活中普遍存在的一种活动。决策在社会、经济、军事、企业、团体甚至个人生活中都占有十分重要的地位，是维持事务正常运行的关键环节。管理就是决策，决策贯穿管理活动的始终，是所有管理活动的基础。管理的过程主要是决策及其实施的过程。掌握现代决策思想、方法和技术，提高决策能力是成功管理的重要条件。由于决策问题的范围和规模越来越大，越来越复杂，变化越来越快，迫切要求引进科学决策方法，以提高决策水平。

1. 决策的概念

决策一词的意思就是作出决定或选择。它是指人们为了达到某个目标，在占有大量调研预测资料的基础上，运用科学的理论和方法，充分发挥人的智慧，系统地分析主客观条件，从若干可能的方案（途径）中进行选择和实施一个最佳的执行方案的分析过程。简单地说，就是从若干可能的方案中选择一个最佳方案。决策涉及人类生活的各个领域，人和集体的各种行动都受决策的支配，它有意识地指导人们的行动走向未来预定的目标。由此可见，决策定义的内涵包括：

1）决策总是为解决某一问题而作出的决定，是为了达到某个确定的目标而进行的管理活动，如果没有目标就没有方向，也无法进行决策。

2）决策是在有风险或不确定性情况下制订决策的定量分析方法，是对影响决策的诸因素作逻辑判断与权衡。

3）决策是从多种可供选择的方案中作出的选择，如果没有比较，没有选择，那么就没有决策。

4）决策的目标是寻找最优方案，但往往受客观条件的限制，决策遵循的是满意原则，而不是最优原则。

5）决策是面向未来的，要作出正确的决策，就要进行科学的预测。

2. 决策的过程

决策科学先驱西蒙（H. A. Simon）教授在著名的决策过程模型论著中指出：以决策者为主体的管理决策过程经历情报、设计和抉择三个阶段。后来，西蒙在他的决策过程模型中又增加了决策实施后的评价阶段，但仍强调前三个阶段是决策过程的主要部分。现在，我们把决策过程的 4 个阶段分为情报活动阶段、设计活动阶段、选择活动阶段和实施活动阶段，并称为决策过程模型的 4 个阶段。

（1）情报活动阶段（发现问题）

情报活动阶段的任务是发现或识别问题、需求或机会。主要是搜集组织所处环境中有关经济、技术、社会各方面的信息以及组织内部的有关情况，发现和解释那些需要引起注意的一些情况的征兆。这些征兆可能以各种形态出现，如老顾客对新产品的需求、新竞争对手带来的威胁、销售量下降、生产成本上涨等。情报的收集应该尽可能全面，而且要真实，否则对以后的决策会有误导作用，极有可能作出错误的决策。

（2）设计活动阶段（找出可行性方案）

在确定目标的基础上，依据所搜集到的信息编制可能采取的行动方案。在一般情况下，实现目标的方案不只一个。而决策的根本在于选择，被选方案的数量和质量对于决策的合理性有很大的影响，因此，要尽可能提出多种方案，避免漏掉好的方案，为了探索可供选择的方案，有时需要研究与实现目标有关的各种限制性因素。

（3）选择活动阶段（选择一个最适合的方案）

从各种可能的备选方案中，针对决策目标选出最合理的方案，是决策成功或失败的关键阶段。在选择方案时，首先要确定选择的标准，而且对各种方案应该保持清醒地估计，并对每个方案的利弊加以评价，评价每个方案的实施结果，使决策保持一定的伸缩性和灵活性。方案的选取可能要取决于多种因素，比如成本、实施的难易程度、对员工的要求等，要根据当时的情况和对未来的预测，从中选择最合适的一种方案。

（4）实施活动阶段

选定方案后，即可付诸实施。方案的实施是一个非常重要的环节，要制订一个合理的实施计划，包括对时间的分配，对人、财、物的分配等都要清晰具体。在执行决策中，还要做好决策的宣传工作，使组织成员能够正确理解决策，同时制订出一种有利于实现决策的气氛；而且还要收集实施过程中的情报，根据这些情报来进一步作决定是继续执行还是停止实施或修改后继续实施。

这 4 个阶段并不是顺序执行、一成不变的，而是在决策的某一阶段常常需要返回到前面的某个阶段，这种情况往往是非常有用而且是必须的。例如，在选择活动阶段选定了一个方案后，可能发现在设计活动阶段遗漏了另一个可选方案，于是需要返回到设计活动阶段，将这个新发现的方案加入其中，然后再回到选择活动阶段，比较这个新方案和其他方案的优劣。

3. 决策问题的类型

按决策的层次分：战略决策、战术决策；按决策的目标分：单目标决策、多目标决策；按决策的动态性分：静态决策、动态决策；按决策的阶段分：单阶段决策、序贯决策；按参与决策主体多少分：单主体决策、多主体决策（群决策）；按决策主体理性程度划分：完全理性决策和有限理性决策；按照决策问题的结构化程度不同，可将决策划分为三种类型：结构化决策、半结构化决策和非结构化决策。

（1）结构化决策

结构化决策也称为程序化决策，结构化决策问题相对比较简单、直接，其决策过程和决策方法有固定的规律可以遵循，能用明确的语言和模型加以描述，并可依据一定的通用模型和决策规则实现，其决策过程可基本自动化。多数管理信息系统能够求解这类问题，如企业的订货和物资供应等，通常可用运筹学、计算机仿真和管理信息系统等来解决。更确切地讲，结构化决策是一种对决策包括的 4 个阶段（情报、设计、选择和实施）的输入、输出和内部程序能够确定的决策，每一个决策阶段都可称为结构化决策阶段。

选择一种新的打包机所进行的结构化决策

一位生产微波炉的工厂厂长说："我必须为我们现有的产品选择一种新的打包机，市场上的打包机只有两种，它们与我们正使用的打包机都很相似，能满足生产的需求。这两种机器上市都已经几年了，业界认为是比较可靠的。我将选择根据五年期计算能给我们带来最佳税后收益现值的机器。这就要求我们从生产者那里搜集每种机器的详细资料，诸如购买价格、运营费用等，并将这些信息用于公司会计部门发布的进行此类决策所遵循的公式，然后，我就可以订购选中的机器，并通知生产部门的领班机器应该何时送到。"

从上面的例子看出，对这种结构化决策问题，原有的经验和知识对问题决策有较大的帮助，可以通过"业界认为是比较可靠的"、"最佳税后收益现值"和"会计部门发布的进行此类决策所遵循的公式"来决策选用哪一种打包机。

案例来源：李志刚，等. 决策支持系统原理与应用. 北京：高等教育出版社，2005

（2）非结构化决策

非结构化决策问题的决策过程复杂，其决策过程和决策方法没有固定的规律可以遵循，没有固定的决策规则和通用模型可以依据，决策者的主观行为（学识、经验、直觉、判断力、洞察力、个人偏好和决策风格等）对各阶段的决策效果有相当的影响，往往是决策者根据掌握的情况和数据临时作出决定。非结构化决策的所有 4 个决策阶段也都是非结构化的决策。在这种情况下，往往不能确定每个阶段的输入、输出或内部程序，这可能是因为决策问题太新或太难，即使对其认真地加以研究也无法得出准确的答案。尽管如此，利用决策支持系统和计算机仍可帮助决策者作出非结构化决策，只不过给出的决策可能是不确切或不准确的，同时，将更多的过程留给了决策者。这类非结构化决策问题，在西蒙决策过程的前三个阶段中，它们需要借助人工智能的方法来解决，如聘用人员，为杂志选封面，为产品选定发展方向等。

为产品的发展方向作出的决策

一个生产彩电的企业，其 CEO 这样说道："我要就未来两年内产品的发展方向作出决策。来自销售人员的报告表明，我们的有些产品与竞争对手相比已经失去了吸引力，我们是仅对目前的产品加以更新、改造，还是重新开发全新的产品系列呢？对此我并不清楚。由于该项决策会对公司的其他部门产生影响，我必须同其他职能部门的经理进行协商，以听取他们的意见。我认为任何决策都要感觉上大体可行，新产品系列要为公司的长期、安全发展提供基础，同时，又不需要立刻投入大笔资金以免影响公司的短期生存能力。"

从上面的例子看出，这种非结构化决策问题，原有的经验和知识对问题决策不会有太大的帮助，也不能清楚地设计出解决问题的备选方案，而且决策者以前也未做过同样的决策，主要凭直觉和应变能力进行决策。

案例来源：李志刚，等. 决策支持系统原理与应用. 北京：高等教育出版社，2005

（3）半结构化决策

半结构化决策问题介于上述两者之间，其决策过程和决策方法有一定规律可以遵循，但又不能完全确定，即有所了解但不全面，有所分析但不确切，有所估计但不确定。这样的决策问题一般可适当建立模型，但无法确定最优方案，如开发市场，经费预算。

半结构化决策

股票市场的投资分析是一种半结构化决策，首先可以很容易地计算出财务比率，并运用公司以前的绩效指标数据。然而，我们还必须考虑关于公司的一些非结构化方面的因素，如预计的最初利率、社会失业率以及竞争等因素。

选择合适的工作也是一个半结构化决策。如果要选择合适的工作，则要考虑工资的情况，而关于工资标准的决策是结构化的。而其他标准则包括非结构化的方面，例如，哪种工作对你而言具有良好的机遇或前途，这是凭自己的直觉判断得出的。

案例来源：斯蒂芬·哈格，等. 信息时代的管理信息系统. 严建援，等译. 北京：机械工业出版社，2007

决策问题的结构化程度并不是一成不变的，当人们掌握了足够的信息和知识时，非结构化问题有可能转化为半结构化问题，半结构化问题也有可能向结构化问题转化，这是人们对客观事物不断提高认识的过程。通常认为，管理信息系统主要解决结构化的决策问题，而决策支持系统则以支持半结构化和非结构化问题为目的。

红旗公司的决策过程

（1）观察

红旗公司为食品加工行业生产专门的质量检测设备。总经理注意到最近向客户的交货延误似乎在增多。

（2）认知

过了一段时间，总经理听到了一位客户的私下抱怨，他已经两次受交货延误之苦。这是一位很重要的客户，总经理感到问题再也不能被置之不理了。

（3）设定目标

总经理把目标设定为减少延迟交货的次数。

（4）了解问题

总经理向生产部门的经理询问情况，生产部门的经理争辩说销售人员总是提出不切实际的交货承诺。而当他们得到大量的新订单时，却没有及时通知生产部门以使其有效地制订生产计划。

针对这种解释，总经理为销售人员进行了辩护。他指出，市场要求公司在交货方面具有很强的竞争力，并能对获得的新业务迅速作出反应，结果就使他们无法将可能的订单通知给生产部门。市场部经理认为真正的问题是生产能力方面的，生产部经理试图通过减少生产能力投资以降低单位成本，致使在满足交货时间方面失去了足够的灵活性。

总经理认定该问题属于沟通不畅，因为其下属的生产部和市场部在制订决策时未能及时掌握相关的信息。他分别给市场部经理和生产部经理写了便条，要求他们联合起来，寻找最优途径，以提高对当前活动的获知能力，特别要了解全部潜在客户的订货情况和交货的细节。

（5）确定方案

经过考虑，可供选择的方案如下：

方案1：安装一套全新的实时计算机系统。

方案2：要求所有销售人员在提出交货承诺之前与生产控制部核对无误。

方案3：每周五下午举行管理人员会议。

方案4：要求所有销售人员填报每周的"潜在客户"报告，详细说明最近从客户手中接受订单的可能性。

以上方案的任意结合也都是可行的。

（6）评估方案

每种备选方案根据它向各部门提供的信息的数量和质量，以及实施的时间成本和货币成本进行评估。所有方案的成本和收益都不能完全定量表示。

（7）选择方案

管理层认为，方案1的成本可能过高，方案4不可能搜集很多的有用信息。于是他们决定实施方案2和方案3。

生产部经理和市场部经理及其副手都要留出周五下午前两个小时的时间以参加例行的管理会议。市场部经理要求全部销售人员在报出交货日期之前，务必与生产控制部的指定人员核对，以确保无误。

（8）监督

新制度实行6个月之后，情况得到了明显改善，但总经理仍不十分满意。他再次与两个部门的经理协商后，重新将问题设定在生产组织的改造上，新的决策过程又开始了。

案例来源：李志刚，等. 决策支持系统原理与应用. 北京：高等教育出版社，2005

123

5.1.2 决策支持系统

决策支持系统（Decision Support System，DSS）产生于 20 世纪 70 年代，其产生的主要原因是社会经济活动的需要，另一个重要的原因是现代管理科学的发展。决策支持系统正是通过现代生产管理、管理科学和管理信息系统逐步发展起来的。

1. 决策支持系统的含义

美国的 Michael S. Scott Marton 在《管理决策系统》一书中首次提出了"决策支持系统"的概念，从而开始了 DSS 的研究和开发。从狭义上讲，决策支持系统是一种高度灵活且具有良好交互性的，主要用于对半结构化和非结构化问题的决策提供辅助支持的信息系统。它是管理信息系统（MIS）向更高一级发展而产生的先进信息管理系统。它为决策者提供分析问题、建立模型、模拟决策过程和方案的环境，调用各种信息资源和分析工具，帮助决策者提高决策水平和质量。

决策者的能力则主要体现为其经验、直觉、判断能力、对问题的洞察能力以及有关决策因素的知识；而信息技术的优势在于其对复杂问题的高速、快捷的处理能力和超大的信息储存能力，能够帮助决策者产生决策时所需要的有用信息。虽然信息技术能提供强大的功能，但对决策者来说，要想得到问题的解答，还必须弄清楚到底需要哪类信息、如何处理这些信息以及处理后的结果以什么样的形式展现等问题。决策支持系统将决策者具有的经验、直觉、判断能力等和信息技术本身特定的功能联系在一起，使二者都能发挥各自的优势，如表 5-1 所示。

表 5-1　决策者与决策支持系统的结合

决策者的优势	决策支持系统的优势	信息技术的优势
经验	提高生产率	速度
直觉	增进理解	信息
洞察力	加快速度	处理能力
判断力	提高灵活性	存储能力
知识	减少问题的复杂性	
	降低成本	

注："表 5-1 决策者与决策支持系统的结合"引用于：斯蒂芬·哈格，等. 信息时代的管理信息系统. 严建援，等译. 北京：机械工业出版社，2004

实际上，决策支持系统的主要功能就是通过将决策者的知识技能与信息技术的强大功能相结合，使决策者能更迅速地响应市场的变化以及更高效地管理资源，从而加强决策者的洞察力以对决策者提供帮助，改善决策者的决策效果。

2. 决策支持系统和管理信息系统的关系

决策支持系统不同于传统的管理信息系统。早期的管理信息系统主要为管理者提供预定的报告，而决策支持系统则是在人机交互的过程中帮助决策者探索可能的方案，为管理者提供决策所需的信息。

由于支持决策是管理信息系统的一项重要内容，决策支持系统无疑是管理信息系统的重要组成部分。同时，决策支持系统以管理信息系统管理的信息为基础，是管理信息系统功能上的延伸。从这个意义上，可以认为决策支持系统是管理信息系统发展的新阶段，是把数据库处理与经济管理数学模型的优化计算结合起来，是具有管理、辅助决策和预测功能的管理信息系统。管理信息系统和决策支持系统各自代表了信息系统发展过程中的某一阶段，但至今它们仍在不断地发展之中，而且存在相互影响的关系。

3. 决策支持系统的特征

通常认为决策支持系统必须具有如下的特征：

1）面向组织中上层管理人员，经常面临的是半结构化和非结构化问题，这些问题不能通过标准定量方法和工具来解决。

2）把模型和分析技术与传统的数据存储技术及检索技术结合起来，提供多种可供决策的行动方案和可能的结果，供决策者判断。

3）用户友好、较强的图形功能以及自然语言的交互式人机用户界面能够极大地增加DSS的有效性。

4）强调对环境及用户决策方法改变的灵活性及适应性。决策制订者需要快速反应，能够快速面对变化的环境，并使用DSS适应这些变化；DSS是灵活的，用户可以增加、删除、合并、改变或重新安排系统的基本部分。

5）支持但不是代替高层决策者制订决策，解决问题时决策制订者完全控制决策制订过程的各个阶段。

6）充分利用先进的信息技术快速传递和处理信息。

4. 决策支持系统的构成

20世纪70年代，DSS大都是由模型库、数据库及人机交互系统三个部件组成的两库系统，它被称为初阶决策支持系统，例如，Portfolios Management、支持企业短期规划的Projector。80年代初，DSS增加了知识库与方法库，构成了三库系统或四库系统。80年代后期，人工神经元网络及机器学习等技术的研究与应用为知识的学习与获取开辟了新的途径。专家系统（ES）与DSS相结合，从而充分利用专家系统定性分析与DSS定量分析的优点，形成了智能决策支持系统（IDSS），提高了DSS支持非结构化决策问题的能力。近年来，DSS与计算机网络技术结合构成了新型的能供异地决策者共同参与进行决策的群体决策支持系统（GDSS），为了支持范围更广的群体，包括个人与组织共同参与大规模复杂决策，人们又将分布式的数据库、模型库与知识库等决策资源有机地集成，构建了分布式决策支持系统（DDSS）。

DSS部件之间的关系构成了DSS的系统结构，系统的功能主要由系统结构决定。具有不同功能特色的DSS，其系统结构也不同。目前DSS的系统结构大致有两大类：一类是以数据库、模型库、方法库及对话管理等子系统为基本部件构成的多库系统结构；另一类是以自然语言、问题处理、知识库等子系统为基本部件构成的系统结构。下面将介绍多库系统的结构。

（1）三角式结构

三角式结构是由数据库、模型库、方法库等子系统与对话管理子系统构成三角形分布的结构，也是DSS最基本的结构，其逻辑结构如图5-1所示。

用户界面子系统是DSS中用户和计算机的接口，用户也是这个系统的一部分。研究者认为，DSS特有的贡献部分来源于计算机和决策制订者之间广泛的互动，大多数新的DSS应用都运用基于Web的界面。

数据库管理子系统是存储、管理、提供与维护用于决策支持的数据的 DSS 基本部件，是支撑模型库管理子系统及方法库管理子系统的基础。数据库管理子系统由数据库、数据库析取模块、数据目录、数据库管理系统及数据查询模块等部件组成。DSS 数据库中存放的数据基本上能直接为决策所使用，而能对决策起作用的数据才是真正意义上的信息，即经过加工的数据。

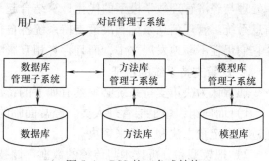

图 5-1　DSS 的三角式结构

这些数据来源于具体的业务信息系统的数据库，也称作源数据库。数据库析取模块负责从源数据库提取能用于决策支持的数据，析取过程是将源数据加工成信息的过程，是选择、浓缩与转换数据的过程。

模型库管理子系统是构建和管理模型的计算机软件系统，它是 DSS 中最复杂与最难实现的部分。模型库管理子系统主要由模型库和模型库管理系统两大部件组成。模型库是模型库子系统的核心部件，用于存储决策模型。模型库中的模型可以根据其职能领域（如财务模型、生产控制模型）或学科（如统计学模型、管理科学）分类，DSS 中模型的数量从几个到几百个不等，这些模型为 DSS 提供了分析功能，能够调用、运行、修改、组合和检查模型是 DSS 区别于其他计算机信息系统的关键功能。

方法库管理子系统是存储、管理、调用及维护 DSS 各部件要用到的通用算法、标准函数等方法的部件。方法库中的方法一般用程序方式存储。它通过描述外部接口的程序向 DSS 提供合适的环境，使计算过程实行交互式的数据存取，从数据库选择数据，从模型库中选择模型，从方法库中选择算法，然后根据模型的结构将数据和算法结合起来进行计算，并以直观清晰的呈现方式输出结果，供决策者使用。方法库内存储的方法程序一般有：排序算法、分类算法、最小生成树算法、线性规划、动态规划、各种统计算法等。

（2）多库结构

在上述基本三库结构的决策支持系统的基础上，增加知识库（问题求解的专门知识，这些专门知识可由 ES 或其他智能系统提供）构成四库系统，基于知识的 DSS 其功能大为增强，它不仅利用模型，而且也利用知识，通过计算机进行分析或模拟以及推理，并对其结果作必要的解释（包括多大的可能性），以协助决策者解决多样化和不确定性的决策问题（即非结构化决策问题）。

也有人又在上面"四库"的基础上增加了"思想库"、"文本库"，从而构成"五库"、"六库"结构。

农业银行资金财务分析决策支持系统

中国农业银行是我国的四大国有银行之一。为了深化体制改革，加强基础管理，健全内控机制，加快信息化建设的步伐。农业银行业务系统的更新换代刚刚完成，业务系统的规范化已经实现，但始终无法解决的是如何有效利用现有的信息为分析和决策提供强有力的支持，落后的分析手段与业务的高度信息化和快速发展形成了强烈的反差，建立先进的决策支持系统成为必然之选。为此，农业银行建立了资金财务分析决策支持系统。该系统的目标是：基于数据仓库、联机分析、数据挖掘等技术，为农业银行总行营业部资金财务部的分析和决策提供一个易用、灵活、快速并集成了分析、统计、汇总报表及数据挖掘的新一代商业智能系统。

农业银行已经建立了完备的业务系统，有了比较可靠的信息技术应用基础。同时，积累了相对丰富的历史数据，这就为商业智能系统的实施奠定了基础。可以利用这些宝贵的历史数据为银行服务，包括从历史数据中发现金融市场的发展规律、预测业务未来的变化趋势、洞悉业务经营的状况、预测和监控风险、辅助决策者发现新的利润增长点、优化银行的资金配置、帮助银行更加稳健地实现银行的管理和经营目标。

具体来说，农业银行资金财务分析决策支持系统可以达到以下目标：第一，为总行营业部建立数据仓库，以整合来自新一代会计系统的数据，保证数据的一致性、准确性，为决策支持系统奠定良好的基础。第二，为总行营业部资金财务部的管理人员提供一个能够对业务运营状况作深入地分析、统计以及数据挖掘的工具。第三，为总行营业部资金财务部的业务人员提供强大的报表工具，显著提高总行营业部、资金财务部 IT 系统在分析、统计、报表方面的效率和速度。

案例来源：天极网．http：//www.yesky.com/55/1876555.shtml

5.1.3　群体决策支持系统

1. 群体决策的含义

随着时代的发展，决策者面临的内外部环境日益复杂多变，许多问题的复杂性不断提高。相应地，要求综合许多领域的专门知识才能解决问题，这些跨领域的知识往往超出了个人所能掌握的限度。另外，决策者个人的价值观、态度、信仰、背景也有一定的局限性，而且决策相互关联的特性客观上也要求不同领域的人积极参与，积极提供相关信息，从不同的角度认识问题并进行决策。从而，使群体决策受到重视并获得迅速发展。

群体决策是指多人共同讨论问题，提出解决问题的若干方案，并通过对这些方案进行评价，选择可用的方案，最后作出决策。其中，参与决策的人组成了决策群体。一般来说，群体决策问题都是非结构化问题，很难直接用结构化的方法提供支持。

2. 群体决策支持系统的概念

支持群体决策的系统称之为群体决策支持系统（Group DSS，GDSS），即通过计算机技术、通信技术把有关同一领域、不同方面或相关领域的各个决策支持系统集成在一起，使其互相通信、互相协作形成一个功能十分全面的决策支持系统。群体决策支持系统是由一组决策人员作为一个决策群体同时参与决策会话，从而得到一个较为理想的决策结果的计算机决策支持系统。

GDSS 是对个体决策支持系统的扩展，是为群体决策活动提供支持的信息系统，它促进具有共同责任的群体求解半结构化和非结构化决策问题。群体决策支持系统使多个决策参与者共同进行思想和信息的交流，群策群力，寻找一个令人满意和可行的方案。GDSS 从 DSS 发展而来，通过决策过程中多个参与者的参加，使得信息的来源更加广泛。

3. 群体决策支持系统的组成

GDSS 在计算机的基础上，由个人 DSS、规则库子系统、通信库子系统、共享数据库、模型库、方法库、公共显示设备等部件组成。一种较有代表性的 GDSS 的框架结构如图 5-2 所示。与个人 DSS 相比，GDSS 必须建立在一个局域网或广域网上，在构件上增设了规则库、通信库、共享的公共数据库、模型库及方法库。

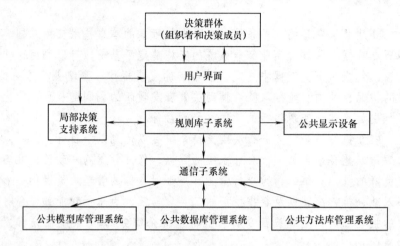

图 5-2　一种典型的群体决策支持系统的构成框架图

GDSS 一般以一定的规程，如正式会议或虚拟会议的方式运行，会议由一个主持人及多个与会者围绕一个称为"主题"的决策问题，按照某种规程展开。用户界面接收决策群体的各种请求，这些请求包括主持人关于会议要求与安排的发布请求，与会者对数据、模型、方法等决策资源的请求等。通信库子系统相当于会议的秘书处，是系统的核心，它存储与管理主题信息、会议进程信息及与会者的往来信息，负责这些信息的收发，沟通与会者之间、与会者与公共数据库、模型库与方法库之间的通信。公共显示设备的信息也由通信库子系统传送至各参会者的站点。规则库子系统存储与管理群体决策支持的运作规则及会议事件流程规则等，例如，决策者请求的优先级别规则、决策意见发送优先级规则及各种协调规则等。

GDSS 的组成比个人 DSS 要复杂得多。GDSS 可以支持群体决策，也可以支持个人决策，DSS 可看做是 GDSS 的一个特例。

4. 群体决策支持系统的类型

根据决策问题所在组织的环境和人员的空间分布、决策周期的长短等因素，GDSS 大致可以有以下 4 种类型。

（1）单机分时系统的决策会议

单机分时系统的决策会议，又称决策室。决策者面对面地集于一室，在同一时间进行群体决策的情况。单机分时系统的决策会议的 GDSS 可设立一个与传统的会议室相似的电子会议室或决策室，备有大屏幕显示设备，显示各种决策方案、效用值及统计分析数据，供会议参加者讨论之用。决策者通过互联的计算机站点相互合作完成决策事务。单机分时系统的决策会议是相对较简单的 GDSS。

（2）局域网决策会议

局域网中各决策成员通过电子报文的形式进行通信，相互交流，共享存于网络服务器或中央处理机的公共决策资源，在某种规程的控制下实现群体决策。这种类型的 GDSS 的主要优点是可克服定时决策的限制，决策者可在决策周期内分散地参与决策。

（3）远程决策网会议

远程决策网会议充分利用广域网等信息技术来实现各决策成员之间的信息传送，从而支持群体决策，使决策参与者异时异地地共同对同一问题作出决策。

（4）计算机化电视决策会议

当各决策成员之间相距较远，而又必须举行决策会议进行讨论时，则可将广域网与电视会议结合在一起，形成计算机化电视决策会议系统，它适用于国际组织或跨国公司的定期联席会议。

群体决策和个体决策——勒温（lervon）的实验

第二次世界大战期间，由于战争所造成的经济困难，美国减少了对商业网点的食品供应量，同时为了补充食品的不足，又开始向居民供应大量由屠宰副产品制作的罐头，但却遭到了家庭主妇的抵制。为了找到说服家庭主妇的办法，勒温进行了一个实验。他把参加红十字会的妇女组成 6 个小组，每组 13～17 人。他对其中某些组采用传统的宣传形式，请人给她们宣传关于购买罐头的好处，并希望她们去购买；而对另外一些组则采用新的、让她们自己讨论的形式，认识购买罐头的重要性，并在此基础上作出群体决定。一周后，勒温进行了访问，调查她们对购买罐头的态度有多大转变，结果是听讲座的那些组里有 3% 的人改变了态度，而群体进行讨论的那些组则有 32% 的人改变了态度，去购买罐头。

案例来源：http://zfxy.nankai.edu.cn

5.1.4　专家系统

专家系统（Expert System，ES）是人工智能的一个重要领域。自 1968 年费根鲍姆等人研制成功第一个专家系统 DENDRAL 以来，经过几十年的科学研究，专家系统技术得到了迅速发展，已广泛地应用于医疗诊断、化学工程、语音识别、图像处理、金融决策、实时监控、分子遗传工程、信号解释、地质勘探、石油、军事等多种领域。其中，不少系统在性能上达到同领域专家的水平，产生了巨大的经济效益和社会效益。同时，也促进了人工智能基本理论和基本技术的研究与发展。

1. 专家系统的概念

由于各个应用领域的特点、人们研究专家系统的出发点、看待问题的观点和追求目标的不同，所以，对专家系统的定义存在不一致的看法。一般认为：

1）它是一个智能程序系统。

2）它具有相关领域内大量的专家知识。

3）它能应用人工智能技术模拟人类专家求解问题的思维过程进行推理，解决相关领域内的困难问题，并且达到该领域专家的水平。

概括地说，所谓专家系统是一种在相关领域中具有专家水平解题能力的智能程序系统，它能运用领域专家多年积累的经验与专业知识，模拟人类专家的思维过程，求解需要专家才能解决的困难问题。

例如，在医学界有许多医术高明的医生，他们在各自的工作领域中都具有丰富的实践经验。若把某一具体领域（如心脏病的诊断与治疗）的医疗经验集中起来，并以某种表示模式存储到计算机中形成知识库，然后，再把专家们运用这些知识诊治疾病的思维过程编成程序构成推理机，使得计算机能像人类专家那样诊治疾病，那么，这样的程序系统就是一个专家系统。

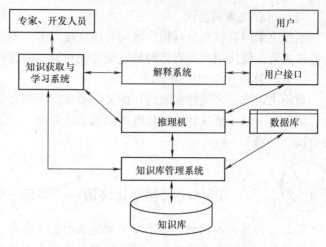

图 5-3　专家系统的一般体系结构

2. 专家系统的一般结构

一般来说，专家系统通常由知识库、知识库管理系统、推理机、数据库、知识获取与学习系统、解释系统和用户接口等部分构成。图 5-3 是专家系统的一般体系结构。

（1）知识库

知识库是经过分类组织的"知识的集合"，是数据库概念在知识处理领域的拓展。知识库以某种知识表示形式存放专家系统所需的各种知识。专家系统的问题求解过程是通过知识库中的知识来模拟专家的思维方式，因此，知识库中知识的质量和数量决定着专家系统的质量水平。一般来说，专家系统中的知识库与专家系统程序是相互独立的，用户可以通过改变、完善知识库中的知识内容来提高专家系统的性能。

在专家系统中经常运用产生式规则来表示知识。产生式规则以 IF…THEN…的形式出现，其中 IF 后接条件（前件），THEN 后接结论（后件），条件与结论均可以通过逻辑运算 AND、OR 和 NOT 进行复合。可以这样理解：如果前提条件得到满足，就产生相应的动作或结论。例如，在"动物识别"专家系统中有这样一条规则：

IF 该动物是哺乳动物 AND 是食肉动物 AND 是黄褐色 AND 身上有黑色条纹

THEN 该动物是虎．

在这条规则当中，IF 后面包含 4 个条件，只有 4 个条件都得到了满足，才能得出该动物是"虎"，反之就得不出这个结论。产生式专家系统的知识库中包含了大量的规则，换言之，这里的知识库就是一个规则集。

（2）知识库管理系统

知识库管理系统用于建立原始的知识库结构和初始数据，组织知识库中的内容，并对知识库进行例行维护。人类专家或专家系统管理员通过该子系统向知识库增加新知识，修改有关的数据，删除已过时的知识。

（3）推理机

推理机是专家系统的核心部分，其任务是模拟领域专家的思维过程，控制并执行对问题的求解。它能根据当前已知的事实，利用知识库中的知识，按一定的推理方法和控制策略进行推理，求得问题的答案或证明某个假设的正确性。

推理机的性能与构造，一般与知识的表示方式及组织方式有关，但与知识的内容无关，这有利于保证推理机与知识库的相对独立性。当知识库中的知识有变化时，无须修改推理机。

推理方式可以有正向推理和反向推理两种。正向推理是从前件匹配到结论，反向推理则先假设一个结论成立，看它的条件有没有得到满足。由此可见，推理机就如同专家解决问题的思维方式，知识库就是通过推理机来实现其价值的。

（4）数据库

数据库又称为"黑板"、"综合数据库"等，是一个动态的存储区域，用于存放专家系统运行过程中需要的各种数据，如用户提供的初始事实、问题描述以及系统运行过程中得到的中间结果、最终结果、运行信息等。例如，医疗专家系统的数据库存放当前患者的姓名、年龄、病情症状以及推理得到的初步诊断结果。

数据库的内容是不断变化的。在求解问题的开始时，它存放的是用户提供的初始事实；在推理过程中，它存放每一步推理所得到的结果。推理机根据数据库的内容从知识库中选择合适的知识进行推理，然后又把推出的结果存入数据库中。由此可以看出，数据库是推理机不可缺少的一个工作场所。同时，由于它可记录推理过程中的各种有关信息，又为解释机构提供了回答用户咨询的依据。

（5）知识获取与学习系统

知识获取与学习系统是专家系统中用于维护更新知识库的程序部分。专家系统自身通过推理过程或为完成推理在与用户的交互过程中，发现并学习新的知识，然后通过知识库管理系统更新知识库。同时，人类专家和系统开发人员也通过这个系统增加、删除或修改知识库的内容。

（6）解释系统

解释系统的功能是回答用户有关推理过程方面的问题，向用户解释说明专家系统的推理过程，推理过程中所使用的知识，所得结论的缘由、条件和结论之间的因果关系等。解释系统得出的结论既能使用户易于理解和信任，又是用户学习有关知识的一种方法。同时，它也是对推理方法进行评价和修改的依据。解释的内容通过用户接口输出。

（7）用户接口

用户接口是专家系统与用户进行交互的界面，是专家系统中完成系统与用户对话的程序部件。它直接面向用户，系统通过用户界面接收所求解问题的初始数据，并将推理结果及相关的解释输出给用户。

在以上组成部分中，知识库和推理机是专家系统的核心成分。

3. 专家系统的特征

一般来说，专家系统能够成功地解决领域内的各种问题，并能达到本领域专家的水平，必须具有专家水平的专业知识，而且这些专家知识一般涉及面比较窄，但有一定的深度和难度。在运用知识库进行求解的过程中，能够利用符号准确地表达领域内的信息和知识，并可以运用推理机制得到用户所需要的结果，并利用解释机制来加强用户对专家系统的接受程度。另外，系统自身应该具有自学习能力，能从系统的运行过程中不断总结经验，提取新知识，更换旧知识，自动地使知识库中的知识不断丰富和更新。为了使专家系统具有良好的可扩充性和维护性，一般把推理机构和知识库分开，并且相互独立。

4. 专家系统和决策支持系统的区别

专家系统是一种运用推理能力得出结论的人工智能系统。它非常适用于那些需要回答"发生了什么问题"的问题和那些需要回答"该做什么和该怎么做"的问题。

而运用决策支持系统时，用户必须对所处理的问题具有相当的专业知识和专业技能。决策支持系统是辅助用户进行决策的，这意味着用户必须知道如何对问题进行推理、应该提出哪些问题、如何得到答案以及如何进行下一个步骤。然而，专家系统自身就具有这些功能，用户只需要向专家系统提供需要解决问题的事实和征候即可。对于那些用以解决问题的技术或专业知识，则是由某领域内的专家提供的，而具有专业知识就意味着当某人具有既定问题的专业知识时，他不仅知道关于此类问题的许多事实，还可以应用专业知识来分析判断并解决相关问题。这正是专家系统需要获取的人类的专业知识。

MYCIN 专家系统

MYCIN 系统是由斯坦福大学建立的对细菌感染疾病的诊断和治疗提供咨询的计算机咨询专家系统。医生向系统输入病人的信息，MYCIN 系统对之进行诊断，并提出处方。

细菌传染疾病专家在对病情诊断和提出处方时，大致遵循下列 4 个步骤：①确定病人是否有重要的病菌感染需要治疗。为此，首先要判断所发现的细菌是否引起了疾病。②确定疾病可能是由哪种病菌引起的。③判断哪些药物对抑制这种病菌可能有效。④根据病人的情况，选择最适合的药物。

这样的决策过程很复杂，主要靠医生的临床经验和判断。MYCIN 系统试图用产生式规则的形式体现专家的判断知识，以模仿专家的推理过程。

系统通过和内科医生之间的对话收集关于病人的基本情况，例如，临床情况、症状、病历以及详细的实验室观测数据等。系统首先询问一些基本情况。内科医生在回答询问时所输入的信息被用于作出诊断。诊断过程中如需要进一步的信息，系统就会进一步询问医生。一旦可以作出合理的诊断，MYCIN 就列出可能的处方，然后在与医生作进一步对话的基础上选择适合于病人的处方。

在诊断引起疾病的细菌类别时，取自病人的血液等样品，在适当的介质中培养，可以取得某些关于细菌生长的迹象。但要完全确定细菌的类别经常需要 24 ~ 48 小时或更长的时间。在许多情况下，病人的病情不允许等待这样长的时间。因此，医生经常需要在信息不完全或不十分准确的情况下，决定病人是否需要治疗，如果需要治疗的话，应选择什么样的处方。因此，MYCIN 系统的重要特性之一是以不确定和不完全的信息进行推理。

为使内科医生乐于使用这个系统，MYCIN 具有以下特性：系统可以用英语和使用者进行对话，所以未经专门训练，医生就可以使用这个系统。系统具有解释能力，可解答使用者提出的问题，帮助使用者理解 MYCIN 是如何作出决策的。系统便于使用，它可以识别同义字，可以处理输入时单词的拼法错误等。

MYCIN 系统初始包含有 200 条关于细菌血症的规则，可以识别大概 50 种细菌。以后该系统又经过了扩展和改进，使其可以诊断和治疗脑膜炎。同时，又有人以 MYCIN 的控制机构和数据结构为基础发展了和应用范围无关的系统，称为 EMYCIN（Essential MYCIN），即专家系统开发工具。对 MYCIN 系统所作的正式鉴定表明，在对细菌血症和脑膜炎病人的诊断和选择处方方面，MYCIN 系统比传染病方面的专家高明。但到目前为止，系统还不能用于临床，其主要原因是系统缺乏传染病方面的全面知识。

案例来源：http://cai.csu.edu.cn/jpkc/rengongzhineng/rengongzhineng/kejian/AI/Ai/chapter7/764_1.htm

5.2　商务智能

　　企业资源计划（ERP）、销售终端（POS）、市场调查、供应商、客户、网络、政府部门等都在不断地增加信息。据统计，平均每 18 个月信息量就翻一番，目前的数据库系统可以高效地实现数据的录入、查询、统计等功能，但无法发现数据中存在的关系和规则，无法根据现有的数据预测未来的发展趋势。据专家估计，目前被利用的数据只有 5% ~ 10%，那么怎样才能把大量的数据转换成可靠的、有价值的商务信息以辅助决策，从而增加利润和市场份额，获得更多的竞争优势，这已成为商业 IT 界关注的问题。由此，商务智能技术应运而生。

5.2.1　商务智能的概念

1. 商务智能产生的背景⊖

（1）企业的"数据监狱"现象

　　商务活动从办公自动化出现的早期就在其运作过程中收集了大量的数据，包括销售、库存、客户服务、生产等各方面的企业数据，分别存储于数据库、数据集市、数据仓库或其他文件中。对大部分企业来说，现在数据处理的问题不是数据缺乏，而是大量的数据冗余和数据的不一致。庞大的数据量和传统数据管理方法的缺陷，使大部分企业出现了"数据拥挤"，即数据监狱现象，这既不利于企业的管理，也不利于信息的有效利用。因此，如何解决数据拥挤，同时又能使这些数据充分地发挥作用，已经成为企业商务发展的一个热点问题。

（2）"数据＝资产"新企业观念的建立

　　在企业界，数据资产的观念正逐渐进入 ERP 系统中。目前，大部分大中规模的企业都拥有丰富的信息，企业的业绩也不再仅仅依赖于产品、服务或地点等因素，更重要的是依赖知识。而数据—信息—知识这并不是一个简单的过程，商务智能的本质正是把数据转化为知识，致力于知识发现和挖掘，使企业的数据资产能带来明显的经济效益，减少不确定性因素的影响，使企业取得新的竞争优势。现在，把数据转换为资产的方法和技术正成为企业投资IT 的热点。

（3）企业运营模式的变化

　　电子商务正在改变着全球商务活动的方式，信息在经济活动中占据着越来越重要的地位。对企业来说，信息包括生产、销售、市场、顾客和竞争对手的信息，是企业竞争的战略性资源。基于 Internet 的企业电子商务：电子数据交换、电子支付系统、电子营销等技术的发展和应用，为商务智能系统提供了市场和生存环境。

（4）数据库和人工智能技术的发展

　　商务智能的发展也得益于相关技术的发展，并行处理系统、廉价数据存储、新数据挖掘算法、神经网络技术、人工智能技术、决策支持技术等技术的发展能从大量数据中发

⊖　引自 IT 专家网. http：//crm. ctocio. com. cn/syzn/92/6679092. shtml

现其后潜藏的商业机会，使企业能以更低的成本投资商务智能，并取得更高的投资回报率。

2. 商务智能的定义

商务智能（Business Intelligence，BI）也叫做商业智能，是1989年由Gartner Group首次提出的，它描述了一系列的概念和方法，通过应用基于事实的支持系统来辅助商业决策的制订。1996年，商务智能被定义为一类由数据仓库（或数据集市）、查询报表、数据分析、数据挖掘、数据备份和恢复等部分组成的，以帮助企业决策为目的的技术。

目前，商务智能通常可以被理解为将企业中现有的数据转化为知识，帮助企业作出明智的业务经营决策的工具。其中，数据包括企业业务系统的生产、交易项目、订单、库存、供应商、分销商和零售商等产生的数据，来自企业所处行业和竞争对手的数据，以及来自企业所处的其他外部环境中的各种数据。商务智能能够辅助业务经营决策，既可以是操作层的，也可以是战术层和战略层的决策。为了将数据转化为知识，需要利用数据仓库、联机分析处理（OLAP）工具和数据挖掘等技术。因此，从技术层面上讲，商务智能是数据仓库、OLAP和数据挖掘等技术的综合运用。

商务智能运作的关键是从许多来自不同的企业运作系统的数据中提取出有用的数据并进行清理，以保证数据的正确性，然后经过抽取、转换和装载的过程，合并到一个企业级的数据仓库里，从而得到企业数据的一个全局视图。在此基础上，利用合适的查询和分析工具、数据挖掘工具、OLAP工具等对其进行分析和处理（这时信息变为辅助决策的知识），最后将知识呈现给管理者，为管理者的决策过程提供支持。其整个过程如图5-4所示。

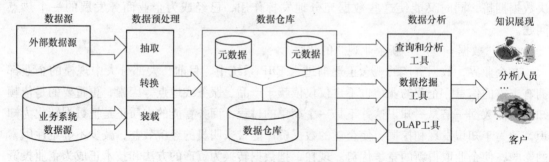

图5-4 构建商务智能的过程

从图5-4可以看出，商务智能一方面包含内部的信息，这些信息可以从组织内外部各种渠道收集，例如，可以从业务处理系统中收集，然后存储在不同的数据库中，如客户数据库、产品数据库、供应商数据库、员工数据库、财务数据库等，这些数据库主要支持日常的事务处理。另一方面，商务智能也包含外部的信息，如竞争者所在的市场环境，包括经济、政治、人口统计、社会法规等。

3. 商务智能的典型应用

（1）产品销售管理

它包括产品的销售策略、销售量分析，影响产品销售的因素分析，以及产品销售的改进方案的预测。通过系统存储的产品销售信息建立的销售模型，可分为总体销售模型和区域、部门销售模型。对产生不同结果的销售模型分析其销售量和销售策略，进行影响销售的因素分析和评估，根据不同的销售环境对相应的产品销售方案进行改进和创新，及时进行产品上架和下架计划，提高企业营销额。通过对历史数据的分析，还可以建立提高销售量的预测模型。

（2）客户关系管理

顾客是企业生存的"上帝"，对企业来说，进行客户关系管理是一项重要的工作。通过客户关系管理子系统，使企业可以分析客户的购买习惯和购买倾向，调查客户满意度，进而采取相应对策增强客户保持力，培养忠实客户，维持良好的客户关系。

（3）产品创新和推广

推出新产品可促进企业的发展，然而新产品的开发和推广必须建立在一定的市场基础上。良好的企业历史信息可用来预测市场需求趋势：了解哪种产品需要更新，是否需要开展某种广告活动；广告活动针对何种用户；具备哪些条件的用户最有可能是企业的潜在客户，针对这样的客户进行直接的广告策略必能胜过无的放矢的收获；预先预测项目的未来收益等。

（4）异常处理等

它是商务智能数据挖掘应用的典型事例，企业通过发展曲线及时发现市场和顾客异常情况，快速采取措施，降低企业风险，提高企业收益。如信用卡分析，银行、保险等行业的欺诈监测等。

135

商务智能对于 Miami Dolphins 公司的成功至关重要

毋庸置疑，专业体育运动存在着巨大商机。因为运动本身就是商业，不仅团体要招募优秀的队员和具有真正领导才能的教练，而且还需要对来自于体育场和事件管理中的票务销售、商品销售、特许权转让以及收入等信息进行监控和整合。

Miami Dolphins 公司使用 Hyperion 解决方案及其商务智能软件来管理财务运作。在这之前，公司已经收集了来自 TicketMaster 的信息，大多数票都是通过 TicketMaster 销售的。从每个 TicketMaster 终端产生的报告还要被重新键入电子数据表中，这样决策者就能够调整票价，以确保 8 个家庭比赛的票都能卖完。这个过程是相当慢的，以至于每星期只能产生一两次报告，并且不足以对票务销售实施有效的监控。而创建一份新的或是不同类型的报告，通常额外需要几个星期的工作。

使用 Hyperion 的商务智能软件后，就能够实时获得票务销售信息，而且每天都可以生成报告，并通过 E-mail 发送给 Miami Dolphins 公司的每个决策者。票务销售信息也能自动输入到 Hyperion 软件中以支持市场营销活动。例如，如果一项家庭比赛还有空余的座位，市场营销部门就能迅速通过购票的历史数据建立一个球迷俱乐部和上一季购票者的名单，而这些人可能很有兴趣购买这些票。接着，一个自动邮件系统会以实时通知的方式告知列表上的人员。

Hyperion 的商务智能软件也支持客户关系管理策略。例如，能够识别出客户特定的购买方式，同时，公司也能够进行调整以适应那些想要购买 Miami Dolphins 各种商品的人。

Miami Dolphins 还构建了另一种商务智能系统——一个关于选手统计信息和活动的数据集市（一种逻辑信息收集），这些信息可用于团队的招募和人员的选择。所有入选的选手信息都会存储在这个数据集市中，并每周进行更新。这是一个很有用的工具，它可以根据历史比赛数据反映出潜在选手的表现，从而选择优秀的人员。

当今，组织为赢得竞争优势采用了商务智能系统，组织正是通过整合这些商务智能系统获得了巨大的商机。

案例来源：斯蒂芬·哈格，等. 信息时代的管理信息系统. 严建援，等译. 北京：机械工业出版社，2007

5.2.2 数据仓库

20世纪80年代以来，随着决策支持系统应用的日趋广泛，人们发现其应用的结果与原来的期望相去较远。许多决策支持系统实际上只是一个查询或报表系统，不能给决策人员提供充分有效的决策信息。同时，在决策支持系统发展过程中也一直存在着很多问题。长期以来，虽然数据库技术逐步成熟，但决策支持系统一直未能从中得到大量的可靠数据进行决策分析。从企业发展的角度来看，在不同的历史阶段，企业内部各部门建立了各自的信息处理系统，这些系统之间相互隔离，结构各异。企业的决策者很难得到企业全局的决策信息。

数据仓库（Data Warehouse，DW）技术产生于20世纪90年代初，其目标是进行决策支持。数据仓库的产生是多方面因素综合作用的结果，数据库技术和分布式处理技术的发展、企业对信息的需求和决策支持系统的不足促使数据仓库的产生。

1. 数据仓库的概念

20世纪90年代以来，计算机技术，尤其是数据库技术和分布式处理技术的发展为决策支持系统提供了新的技术平台；激烈的市场竞争促进了高层决策者对决策支持系统的实际需求。在这种情况下，信息处理开始以支持决策为目标，从事务性数据库中提取数据，将其整理、转换为新的存储格式。这种支持决策的数据存储被称为数据仓库。

数据仓库是一个面向主题的、集成的、随时间而变化的、不容易丢失的数据集合，支持管理部门的决策过程。数据仓库是信息的逻辑集合，这些信息来自于许多不同的业务数据库，并用于创建商务智能，以便支持企业的分析活动和决策任务（见图5-5）。表面上听起来很简单，但数据仓库表达了一种较以往企业中组织和管理信息的截然不同的方法。下面就这些截然不同的特征加以说明。

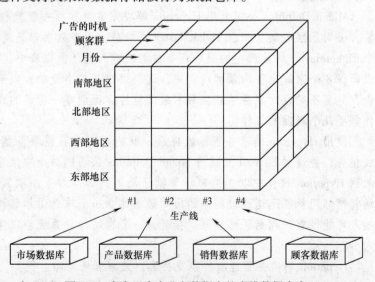

图5-5 来自于多个业务数据库的多维数据仓库

注："图5-5 来自于多个业务数据库的多维数据仓库"引用于：斯蒂芬·哈格，等. 信息时代的管理信息系统. 严建援，等译. 北京：机械工业出版社，2004

（1）数据仓库是面向主题的

数据仓库的创建、使用都是围绕着主题实现的，如顾客、供应商、产品等。关注决策者的数据建模与分析，而不是集中于组织机构的日常操作和事务处理。例如，"优质客户分析"，需要采集销售部门的"采购信息（数量、品种）"；财务部门的"客户信用"；从企业的销售代理商或市场调查公司那里所获取的"客户购买竞争对手产品的信息"等。这些数据有的在业务处理系统中已有数据存在，有的需要从企业外部获得，而且需要围绕"优质客户"这一主题重新进行数据的组织，不适合决策分析要求的数据可能需要抛弃。

（2）数据仓库具有集成性

数据仓库从业务处理系统那里获取数据时，并不能将源数据库中的数据直接加载到数据仓库中，而是要根据决策分析的要求，进行一系列的数据预处理，将分散于各处、多个异构数据的源数据进行抽取、筛选、清理、综合等工作。确保命名约定、编码结构、属性度量等的一致性，使数据仓库的数据具有集成性。

（3）数据仓库具有多维性

在关系型数据模型中，信息是用一系列二维表来表示的，而在数据仓库中却不是这样。大多数数据仓库具有多维性，即它们包含若干层的行和列。正因为如此，大多数数据仓库实际上是多个数据库。数据仓库中的层根据不同的维度来表达信息，这种多维度的信息图表被称为超立体结构。

在图 5-5 中，我们可以看到一个表达产品信息的超立体结构，它用产品种类和区域（行和列）、月份（第一层）、顾客群（第二层）、广告的时机（第三层）来表示产品信息。利用这个超立体结构，就可以很容易地了解到"在无线电广播广告播出之后，随即发生的产品种类 1 在西部地区的 A 客户群中的销售额占总销售额的百分之多少"，这类信息完全可以通过商务智能的查询而得到。

在较大型的超立体结构中的任一特定部分的立方体都包含有取自各业务数据库的综合信息。例如，最前面一层的顶部左侧的立方体就包含了南部地区、某月、产品种类 1 的相关信息。因此，这些信息可能包括总销售额、平均销售额、销售数量、某些方面的分销摘要等。当然，它所包含的内容一定真正符合人们的需要。

（4）数据仓库支持决策而非事务处理

在企业中，大多数数据库是面向业务的，即大多数数据库都支持联机事务处理（OLTP），因此，这类数据库是一种业务数据库。数据仓库不是面向业务的，它们是用来支持企业中各种决策活动的。因此，数据仓库仅支持联机分析处理（OLAP）。

2. 数据仓库的形成

为更好地支持决策，数据仓库中的数据被分为不同的层次，这些层次包括当前数据、历史数据和综合数据。当前数据是最近时期的测量数据，是数据仓库中数量最大的数据。随着时间的推移，当前数据成为历史数据，并被转存到转换介质中。对当前数据在某些时间、某些数据属性和某些内容上的综合提取形成综合数据，因而这种数据比较概括、精炼，是数据仓库中的准决策数据。而数据如果要进入数据仓库，必须要经过一个复杂的过程，其整个形成过程大致可由图 5-6 所示。

数据仓库中的数据来源于多个数据源，可以是企业的业务数据、历史数据、办公数据、

图 5-6 数据仓库的形成过程

Web 数据、各种文档之类的外部数据以及数据源元数据等。建立数据仓库时，首先需要确定数据仓库的信息需求，然后进行数据建模，确定从源数据到数据仓库的数据抽取、清理和转换过程，划分维数以及确定数据仓库的物理存储结构，将清理后的数据加载到数据仓库中。元数据是数据仓库的核心，它用于存储数据模型，定义数据结构、转换规则、仓库结构、控制信息等，主要负责对数据仓库中的数据抽取、清理、加载、更新与刷新等操作进行管理，为数据仓库提供新的数据源，以便能正确地利用数据仓库进行决策分析和知识挖掘。对数据仓库中数据的管理工作包括对数据的安全、归档、备份、维护、恢复等工作，这些工作需通过数据仓库管理系统（DWMS）来完成。

3. 数据仓库的组织

数据仓库不同于数据库。数据仓库存储的数据模型为多维数据模型。"维"是人们观察世界的角度。在数据仓库中，维是同类数据的集合，是组织数据的变量，也是重要的决策因素。例如，企业常常关心产品销售数据随时间的推移而变化的情况，这是从时间的角度来观察产品的销售，所以时间就是一个维；企业也常常关心本企业的产品在不同地区的销售分布情况，这是从地理分布的角度来观察产品的销售，所以地理分布也是一个维。数据仓库中比较常用的维主要有：时间维、客户维、产品维、地区维等。

多个相关因素（维）组成的数据空间形成了数据仓库的多维数据模型。多维数据模型提供了测量值的组织结构，并向用户提供了不同层次的数据分析角度，即多维数据视图。在多维数据模型中，可以对一维或多维进行集合运算。一般来说，多维数据模型都包括一个时间维，它对决策中的趋势分析具有重要的意义。

图 5-7 是一个多维数据模型的示例。它由城市、商品和日期构成多维数据空间，其中小格内的数据是商品的销售量。

对于逻辑上的多维数据模型，可以使用不同的存储机制和表示模式来实现。目前，使用的多维数据模型主要有星型模型和雪花模型。

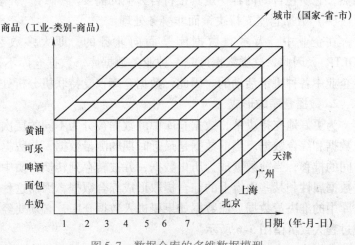

图 5-7 数据仓库的多维数据模型

（1）星型模型

大多数数据仓库都采用星型模型来表示多维数据模型。星型模型通过使用一个包含主题的"事实表"和多个非正规化描述事实的"维表"来支持各种决策查询，如图5-8所示。

星型模型的核心是"事实表"，围绕"事实表"的是"维表"。其中的"事实表"和"维表"都是关系表。"事实表"中存放大量关于企业的事实数据，通常都很大，且非规范化程度很高；"维表"中存放描述性数据，是围绕"事实表"建立的较小的表。"事实表"包含数据仓库中的测量数据和指

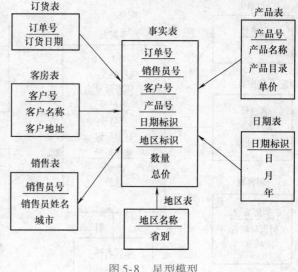

图 5-8　星型模型

向与测量数据相关的其他"维表"的外键指针，每个外键指针指向一个"维表"。"维表"记录每一维的主键和相关因素的属性，每个"维表"对应多维模型中的一维。通过"事实表"将各种不同的"维表"链接起来，各个"维表"都链接到中央"事实表"，它们形成了概念模型的多维层次联系。

在数据仓库模型中执行查询的分析过程，需要花大量的时间在相关各表中寻找数据。而星型模型使数据仓库的复杂查询可以直接通过各维的操作完成。

（2）雪花模型

雪花模型是对星型模型的扩展。它通过对星型模型维表的进一步细化，使原有的一些维表被扩展为更小的事实表，形成由一些局部星型模型所组成的多层次结构。维表细化的目的是通过减少数据存储量和联合较少的维表来改善查询性能。

在雪花模型中能够定义多重"父类"维来描述某些特殊的维表。例如，在时间维上增加月维和年维，如图5-9所示，通过查看与时间有关的父类维，能够定义特殊的时间统计信息，如销售月统计、销售年统计等。

4. 数据集市

通常数据仓库被视为涉及整个组织范围，包括记录组织发展轨迹所有信息的综合，然而有些问题的决策仅需要存取数据仓库中的部分信息，并不需要全部内容。在这种情况下，企业可能就要建立一个或多个数据集市。数据集市（Data Marts）是一种更小、更集中的数据仓库，如图5-10所示。

数据集市面向特定应用，主要针对具体的、部门级的应用。它是数据仓库的一个子集，仅仅聚集了部分数据仓库中的信息，而且数据集市仍然支持查询和报表工具、多维分析工具和统计工具的使用。一旦企业员工接受训练能灵活地运用一种或所有的数据挖掘工具，他们就可以将这一技能用于整个组织范围的数据仓库或小型数据集市之中。数据集市有两种：独立的数据集市（Independent Data Mart）和从属的数据集市（Dependent Data Mart）。

139

订单表
| 订单号 |
| 订货日期 |

事实表
| 订单号 |
| 销售员号 |
| 客户号 |
| 产品号 |
| 日期标识 |
| 地区标识 |
| 数量 |
| 总价 |

产品表
| 产品号 |
| 产品名称 |
| 产品目录 |
| 单价 |

目录表
| 产品目录 |
| 目录描述 |

客房表
| 客户号 |
| 客户名称 |
| 客户地址 |

销售表
| 销售员号 |
| 销售员姓名 |
| 城市 |

日期表
| 日期标识 |
| 日 |
| 月 |
| 年 |

月表
| 月份 |
| 月 |

年表
| 年 |

地区表
| 地区名称 |
| 省别 |

省表
| 省别 |

图 5-9　雪花模型

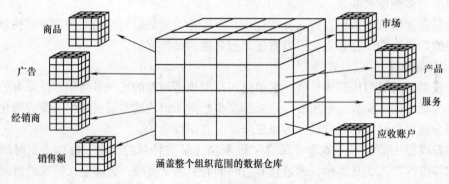

涵盖整个组织范围的数据仓库

图 5-10　数据集市

5. 数据仓库与数据库的比较

数据库是数据的集合,用户能够用数据表示事物,并按照其逻辑结构对其进行组织和存取。数据库中包含了有关已经发生的具体业务的详细数据,使用各种管理工具,用户能够对数据库进行查询,从而得到有价值的信息。数据仓库是汇集了不同业务数据库的信息而形成的信息集合,利用数据仓库可以创建商务智能,以便支持企业的分析活动和决策任务,详细比较如表5-2所示。

表 5-2　数据库与数据仓库的比较

对比内容	数据库	数据仓库
数据内容	当前值	历史的、存档的、归纳的、计算的数据
数据结构	适于事务处理	适于复杂查询、分析处理
访问频率	高,经常异动	中、低,不常异动

（续）

对 比 内 容	数 据 库	数 据 仓 库
访问类型	读取、更新、删除	读取
使用方法	可预知的，反复性的	随机的，启发式的应用
响应时间	要求操作有效率且快速响应	对效率及快响应不特别要求
用户数	大量	相对较少数
服务对象	提供作业层数据处理服务	提供管理层信息服务

金融业数据仓库解决方案

数据仓库是金融机构实现客户关系管理的核心技术，也是金融行业竞争优势的来源，主要的应用业务部门为信用卡部、信贷部、市场部和零售业务部等。

银行只有通过以客户为中心（Customer Centric）的数据仓库决策支持系统，才能使用科学的方法实现个性化服务。数据仓库系统存放着每一位客户同银行往来的详细的历史交易明细数据，对客户有统一的视图，能帮助银行业务用户以科学的手段快速地分析、模拟和预测客户的个性化需求，进而设计符合客户需求的产品或服务。

以客户为中心的数据仓库决策支持系统，可以快速地了解每一项交易、每一个账号、每一个分销渠道、每一位客户的风险和利润，让银行作出正确的业务决策，及时响应每一位客户现在及未来的需要，提高整体运作和管理水平。其主要体现在以下几个方面：

（1）分销渠道的分析和管理（Behavior Explorer）

建立分销渠道的分析和管理阶段完成后，银行就能知道客户、渠道、产品或服务三者之间的关系，了解客户的购买行为，客户或渠道对业务收入的贡献，哪些客户比较喜好经由什么渠道在何时和银行打交道，目前的分销渠道的服务能力如何，需要增加哪些分销渠道才能达到预期的服务水平。

（2）利润评价模型（Profitable Measurement Foundation）

建立所有客户的每一个账号的利润评价模型，以便了解每一位客户对银行的总利润贡献度。银行可以依照客户的利润贡献度安排合适的分销渠道提供服务和销售，知道哪些有利润的客户需要留住，采用什么方法留住客户，以交叉销售改善客户的利润贡献度，知道哪些客户应该争取。另外，银行可以模拟和预测新产品对银行利润的贡献度，或是新政策对银行会产生什么样的财务影响，或是客户流失或留住对银行的整体利润的影响。

（3）客户关系优化（Relationship Optimizer）

客户在每一笔交易中都能主动地告诉银行需要什么产品或服务，例如，定期存款是希望退休养老使用、申请信用卡是需要现金消费、询问放贷利息是需要住房贷款等，这些都是银行提供产品或服务最好的时机。银行需要将账号每天发生的交易明细，以实时或定时的方式加载到中央数据仓库系统，核对客户行为的变化。当有上述变化时，马上生成事件，然后银行业务部门利用客户购买倾向模型、渠道喜好模型、利润贡献度模型、信用和风险评分模型等，主动地和客户沟通并进行交叉销售，达成留住客户和增加利润的目标。

（4）风险评估和管理

风险评估和管理是实施数据仓库最困难的工作，本阶段因为牵涉很多管理制度，所以需要较长的时间。风险评估和管理主要利用各种数学模型进行分析，模拟风险和利润间的关系。当本阶段完成后，银行就完全实现了以客户为中心的个性化服务数据仓库决策支持系统，可以在满足高利润低风险客户需求的前提下，达到银行收益的极大化。

案例来源：陈文伟，黄金才. 数据仓库与数据挖掘. 北京：人民邮电出版社，2005

5.2.3 联机分析处理

1. 联机分析处理的概念

数据仓库建立以后，需要根据需求对其进行复杂数据处理。当今的数据处理大致可以分成两大类：联机事务处理（On-Line Transaction Processing，OLTP）和联机分析处理（On-Line Analytical Processing，OLAP）。

OLTP 是指利用计算机网络，将分布于不同地理位置的业务处理计算机设备或网络与业务管理中心网络连接，以便于在任何一个网络节点上都可以进行统一、实时的业务处理，主要包括信息的收集、处理，并利用收集到的信息和经过处理而得到的信息来更新已存在的信息。OLTP 是传统的关系型数据库的主要应用，主要是基本的、日常的事务处理，例如银行交易。

但随着用户对数据分析要求的增加，OLTP 已不能完全满足用户的需求。关系数据库虽然具有一定的数据视图选取、比较和综合的能力，但受到数据分析能力的制约，例如，SQL 等数据库查询语言对大型数据库的简单查询，不能满足决策者提出的信息需求，用户的决策分析需要对关系数据库进行大量计算才能得出结果。为了解决这些问题，产生了针对特定问题的联机数据访问和数据分析技术。1993 年，关系数据库之父 E. F. Codd 将这种技术命名为"联机分析处理"，并提出了多维数据库和多维分析的概念。

OLAP 是在传统的 OLTP 的基础上发展起来的一种数据分析技术，又称多维分析或共享多维信息的快速分析，是数据仓库系统的主要应用。OLAP 对从原始数据中转化出来的、能够真正为用户所理解的、并真实反映企业特性的信息进行快速、一致、交互地存取，从而使分析人员、管理人员或执行人员以多维的形式从多方面和多角度来观察组织的状态、了解组织的变化，进而获得对数据的更深入的了解，进一步来支持决策。表 5-3 列出了 OLTP 与 OLAP 之间的比较，图 5-11 描述了 OLTP 和 OLAP 的关系以及不同的应用领域。

表 5-3　OLTP 和 OLAP 的比较

	OLTP	OLAP
用户	操作人员，低层管理人员	决策人员，高级管理人员
功能	日常操作处理	分析决策
DB 设计	面向应用	面向主题
数据	当前的、最新的、细节的、二维的、分离的	历史的、聚集的、多维的、集成的、统一的
存取	读/写数十条记录	读上百万条记录
工作单位	简单的事务	复杂的查询
用户数	上千个	上百个
DB 大小	100MB-GB	100GB-TB

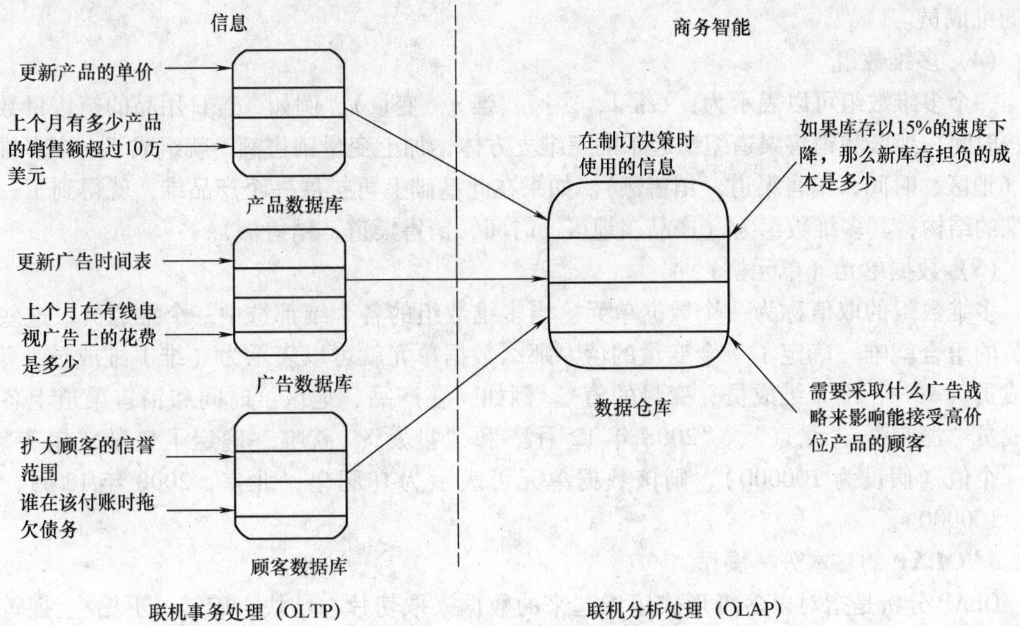

图 5-11　OLTP 和 OLAP 的关系以及不同的应用领域

注："图 5-11 OLTP 和 OLAP 的关系以及不同的应用领域"引用于：斯蒂芬·哈格，等. 信息时代的管理信息系统. 严建援，等译. 北京：机械工业出版社，2004

2. OLAP 的一些基本概念

OLAP 是针对特定问题的联机数据访问和分析。通过对信息的很多种可能的观察形式进行快速、稳定一致和交互性的存取，允许管理决策人员对数据进行深入观察。为了对 OLAP 技术有更深的了解，下面先介绍 OLAP 中常用的一些基本概念。

（1）维

维是人们分析决策问题的特定角度或出发点。例如，企业常常关心产品销售数据随着时间推移而产生的变化情况，这时是从时间角度来观察产品的销售，所以时间是一个维（时间维）。企业也时常关心自己的产品在不同地区的销售分布情况，这时是从地理分布的角度来观察产品的销售，所以地理分布也是一个维（地理维）。其他还有如产品维、顾客维等。

（2）维的层次

人们分析决策问题的某个特定角度（即某个维）还可以存在细节程度不同的多个描述方面，我们称这个描述方面为维的层次。一个维往往具有多个层次，例如描述时间维，可以从日、月、季、年等不同层次来描述，那么日、月份、季、年等就是时间维的层次；同样，城市、地区、国家等构成了地理维的层次。

（3）维成员

维成员是维的一个取值。如果一个维是多层次的，那么该维的维成员就是不同维层次取值的组合。例如，我们考虑时间维具有日、月、年这三个层次，分别在日、月、年上各取一个值组合起来，就得到了时间维的一个维成员，即"某年某月某日"。有时候，维取值不一定包含所有的维层次，例如，"某年某月"、"某月某日"、"某年"等都是时间维的维成员。

（4）多维数组

一个多维数组可以表示为：（维1，……，维n，变量）。例如，若日用品的销售量数据是按时间、地区和销售渠道组织起来的三维立方体，加上变量销售额，就组成了一个多维数组（地区，时间，销售渠道，销售额）。如果在此基础上再扩展一个产品维，就得到了一个四维的结构，其多维数组为（产品，地区，时间，销售渠道，销售额）。

（5）数据单元（单元格）

多维数组的取值称为一个数据单元。当多维数组的各个维都选中一个维成员，这些维成员的组合就唯一确定了一个变量的值。那么数据单元就可以表示为（维1维成员，维2维成员，……，维n维成员，变量的值）。例如，在产品、地区、时间和销售渠道上各取维成员"肥皂"、"北京"、"2008年12月"和"批发"，就唯一确定了变量"销售额"的一个值（假设为100000），则该数据单元可表示为（肥皂，北京，2008年12月，批发，100000）。

3. OLAP 的基本分析操作

OLAP分析是指对以多维形式组织起来的数据采取切片、切块、旋转、下钻/上探等各种分析动作，以求剖析数据，使用户能从多个维度、多个侧面了解数据仓库中的数据所蕴含的信息，从而深入地挖掘隐藏在数据背后的商业模式。

（1）切片

在多维分析过程中，如果在某一维度上选定一个取值（设为"维成员 V_i"），则多维数据就从n维下降成了 $n-1$ 维，称多维数组的子集（维1，维2，……，维成员 V_i，……，维n，变量）为多维数组在维度i上的切片。

图5-12所示是一个按产品维、地区维和时间维组织起来的产品销售数据，用多维数组表示为（地区，时间，产品，销售额）。如果在地区维上选定一个维成员（设为"上海"），就得到了在地区维上的一个切片；在产品维上选定一个维成员（设为"电视机"），就得到了在产品维上的一个切片。显然，这样切片的数目取决于每个维上维成员的个数。

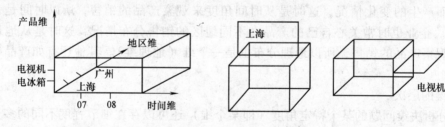

图5-12　切片

（2）切块

切块就是将完整的数据立方体切取一部分数据而得到的新的立方体。选定多维数组（维1，维2，……，维n，变量）中的三个维：维i，维j和维r，在这三个维上取某一区间或任意的维成员，而将其余的维都取定一个维成员，则得到的就是多维数组在维i、维j和维r上的一个三维子集，称这个三维子集为多维数组在维i、维j和维r上的一个切块，表示为：（维i，维j，维r，变量）。

例如，选定多维数组（地区，时间，产品，销售渠道，销售额）中的地区维、时间维与产品维，在另外的销售渠道维选取一个维成员（如"批发"），就得到了多维数组（地区，时间，产品，销售渠道，销售额）在地区、时间和产品三个维上的一个切块（地区，时间，产品，销售额）。这个切块表示各地区、各产品在各个年度的批发销售情况。

（3）旋转

旋转即改变维度的位置关系，使用户能够更加直观地观察数据集中不同维之间的关系。例如，旋转可能包含交换行和列，或是把某一个行维移到列维中去，或是把页面显示中的一个维和页面外的维进行交换（令其成为新的行或列中的一个），如图 5-13 所示。

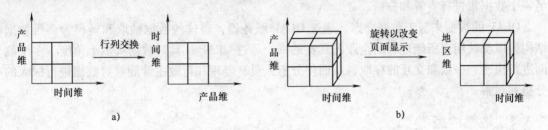

图 5-13　旋转
a）行列交换的报表　b）旋转以改变页面显示的报表

图 5-13a 是把一个横向为时间、纵向为产品的报表旋转成为横向为产品、纵向为时间的报表。图 5-13b 是把一个横向为时间、纵向为产品的报表，变成一个横向仍为时间，而纵向旋转为地区的报表。

（4）下钻/上探

下钻（Drill Down）：从汇总数据深入到细节数据进行观察或增加新维。例如，用户分析"各地区、城市的销售情况"时，对某一个城市、某一年度的销售额，可以继续细分为各个季度的销售额。通过下钻的功能，使用户对数据能更深入了解，更容易发现问题，作出正确的决策。

上探（Roll Up）：是指在某一维上将低层次的细节数据概括到高层次的汇总数据，或者减少维数；是指自动生成汇总行的分析方法。通过向导的方式，用户可以定义分析因素的汇总行，例如，对于各地区各年度的销售情况，可以生成地区与年度的合计行，也可以生成地区或者年度的合计行。

例如，2007 年某种产品在各地区销售收入如表 5-4 所示。

表 5-4　2007 年某产品销售数据

地　　区	销售额（万元）
上海	900
南京	700
广州	800

用户如果进一步分析"各城市的销售情况"时，可以对这一年度的销售额细分为各个季度的销售额，可在时间维上进行下钻操作，获得其下层各季度销售数据，如表 5-5 所示。

表5-5 2007年各季度某产品销售数据

地　　区	1 季度	2 季度	3 季度	4 季度
上海	200	200	350	150
南京	250	150	150	150
广州	200	150	180	270

大多数的 OLAP 工具可让用户钻探至一个数据集中有更好细节描述的数据层，而更完整的工具则可让用户交叉钻探。交叉钻探，即可以让用户在同一层次从一个数据集横向地移到另一个数据集进行查看和分析。

OLAP 的数据来源于数据仓库。通过 OLAP 服务器，将这些数据抽取和转换为多维数据结构，以反映用户所能理解的企业的真实的维。通过 OLAP 工具对数据从多个角度、多个侧面进行快速、一致和交互的存取，从而使分析人员、经理和行政主管能够对数据进行深入的分析和观察。

5.2.4　数据挖掘

1. 数据挖掘的概念

1995 年，在美国计算机年会上，提出了数据挖掘（Data Mining，DM）的概念。数据挖掘是从大量数据中抽取有意义的、隐含的、以前未知的并有潜在使用价值的知识的过程。数据挖掘是一个多学科交叉性学科，它涉及统计学、机器学习、数据库、模式识别、可视化以及高性能计算等多个学科。利用数据挖掘技术可以分析各种类型的数据，例如，结构化数据、半结构化数据、非结构化数据、静态的历史数据和动态的历史数据等。

从商业应用的角度来看，数据挖掘可以描述成按企业既定的业务目标，对大量的企业数据进行抽取、转化、分析和模式化处理，从中揭示隐藏的、未知的或验证已知的商业规律，自动发现那些符合市场、客户行为的模式。

传统的数据分析工具的分析重点在于向管理人员提供过去已经发生什么、描述过去的事实。例如，上个月的销售成本是多少。而挖掘工具的重点则在于预测未来的情况，解释过去所发生事实的原因。例如，下个月的市场需求情况怎么样，或者某些客户为什么会转向竞争对手等。现在，数据挖掘系统已经成为现代企业创造销售业绩的战略系统。以美国运通公司为例，从 1991 年起就建立了一个可以记录 5000 亿笔记录的数据库，每年至少收集超过 3500 亿笔的消费账单数据。美国运通公司利用关系营销的概念，识别、建立、维护和巩固企业与顾客及其他利益相关者的关系，通过提供顾客在相同商店内持续购买的特殊消费折扣，使得签约商店与发卡公司可以互享其利。

2. 数据挖掘的过程

数据挖掘的过程一般包括数据准备、数据挖掘以及结果评价三部分，如图 5-14 所示。

（1）数据准备

数据准备可以包含三个子步骤：数据选择、数据预处理和数据转换。数据选择的目的是确定发现任务的操作对象，即目标数据，是根据用户的需要从原始数据中抽取的一组数据。数据预处理一般包括消除噪声、除去虚假的离散数据、推导计算缺值数据、消除重复记录、完成数据类型转换等。数据转换的主要目的是消减数据维数或降维，即从初始特征中找出真

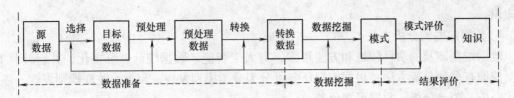

图 5-14　数据挖掘的过程

正有用的特征，以减少数据挖掘时要考虑的特征或变量个数。

（2）数据挖掘

数据挖掘阶段首先要确定挖掘的任务或目的，如数据分类、聚类、关联规则发现等。确定了挖掘任务后，就要决定使用什么样的挖掘算法。选择了挖掘算法后，就可以实施数据挖掘操作，获取有用的模式。

（3）结果评价

数据挖掘阶段发现出来的模式，经过评估，可能存在冗余或无关的模式，这时需要将其剔除；也有可能模式不满足用户要求，这时则需要回退到发现过程的前面阶段，如重新选取数据、采用新的数据变换方法、设定新的参数值，甚至换一种挖掘算法等；也有可能要对发现的模式进行可视化，或者把结果转换为用户易懂的另一种表示。

3. 数据挖掘系统的组成

（1）数据库、数据仓库或其他信息库

它表示数据挖掘对象是由一个（或组）数据库、数据仓库、数据表单或其他信息数据库组成。通常需要使用数据清洗和数据集成操作，对这些数据对象进行初步的处理。

（2）数据库或数据仓库服务器

这类服务器负责根据用户的数据挖掘请求，读取相关的数据。

（3）知识库

此处存放数据挖掘所需要的领域知识，这些知识将用于指导数据挖掘的搜索过程，或者用于帮助对挖掘结果的评估。挖掘算法中所使用的用户定义的阈值就是最简单的领域知识。

（4）数据挖掘引擎

这是数据挖掘系统的最基本部件，它通常包含一组挖掘功能模块，以便完成定性归纳、关联分析、分类归纳、进化计算和偏差分析等挖掘功能。

（5）模式评估模块

该模块可根据趣味标准（Interesting Measure），协助数据挖掘模块聚焦挖掘更有意义的模式知识。当然该模块能否与数据挖掘模块有机结合，与数据挖掘模块所使用的具体挖掘算法有关。显然，若数据挖掘算法能够与知识评估方法有机结合，将有助于提高其数据挖掘的效率。

（6）可视化用户界面

该模块帮助用户与数据挖掘系统本身进行沟通交流。一方面，用户通过该模块将自己的挖掘要求或任务提交给挖掘系统，以及提供挖掘搜索所需要的相关知识；另一方面，系统通过该模块向用户展示或解释数据挖掘的结果或中间结果。此外，该模块也可以帮助用户浏览数据对象内容与数据定义模式、评估所挖掘出的模式知识，以及以多种形式展示挖掘出的模

147

式知识。

4. 数据挖掘的分析方法

数据挖掘涉及的学科领域和方法很多，有人工智能、数据统计、可视化、并行计算等。数据挖掘有多种分析方法，根据挖掘任务可分为分类模型发现、聚类、关联规则发现、序列模式分析、偏差分析、数据可视化等。

（1）分类

分类是数据挖掘中应用的最多的决策支持技术。分类旨在生成一个分类函数或分类模型，该模型能把数据库中的数据项映射到给定的某一类别。既可以用此模型分析已有的数据，也可以用它来预测未来的数据。

（2）聚类

数据库中的数据可以从不同的认识角度，划分为一系列有意义的子集，即类。在同一类别中，个体之间的距离较小，而不同类别上的个体之间的距离偏大。聚类增强了人们对客观现实的认识，即通过聚类来建立宏观概念。聚类和分类的区别是聚类不依赖于预先定义好的类，不需要训练集。

（3）关联规则

关联规则是寻找数据库中值的相关性，主要是寻找在同一个事件中出现的不同项的相关性。例如，在一次购买活动中所买不同商品的相关性。

（4）序列模式分析

序列模式分析同样也是试图找出数据之间的联系，但它的侧重点在于分析数据之间的前后（因果）关系，因此，对数据往往要求引入时间属性。序列模式分析非常适于寻找事物的发展趋势或重复性模式。

（5）偏差分析

偏差分析是用来发现与正常情况不同的异常和变化，并进一步分析这种变化是有意的诈骗行为，还是正常的变化。如果是异常行为，则提示预防措施；如果是正常的变化，那么就需要更新数据库记录。

（6）数据可视化

数据可视化严格地讲不是一个单独的数据挖掘任务，它被用来支持其他挖掘任务。可视化是采用图形、图表等易于理解的方式表达数据挖掘结果。

5. 数据挖掘与 OLAP、数据仓库的关系

（1）数据挖掘与 OLAP

数据挖掘和 OLAP 都是数据分析工具，OLAP 系统可以提供数据仓库中数据的一般描述，Gartner Group 等组织把 OLAP 视为数据挖掘的一部分。但是，它们处理的问题不同，数据分析的深度不同。

数据挖掘是一种挖掘性质的数据分析，它能够自动发现隐藏在大量数据中的模式等有价值的知识，并且可以利用这些知识进行有效的预测分析。OLAP 是一种验证性的数据分析，用户提出某个问题或假设，OLAP 从上到下、由浅到深地展现问题相关的详细信息，供用户判断提出的假设是否合理。图 5-15 从数据、信息和知识的角度形象地描述出 OLAP 和数据挖掘的逻辑关系。

OLAP 是用来分析过去的数据，数据挖掘是用来预测未来的事情。例如，OLAP 能够回

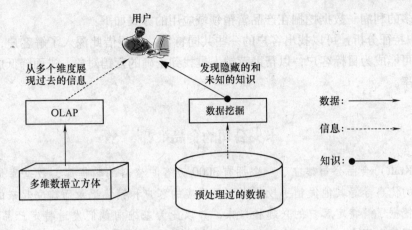

图 5-15　数据挖掘与 OLAP

答"过去 3 年里哪些人是我们最好的前 100 名客户?",而数据挖掘将能够回答"前 100 个具有最好的利润潜力的客户将是谁?"。OLAP 帮助用户分析和了解过去,数据挖掘帮助用户预测未来。

数据挖掘和 OLAP 有着本质的区别,但是二者有时又是互补的:数据挖掘能够发现 OLAP 不能发现的更为复杂和细致的问题,而 OLAP 能够迅速地告诉用户过去和现在是怎样的,从而能够有利于用户更好地理解数据,加快知识发现的过程,并能够验证数据挖掘的结果是否合理。

（2）数据挖掘与数据仓库

对数据挖掘来说,数据仓库是一个容易得到的有价值的数据源,数据挖掘工具所抽取的数据来自于数据仓库。数据挖掘非常适合于数据仓库环境,清洁、完整的数据仓库是数据挖掘的基础,没有数据仓库就不能进行数据挖掘的操作。

把数据挖掘建立在数据仓库之上,一方面,能够提高数据仓库系统的决策支持能力;另一方面,由于数据仓库完成了数据的清洗、抽取、转换和装载,数据挖掘面对的是经过初步处理的数据,更加有利于数据挖掘功能的发挥。

此外,在数据挖掘过程中,如果将数据挖掘与数据仓库进行有效的连接,将增加数据挖掘的联机挖掘功能。用户在数据挖掘的过程中,可以利用数据仓库中 OLAP 与各种数据挖掘工具的连接,使用户可以为数据挖掘选择合适的数据挖掘工具,能够在数据挖掘过程中灵活地组织挖掘工具以增强数据挖掘能力,同时,还为用户灵活地改变数据挖掘的模式与任务提供便利。

6. 数据挖掘的主要应用领域

在整个科学界,数据挖掘的应用程度还不算太高,但是在商业领域的应用比较普遍。例如,在企业市场营销过程中,数据挖掘是以市场营销学的市场细分原理为基础,其基本假定是"消费者过去的行为是其今后消费倾向的最好说明"。

通过收集、加工和处理涉及消费者消费行为的大量信息,确定特定的消费群体或个体的兴趣、消费习惯、消费倾向和消费需求,进而推断出相应消费群体或个体下一步的消费行为。然后以此为基础,对所识别出来的消费群体进行特定内容的定向营销,这与传统的不区分消费者对象特征的大规模营销手段相比,大大节省了营销成本,提高了营销效果,从而为企业带来更多的利润。数据挖掘在产品营销领域应用的方式如下：

1）客户特征分析：可以找出客户的一些共同特性，希望借此深入了解客户，并进一步预测哪些人可能成为目标客户，以帮助营销人员找到正确的营销对象，进而降低成本，提高营销的成功率。

卡夫公司的食品推荐

卡夫（Kraft）食品公司建立了一个拥有 3000 万客户资料的数据库，数据库是通过收集对公司发出的优惠券等其他促销手段作出积极反应的客户和销售记录而建立起来的。卡夫公司通过数据挖掘了解特定客户的兴趣和口味，并以此为基础向他们发送特定产品的优惠券，并为他们推荐符合客户口味和健康状况的卡夫产品食谱。

2）目标市场分析：利用客户特征到潜在客户数据库中筛选出可能成为客户的名单，作为营销人员推销的对象。

银行的目标市场推广

当银行通过对业务数据进行挖掘后，发现一个银行账户持有者突然要求申请双人联合账户时，并且确认该消费者是第一次申请联合账户，银行会推断该用户可能要结婚了，它就会向该用户定向推销用于购买房屋、支付子女学费等长期投资业务。银行甚至可能将该信息卖给专营婚庆商品和服务的公司。

3）市场购物篮分析：利用购物篮分析可以帮助了解客户的消费行为，譬如哪些产品客户最容易一起购买；或是客户在买了某一样产品之后，在多久之内会买另一样产品等，并进一步决定店里货物要如何摆设，如何有效地决定产品组合、产品推荐、进货量或库存量等。

"啤酒和尿布"的故事

美国的大型零售商沃尔玛内部的数据仓库系统里集中了详细的原始交易数据，在这些原始交易数据的基础上，沃尔玛利用数据挖掘工具对这些数据进行分析和挖掘。一个意外的发现就是：尿布和啤酒的销售量相互关联！啤酒和尿布表面看起来风马牛不相及，借助于数据仓库系统，商家发现了隐藏在背后的事实：购买尿布的家庭，家中必然有小孩，孩子的母亲通常会在家中照顾小孩，而年轻的父亲在购买尿布的同时，常常顺便帮自己买一些啤酒。既然尿布与啤酒一起购买的机会最多，沃尔玛就在它的商店里将它们并排摆放在一起，结果是尿布与啤酒的销售量双双增长。

从这个故事可以看出，数据挖掘能力的强大，在于运用这项技术可以从海量数据中快速寻找到数据之间的关联和兴趣点，有的甚至是事先无法想象的。这种发现往往会带来许多新的机会，改进经营的状况。

4）提高客户忠诚度：针对客户的不同特征，预测客户的需求，为其提供个性化的服务，从而提高客户的满意度及忠诚度。

"亚马逊"书店的销售系统

亚马逊书店（www. amazon. com）运用网上资料分析，可以在其拥有的 4 亿本书籍中，找到顾客所要的书。当顾客在亚马逊购书后，其销售系统会记录顾客购买和浏览过的书目，当顾客再次进入该书店，系统识别出顾客的身份后，就会根据顾客的喜好推荐有关书目，实现个性化的书目推荐。当顾客对某一特定书名有兴趣时，亚马逊便会自动建议其他相关题材的书籍；如果顾客要求，亚马逊会以电子邮件的形式通知顾客某一本书的平装版何时到货，或者不断提供顾客选定的特定类型新书的信息。这种程度的个性化客户服务无疑提高了全球顾客所期望的服务水准。据悉，这种个性化的服务在亚马逊书店的成功实施使它获得了 65% 的回头客。

综合案例：中国五矿集团的管理决策支持系统

1. 中国五矿集团管理决策支持系统产生的背景

中国五矿集团公司成立于 1950 年，是中国最大的五金矿产品贸易企业和世界 500 强企业。五矿是以金属、矿产品和机电产品的生产和经营为主，兼具金融、房地产、货运、招标和投资业务，实行跨国经营的大型企业集团。五矿集团拥有全球化的营销网络，在世界主要国家和地区设有 44 家海外企业，服务于中国和世界各地超过 8000 家的客户。

五矿因其公司内部经营范围的多样以及业务流程的繁杂，设有多个涉及不同业务范围和流程的专业业务系统，其中大部分系统都已运行多年，累积了大量的历史数据。同时，五矿也在通过其他途径不断获得行业内的相关数据资料。随着业务的发展，无论高层决策层还是各级公司的业务人员，都希望能从庞杂的历史数据中获得更多更准确的信息，让不同业务系统中的相关信息集中起来，为不同的业务部门实现信息共享，为业务决策提供更多实时的、横向的、全局的支持，以提高效率，帮助公司提高市场竞争力和效益。因此，建立一个统一的、高质量的管理系统，成为中国五矿的迫切需求。

2. 业务驱动

五矿集团进出口业务的主要数据来源有每月从商务部 EDI 中心传来的进出口月报数据，以及五矿内部系统数据。五矿目前已有的"五矿进出口统计分析系统"，是在商务部 EDI 中心提供的报关数据的基础上建立的数据分析和报表应用系统。

"五矿进出口统计分析系统"通过对数据的查询、分析，为决策层领导和相关业务人员提供了各种统计分析数据。该系统是 2000 年完成的，在投入使用的 5 年中，集团公司的发展战略、组织机构及各种代码分类方法等均发生了较大变化，虽然在使用过程中不断修改完善该系统，但系统已不能适应集团公司当前实际工作的需要。例如，大部分二级企业不能从系统中得到工作需要的数据、某些业务的数据不能准确处理、对集团业务整合的要求不能完全支持等，从而影响了集团公司和各二级公司对经营情况的及时掌握。

这几套数据的规模和结构都不尽相同，如何将不同的数据整合在一起，具有可比性，成为一个棘手问题。五矿现有各个系统已有统一的权限管理规范和编码管理，如何将新的数据仓库系统加入从而融为一体，具备与其他系统一致的管理方式和使用同一套标准编码，也是五矿亟需解决的问题。

公司各部门对海关数据的查询要求多，报表类型多，报表数量多。在现有的数据量的基础上，动态生成模型的时间不能满足及时的要求。现有系统中存在编码变更不及时、未进行板块划分等问题。另外，五矿对于数据系统的要求不仅仅是能够提供及时灵活的查询和分析，还能够提供符合五矿要求的复杂报表，只有这样的数据展现平台才能够满足五矿不同管理层和业务部门的需求。进出口统计分析系统的问题最为明确和迫切，因此，五矿信息中心决定从进出口数据入手，构建五矿的数据仓库框架，逐步扩充、深入建设管理决策支持系统。

3. 解决方案

经过多方比较和慎重选择，中国五矿集团最终选择 SAP 作为其商务智能供应厂商，在商务智能领域全面采用 Business Objects 的产品，包括整体商务智能平台、企业报表软件、即席查询软件、企业绩效管理软件等，以满足系统能够进行数据分析、复杂的固定报表展现以及权限管理等功能，提高企业绩效，满足企业发展的长远需求。

报表是一种基本的业务要求，也是实施 BI 战略的基础。五矿集团采用 Business Objects 的报表产品 Crystal Reports 来访问和格式化来自不同数据源的信息，按照严格和复杂的报表要求，通过丰富的图表功能来创建报表，并且以可靠和安全的方式展现出来，在企业内部和用户之间分享。Crystal Reports 因不断发展已经成为报表的一种实际标准，它所具备的功能帮助五矿集团通过网络或者企业应用软件随时获得他们所需要的有价值信息，把数据真正变成有价值的经营信息。

五矿各部门对海关数据的查询要求多、报表类型多、报表数量多，而且对动态数据的时效性也有很高要求，也需要与业务数据信息进行互动。Business Objects 的高级而又易于使用的查询和分析工具，可以在单一平台上享用多种类型的复杂分析功能。因此，用户可以实现自助服务而不需要太多复杂的技术培训。这样，最终用户能够以更低的企业总拥有成本来获得更强大的信息功能和控制能力。

以上所有产品以及功能都是 Business Objects 商务智能平台 Business Objects XI Release 2 来进行统一集中管理，用户通过这个平台来获取数据，管理各种商务智能产品模块，帮助五矿部署和管理完整的信息需求，从企业报表到复杂的应用，从安全、实时的 Microsoft Office 文件到战略图表，从而轻松解决任何数据整合中的问题，如本地数据访问、企业应用的连接、元数据和复杂数据的整合。这一切都在一个单一的平台上面完成，满足整个企业范围在实施 BI 标准化方面的需求。

4. 实施成果

整个项目是从 2006 年 1 月正式开始实施的，到 2006 年 7 月第一期实施完毕。Business Objects 商务智能解决方案带来的成果也非常明显。表现在：一是信息及时性大为提高，过去公司领导至少需要两三天才能了解全国各地的业务情况，而现在只需短短几个小时；二是直观性大大增加，通过各种数据的比较和图表，以及对历史情况的比较，管理层可以很快发现业绩好或坏的原因，从而提出有效的解决办法，对业务有深入的理解和洞察力；三是现在实现了资源共享，原来只有公司总部的用户可以访问的数据，现在全球的公司用户都可以通过登录公司网站根据权限访问，大大提高了工作效率。

案例来源：SAP 中国，http://www.sap.com/china/

本 章 小 结

决策是为了实现特定的目标，根据客观的可能性，在拥有一定信息和经验的基础上，借助一定的工具、技巧和方法，对影响目标实现的诸因素进行分析、计算和判断、选择，对未来行动作出的决定。决策科学先驱西蒙教授把决策过程分为情报活动、设计活动、选择活动和实施活动 4 个阶段。按照决策问题的结构化不同，可将决策划分为三种类型：结构化决策、半结构化决策和非结构化决策。

决策支持系统是一种高度灵活且具有良好交互性的、主要用于对半结构化和非结构化问题的决策提供辅助支持的信息技术系统，一般由数据库、模型库、方法库及对话管理等子系统为基本部件组合而成，部件之间的关系构成了 DSS 的系统结构。具有不同功能特色的 DSS，其系统结构也不同。

为了将面向个人决策的 DSS 扩展成面向群体的 DSS，人们利用计算机网络与通信技术构成了群体决策支持系统（GDSS），GDSS 克服了时间与空间的限制，为群体决策提供了良好的协商与综合决策环境，能让多位决策者便捷地交流与共享信息，集思广益地共同参与大规模的重大问题的决策。

专家系统是一种在相关领域中具有专家水平解题能力的智能程序系统，它能运用领域专家多年积累的经验与专门知识，模拟人类专家的思维过程，求解需要专家才能解决的困难问题。

商务智能通常被理解为将企业中现有的数据转化为知识，帮助企业作出明智的业务经营决策的工具。为了将数据转化为知识，需要利用数据仓库、联机分析处理（OLAP）工具和数据挖掘等技术。因此，从技术层面上讲，商务智能只是数据仓库、OLAP 和数据挖掘等技术的综合运用。

数据仓库是一个面向主题的、集成的、随时间而变化的、不容易丢失的数据集合，支持管理部门的决策过程。数据仓库是信息的逻辑集合，这些信息来自于许多不同的业务数据库，并用于创建商务智能，以便支持企业的分析活动和决策任务。

联机分析处理可以在使用多维数据模型的数据仓库或数据集市上进行，可以用多维的形式从多方面和多角度来观察组织的状态、了解组织的变化。典型的 OLAP 操作包括切片、切块、旋转和钻探（上探/下钻）等操作。

数据挖掘是从大量数据中抽取有意义的、隐含的、以前未知的并有潜在使用价值的知识的过程。根据挖掘任务可分为分类模型发现、聚类、关联规则发现、序列分析、偏差分析、数据可视化等。

习　　题

1. 什么是决策？简述决策的过程。
2. 按照决策问题的结构化程度不同，可将决策分为哪三种类型？
3. 什么是决策支持系统？并简述与管理信息系统的关系。
4. 什么是群体决策支持系统？简述群体决策和个体决策之间的区别。

5. 简述群体决策支持系统的类型。

6. 什么是专家系统？简述专家系统的结构和各部分的功能。

7. 试述专家系统和决策支持系统的区别。

8. 什么是商务智能？举例说明商务智能的典型应用。

9. 什么是数据仓库？数据仓库是怎样组织数据的？数据仓库和数据库的区别是什么？

10. 什么是 OLAP？OLAP 和 OLTP 的区别是什么？OLAP 中有哪些基本操作？

11. 什么是数据挖掘？数据挖掘的过程中包括哪几个阶段？数据挖掘包括哪些主要的类型？

12. 试述数据挖掘与 OLAP、数据仓库之间的关系。

第 6 章

管理信息系统的战略规划

管理信息系统的建设是一项投资大、时间长、技术复杂、涉及范围广的系统工程，如果没有事前科学的规划，很可能导致失败。科学合理的规划是建设成功的关键，所以，在正式开发之前必须进行尽可能详细的战略规划（或称总体规划），对系统的功能、总体结构、建设目标、资金投入、信息资源分布以及各子系统的开发顺序进行总体的安排，形成战略规划报告，作为系统开发的依据。

6.1 管理信息系统战略规划概述

6.1.1 管理信息系统战略规划的概念和作用

MIS 战略规划是关于企业管理信息系统长远发展的计划，它规划企业信息系统的发展目标、方向、规模和发展进程等，是企业整体战略规划的重要组成部分，它服务于企业的整体战略规划，目的是保持信息系统功能体系与经营战略的一致性。一个科学的、可行的战略规划是企业管理信息系统建设成功的关键。管理信息系统战略规划也是为加强计划性、减少盲目性、为企业信息化建设提供保障的指导性文件。

MIS 战略规划的作用包括如下几方面。

1）明确 MIS 发展的目标、任务、方法、步骤和原则，从而指导 MIS 的建设工作。

2）摸清企业信息资源的现状，有利于企业信息资源的合理分配和投入。

3）发现企业存在的问题，有利于改善企业的管理模式，特别是根据新技术条件下信息处理的特点，寻求业务处理的最佳流程和组织的最佳结构。

6.1.2 管理信息系统战略规划的内容

管理信息系统战略规划主要包含如下内容。

1. 管理信息系统目标和总体结构的确定

根据企业的整体目标和内外部约束条件，确定 MIS 的目标和总体结构。MIS 目标规定信息系统的发展方向并提出衡量各项具体工作是否完成的标准，总体结构包括 MIS 的子系统构成和开发进程等。

2. 企业现状分析

企业现状分析包括企业计算机软硬件设备现状、能够参与开发的人员、计划投入的开发费用以及企业信息系统应用现状和企业对管理信息系统依赖的程度、应用环境等。

3. 企业流程重组

企业现有业务流程是在旧系统运行期间形成的，在新技术条件下要建立适应新系统运行的业务流程，对原有流程自然要经过合并、撤销、调整和新增等处理过程。

4. 对相关信息技术发展的预测

对 MIS 战略规划中涉及的软硬件技术、网络技术、数据处理技术的发展变化及其对信息系统的影响作出预测。

5. 资源分配计划

制订 MIS 建设所需的软硬件资源、信息设备、人员、技术和资金投入计划。

6.1.3 管理信息系统发展的阶段模型

任何企业的信息化建设都不可能一步到位，总是分阶段实施的。美国信息化专家诺兰教授在总结了若干家企业信息化的过程后，于 1973 年提出了著名的信息系统发展的阶段理论，被称为诺兰阶段模型，并于 1980 年进一步完善了该模型。诺兰阶段模型将企业信息化过程分成 6 个阶段，如图 6-1 所示。

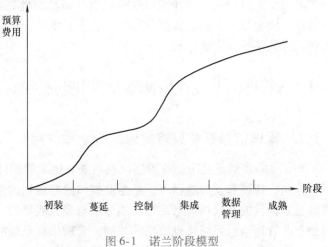

图 6-1 诺兰阶段模型

1. 初装阶段

初装阶段从企业购置第一台计算机并初步应用管理程序开始，一般发生在企业的财务、人事等数据处理量大的部门。该阶段的特点是计算机的作用被初步认识到，少数人具有了初步使用计算机的能力，计算机是分散控制的，没有统一的规划。

2. 蔓延阶段

随着计算机的应用初见成效，信息系统从少数部门扩散到各个部门，并开发了大量的应用程序，以至于在对信息系统的管理和费用方面都产生了危机，这便是所谓的"蔓延"阶段。

在该阶段中，数据处理能力发展得最为迅速，但同时在组织内部出现了许多诸如数据冗余、不一致性以及难以共享等有待解决的问题。

3. 控制阶段

随着计算机应用的进一步发展，预算每年以 30% ~40% 或更高的比例增长，投资的回收却不理想。企业管理者开始对计算机信息系统的开发使用进行控制。管理者召集来自不同部门的用户组成委员会，以共同规划企业信息系统的发展。应用开始走向正规，并为将来的信息系统发展打下基础。

4. 集成阶段

在控制的基础上，对子系统中的硬件进行重新联接，建立集中式的数据库并充分利用和管理各种信息的系统，从而使整个企业能够做到资源共享，提高管理效率。该阶段需要重新装备大量设备，预算费用又一次迅速增长。

5. 数据管理阶段

管理信息系统通过集成、综合之后才有可能进行有效的数据管理，实现数据共享。在数据管理阶段，企业开始使用一体化的管理软件，日常数据处理工作已经普遍由计算机完成，并对数据进行协调一致和深入使用；真正做到对整个企业的数据进行统一的规划和应用，提高信息的使用效率，充分发挥计算机信息系统的功能，把计算机应用推到了更高层次和更新领域。

6. 成熟阶段

到了成熟阶段，信息系统可以满足企业中各个管理层次（高层、中层、基层）的需求，从简单的事务处理，到中间层的控制管理，到支持高层管理的决策。企业真正把信息技术同管理过程结合起来，将组织内部、外部的资源充分整合和利用，从而提升了企业的竞争力和发展潜力。

诺兰阶段模型是描述信息系统在企业应用中阶段性发展的抽象模型，具有划时代的重要意义。诺兰阶段模型是在总结了全球尤其是美国企业近20年的计算机应用发展历程的基础上所浓缩出的研究成果，该理论已成为说明企业信息化发展程度的有力工具。该模型在概念层次上对企业信息化的计划制订过程大有裨益。因此，企业无论在确定开发管理信息系统的策略，或者在制订管理信息系统规划的时候，都应首先明确组织当前所处的信息技术应用阶段，进而根据该阶段特征来指导管理信息系统建设。

6.2 管理信息系统战略规划的常用方法

制订管理信息系统战略规划的方法很多，比较常用的有企业系统规划法（Business System Planning，BSP）和关键成功因素法（Critical Success Factors，CSF）。

6.2.1 企业系统规划法

企业系统规划法是IBM在20世纪70年代提出的，旨在帮助企业制订信息系统的规划，以满足企业近期和长期的信息需求。它较早地运用了面向过程的管理思想，是现阶段影响最广的方法。

1. BSP法的基本思路

其思路是：即将建立的信息系统必须支持企业目标；表达所有管理层次的要求；向企业提供一致性信息；对组织机构的变革具有适应性。企业系统规划法是从企业目标入手，逐步将企业目标转化为管理信息系统的目标和结构，从而更好地支持企业目标的实现。

2. BSP法的作用

企业系统规划法是通过识别企业"过程"以及各过程产生和使用的"数据"，来帮助企业规划人员制订MIS战略规划的结构化方法。因此，该方法有比较固定的规划步骤，按此方法一步一步地进行，将得到未来信息系统的总体结构、各子系统之间的数据交换关系以及各子系统的开发顺序，从而保证了信息的一致性。

BSP法的优点在于它能保证信息系统独立于企业的组织机构，即使企业的组织机构和管理体制发生变化，信息系统的结构体系也不至于受到太大的冲击，这就保证了信息系统具有对环境变化的适应性。

3. BSP 法的工作步骤

（1）准备工作

准备工作包括成立专门的委员会，企业的总经理或副总经理是委员会的最高负责人，下设一个专门的规划研究组，研究组不仅有信息技术人员，还包括各部门业务骨干，明确规划目标和范围，制订进度计划，并进行必要的人员培训。

（2）调研

通过多种方式调查、搜集有关材料，深入了解企业有关决策过程、组织职能、部门的主要活动以及企业存在的主要问题。

（3）定义业务过程

业务过程是指为了实现企业的目标而进行的一系列跨越时空、逻辑相关的业务活动。定义业务过程是 BSP 法的核心。

（4）业务流程重组

在定义业务过程的基础上，对其进行优化，分析哪些是冗余的、哪些是需要合并、撤销的等，也可能需要新增某个过程。主要是分析哪些过程是低效的，需要在信息技术条件下优化，哪些不适合计算机处理的特点，要加以取消。

（5）定义数据类

数据类是支持业务过程所必需的逻辑相关的数据。分析各业务过程使用的数据（即输入数据）和产生的数据（即输出数据），按逻辑相关性归纳分类。

（6）定义信息系统的总体结构

确定系统的总体结构也就是划分子系统构成，U/C 矩阵是确定总体结构的主要分析工具。

（7）形成最终的规划报告

整理研究结果，提出建议书和制订开发计划。

4. U/C 矩阵的应用

BSP 法将企业过程和数据类作为定义管理信息系统总体结构的基础，利用企业过程/数据类矩阵（也称 U/C 矩阵）来表达两者之间的关系。使用 U/C 矩阵的步骤如下：

（1）建立 U/C 矩阵

U/C 矩阵中的行表示过程，列表示数据类，过程与数据类交叉点上的符号 C（Create）表示这类数据由该过程产生，用交叉点上的 U（Use）来表示在这类过程中使用相应的数据类，没有符号的交叉点表示过程与数据类无关，如表 6-1 所示。U、C 在矩阵中的排列也是分散的。例如，经营计划过程需要使用财务和成本数据，则在这些数据下面的经营计划一行上画 U，该过程产生计划数据，则画上 C。

（2）U/C 矩阵求解

调换过程行和数据类列的顺序；对过程行按功能组排列，组内按发生先后次序排列；对数据类列进行左右移动，使矩阵中所有 C 尽量靠近主对角线；将 U 和 C 密集的地方框起来，所有 C 都必须包括在框里，沿对角线一个接一个地画框，既不能重叠，也不能漏掉任何一个过程。方框的划分是任意的，但 C 都包含在方框内。表 6-1 重新排列后成为表 6-2 所示的 U/C 矩阵。

表 6-1　过程/数据类关系

过程 \ 数据类	客户	订单	产品	工艺路线	材料表	供应商	成本	物料清单	原材料库存	成品库存	职工	销售区域	财务	计划	设备负荷	材料供应	工序
企业计划							U						U	C			
财务规划							U				U		U	U			
产品预测	U		U									U		U			
设计、开发	U		C		U			C									
产品工艺			U		C			U	U								
采购						C											
库存控制									C	C						U	U
调度		U				U									U		C
能力计划				U		U									C	U	
材料需求		U			U	U										C	
生产流程				C											U	U	U
区域管理	C	U	U														
销售	U	U	U									C					
订货服务	U	C	U														
运输		U								U							
会计总账	U					U							U				
成本核算		U				U	C										
人员计划													C				
招聘考核													U				

（3）确定 MIS 的总体结构

在 U/C 矩阵中，按上述方法形成的每个方框就是一个子系统，全部子系统产生所有的数据类，并实现所有的功能，从而构成完整的系统。按照这种划分，整个系统被划分为经营计划、技术准备、生产制造、销售、财会和人事 6 个子系统。从 U/C 矩阵不仅可以获得系统的总体结构，而且根据产生和使用数据的情况，再参考需求急迫程度、开发难易程度和对企业的重要程度等因素，便可确定各子系统的开发顺序。

（4）确定系统数据资源的分布

数据被方框分隔成两类：方框内和方框外。方框内的 U 和 C 表示的数据主要放在本系统计算机设备上处理；方框外的 U 表示各子系统之间的数据联系，可以放在网络服务器上供各子系统共享或通过网络相互传递。

在求解 U/C 矩阵的过程中注意正确性和完整性，通常情况下，一个数据类只能由一个子系统产生，每行需要有 C 或 U，不能有空行或空列。

6.2.2　关键成功因素法

关键成功因素法（CSF）是管理信息系统战略规划方法之一，在 1970 年由哈佛大学教

表 6-2　调整后的过程/数据类关系

过程＼数据类	计划	财务	产品	物料清单	材料表	供应商	原材料库存	成品库存	工序	设备负荷	材料供应	工艺路线	客户	销售区域	订单	成本	职工
企业计划	C	U														U	
财务规划	U	U														U	U
产品预测	U		U										U	U			
设计、开发			C	C	U								U				
产品工艺			U	U	C												
采购						C	U										
库存控制							C	C	U		U						
调度			U			U			C	U							
能力计划						U				C	U	U					
材料需求			U			U						C					
生产流程										U	U	U	C				
区域管理			U										C		U		
销售			U										U	C	U		
订货服务			U										U		C		
运输			U					U							U		
会计总账			U			U							U				U
成本核算						U									U	C	
人员计划																C	U
招聘考核																	U

授 William Zani 提出。20 世纪 80 年代初，麻省理工学院的教授 John Rokart 把 CSF 应用于 MIS 的战略规划。关键成功因素法是以关键因素为依据来确定系统信息需求的一种 MIS 总体规划方法。在现行系统中，总存在着多个变量影响系统目标的实现，其中若干个因素是关键的和主要的（即成功变量）。通过分析找出使企业成功的关键因素，然后再围绕这些关键因素，找出实现目标所需的关键信息集合，来确定系统的需求，从而确定系统开发的优先次序并进行规划。

关键成功因素法的实施步骤如下：

1）了解企业战略目标或 MIS 战略目标。

2）识别所有的成功因素。可以使用树枝因果图，采用逐层分解的方法引出影响企业或 MIS 目标的各种因素以及这些因素的子因素。图 6-2 所示为识别成功因素的树枝因果图。

3）确定关键成功因素。能否正确地确定关键成功因素是关键成功因素法能否成功的关键，不同行业的关键成功因素各不相

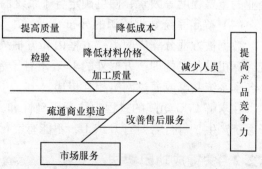

图 6-2　识别成功因素的树枝因果图

同，即使同一个行业，由于各自所处的外部环境不同和内部条件的差异，其关键成功因素也不尽相同。在实际应用中，首先根据已经确定了的企业目标，列举与目标实现有关的所有因素；然后讨论这些因素与目标之间的关系以便明确诸因素地位、作用的大小及相互关系，进而确定哪些因素应该合并，哪些应该忽略，经过筛选后保留那些确有关键作用的因素。

4）明确各关键成功因素的性能指标。关键成功因素的性能指标可以用来确定管理信息系统的需求，当这些需求确定之后，可以分析现有的信息系统已确定所需的信息是否已经存在或是否能够由现有的数据库生成。如果现有的信息系统不能提供这些信息需求，管理者就可以明确这一新的信息需求，并通过将要开发的系统来满足。

关键成功因素法的优点是能够使所开发的系统具有较强的针对性，能够较快地取得收益。应用关键成功因素法需要注意的是，当关键成功因素解决后，由于企业的需求具有不确定性，又会出现新的关键成功因素，就必须再重新开发系统。关键成功因素法用于高层管理一般效果较好，由于中层决策问题结构化较强，其自由度较小。

6.3　管理信息系统的开发方法

管理信息系统从产生到现在已经出现了许多开发方法，不论哪种方法，都必须遵循管理信息系统的生命周期理论。本节仅介绍其中的三种：结构化系统开发方法、原型法和面向对象方法。

6.3.1　管理信息系统的生命周期

任何事物都有一个产生、成长、成熟、衰退直至消亡的更新换代过程，这个过程称为事物的生命周期。管理信息系统也不例外，其生命周期包括系统规划、系统分析、系统设计、系统实施和运行维护阶段。在使用过程中，系统会不断衰退（由于软件功能无法适应环境变化），为了延长其寿命，需要不断维护，直至被新的系统所取代，旧系统彻底退出，其生命周期宣告结束。而新系统也将经历同样的过程。管理信息系统的生命周期模型如图 6-3 所示，由于各个阶段首尾相连，形如一个多级瀑布，也称瀑布模型。

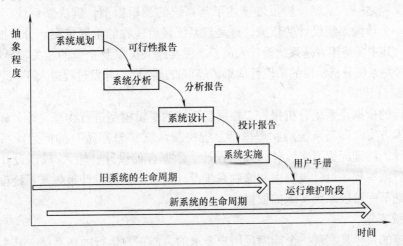

图 6-3　MIS 的生命周期模型

1. 系统规划阶段

系统规划的主要任务是对系统作全面长远的考虑，对企业概况及现行系统的状况进行初步调查，拟建系统的备选方案，并对备选方案进行可行性分析，写出可行性报告。

2. 系统分析阶段

系统分析阶段的任务是解决系统"做什么"的问题。根据系统设计任务书，对现行系统进行详细调查，提出新系统的逻辑模型。

3. 系统设计阶段

系统设计阶段的任务是解决系统"怎么做"的问题。这个阶段的主要任务就是根据系统分析阶段确定的方案，设计新系统的物理模型。

4. 系统实施阶段

系统实施阶段主要进行系统的具体实施，包括计算机等设备的购置、安装和调试，程序编制、系统调试与转换以及人员的培训等。

5. 系统运行、维护与评价阶段

系统运行、维护与评价阶段的主要任务是对运行系统进行维护和质量效益评价。

6.3.2　结构化系统开发方法

结构化系统开发方法（Structured System Development Methodology）是目前应用最为普遍的一种开发方法，是在信息系统生命周期模型的基础上发展起来的。其基本思想是：用系统的思想和系统工程的方法，按照用户至上的原则，结构化、模块化、自顶向下地先对系统进行分析与设计，然后再自底向上地逐步实施，从而构成整体系统。

1. 结构化系统开发方法的三个阶段

（1）系统分析

系统分析是结构化系统开发方法的一个重要阶段。当企业确定要进行新系统的开发时，开发人员首先进行详细调查，包括组织机构调查、管理功能调查、业务流程调查和数据流程调查，详细了解旧系统和用户需求，进行结构化分析，与企业协商确定新系统的功能需求和性能需求，提出新系统的逻辑模型，最后编写系统分析报告。系统分析报告是开发过程中最重要的开发文档之一。系统分析报告描述了新系统的逻辑模型，解决新系统"做什么"的问题，是下一个阶段系统设计的依据，也是新系统最后验收的重要依据。分析报告由系统分析人员编制，其主要使用者是系统设计人员、系统实施人员以及企业的相关领导和业务人员。系统分析报告是系统分析阶段的阶段性成果，经审查批准后，开发过程进入下一个阶段。

（2）系统设计

系统设计的依据是系统分析报告。根据新系统的逻辑模型进行物理设计，详细设计出系统实现的技术方案，即新系统的物理模型，解决新系统"怎样做"的问题。系统设计包括总体结构设计、物理配置方案设计、代码设计、数据存储设计、输入/输出设计、处理流程设计等，最后编写程序设计说明书和编制系统设计报告。系统设计报告是系统设计阶段的阶段性成果，是下一阶段系统实施的依据。

（3）系统实施

系统实施的目标是实现一个能满足用户要求的、能正常运行的新系统。其主要任务是进行计算机及网络系统的购置、安装调试；根据程序设计说明书进行程序开发与调试；数据的准备与输入；人员培训与系统切换等。系统实施的主要依据是系统设计报告，一般还需要制订详细的实施计划。最后的结果除了能正常运行的系统外，还应包括系统维护手册、系统使用说明书等。

2. 结构化系统开发方法的特点

（1）自顶向下进行分析与设计和自底向上逐步实施的系统开发过程。在系统分析与设计时，从整体全局考虑，自顶向下地工作；在系统实施阶段则根据设计的要求，先编制一个个具体的功能模块，然后自底向上逐步实现整个系统。

（2）坚持用户为中心的原则。准确把握用户的需求是影响系统开发成败的关键因素。在整个开发过程中，要面向用户，加强与用户的沟通，充分了解用户的需求与愿望。

（3）严格划分工作阶段。把系统开发的整个过程划分为若干工作阶段，每一个阶段都有明确的任务和目标、预期达到的工作成效，以便计划和控制进度，协调各方面的工作。前一阶段的工作成果是最后一阶段的工作依据。

（4）工作文档的标准化、规范化。结构化系统开发方法非常重视文档工作，要求每个阶段的工作完成以后，都要按工程标准完成相应的文档报告和图表。文档的标准化、规范化也为今后系统维护带来方便。

3. 结构化系统开发方法的不足

（1）预先定义所有需求。结构化系统开发方法的基本前提是必须能够在早期就冻结用户的需求，只适应于可以在早期阶段就完全确定用户需求的项目。然而在实际中要做到这一点往往是不现实的，用户很难在早期准确地陈述其需求。

（2）灵活性差。结构化系统开发方法完全按照已经确定的设计目标进行，因此，很难适用于运行环境经常变化的信息系统的开发。

（3）开发周期长。结构化系统开发方法要求必须按顺序一个阶段、一个阶段地进行开发，严格的阶段划分和文档要求造成开发周期漫长。

（4）不直观，用户最后才能看到真实模型。采用结构化系统开发方法，只有到系统实施的阶段，用户才能看到实际能使用的系统。在系统实施阶段之前的时间里，用户由于长时间看不到实际的系统会感到疑惑，开发热情减退，使开发人员与用户的交流产生影响。

因此，结构化系统开发方法适用于一些组织相对稳定、业务处理过程规范、需求明确且在一定时期内不会发生大的变化的大型复杂系统的开发，特别适合于有较好信息系统基础的企业。

6.3.3　原型法

原型法（Prototyping Approach）是 20 世纪 80 年代随着计算机技术的发展，特别是在关系数据库系统（RDBS）、第 4 代程序语言（4GL）的基础上发展起来的一种系统开发方法。与结构化系统开发方法相比，原型法不需要对现行系统进行全面、详细的调查与分析，而是使系统开发人员根据对用户需求的理解，在强有力的软件环境支持下，快速开发出一个能运行的系统原型提供给用户，然后与用户一起反复协商、修改，直到形成实际系统。

1. 原型法的开发步骤

系统开发人员在初步了解用户需求的基础上，迅速开发出一个能够运行的实验型的系统，即"原型"，交给用户使用并作出评价，然后与用户一起反复修改，直到用户满意为

163

止。原型法开发的阶段，如图6-4所示。

2. 原型法的主要优点

（1）减少开发时间，提高系统开发效率。原型法减少了大量制作文档的时间，开发周期短，费用相对少。

（2）改进用户与系统开发人员的信息交流方式。原型法将系统原型提供给用户，使用户在参与中直接发现问题，及时得到用户的反馈，这种方式改善了用户与系统开发人员的信息沟通状况，减少设计错误。

（3）用户满意程度高。原型法使用户面对的是一个活灵活现的系统原型，这不仅使得用户易于接受，而且激发用户主动参与的积极性，减少用户的培训时间，提高了用户的满意程度。

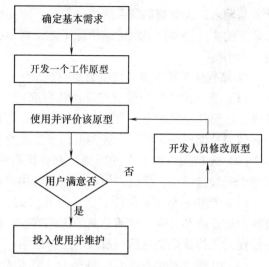

图6-4　原型法开发的阶段

（4）应变能力强。原型法是在迭代中完善的，信息技术的进步、企业经营环境的变化，都能及时地体现在系统中，这就使得所开发的系统能及时适应迅速变化的环境。

3. 原型法的局限性

（1）开发工具有要求高。原型法需要快速开发出原型，开发工作量较大，如果没有现代化的开发工具和技术支持是无法快速完成的。

（2）对大型系统或复杂性高的系统不适用。对于大型的、复杂的系统，设计人员很难理解透彻，如果采用原型法，分析和设计上的深度不够，那这个原型就需要反复迭代，反复修改的次数多了，周期就会变长，成本也会增大，这就会失去原型法的优势。

（3）对用户的管理水平要求高。原型法要求用户的管理能力要达到一定水平的，对于管理不善、信息处理混乱的用户，不能直接用原型法。

因此，原型法的适用范围是比较有限的，适用于小型、简单、处理过程比较明确、没有大量运算和逻辑处理过程的系统的开发。

6.3.4　面向对象方法

面向对象方法产生于20世纪60年代，在20世纪80年代后获得广泛应用。这种方法以类、继承等概念描述客观事物及其联系，为管理信息系统的开发提供了全新思路。

1. 面向对象方法的基本思想

面向对象方法认为：客观世界是由各种各样的对象所组成的，每种对象都有各自的内部状态和运动规律，不同的对象之间的相互作用和联系就构成了各种不同的系统。我们设计和实现一个客观系统时，如果能在满足需求的条件下，把系统设计成由一些不可变的（相对固定）部分组成的最小集合，这个设计就是最好的。因为这种设计把握了事物的本质，因而不再会被周围环境（物理环境和管理模式）的变化以及用户不断的需求变化所左右，而这些不可变的部分就是所谓的对象。

2. 面向对象方法的特点

面向对象方法是以对象为中心的一种开发方法，具有以下特点：

（1）封装性

对象是一个独立存在的实体，程序和数据是封装在一起的，从外部可以了解它的功能，但其内部细节是被"隐藏"和不受外界干扰的，对象之间的相互依赖性很小。封装性是一种信息隐蔽技术，是面向对象方法的基础。

（2）抽象性

抽象性是指抽象出客观事物的本质和内在属性而忽略一些无关紧要的属性。类是抽象的产物，对象是类的一个实体。同类中的对象具有类中规定的属性和行为。

（3）继承性

继承性是指子类共享父类的属性与操作的一种方式。类可以派生出子类，子类自动继承父类的属性与方法。可见，继承大大地提高了软件的可重用性。

（4）动态链接性

动态链接性是指各种对象间统一、方便、动态的消息传递机制。

3. 面向对象方法的优缺点

面向对象方法更接近于现实世界，可以很好地限制由于不同的人对系统的不同理解所造成的偏差；以对象为中心，利用特定的软件工具直接完成从对象客体的描述到软件结构间的转换，解决了从分析和设计到软件模块结构之间多次转换的繁杂过程，缩短了开发周期，是一种很有发展潜力的系统开发方法。

但是，面向对象方法需要一定的软件基础支持才可以应用，并且在大型 MIS 开发中不进行自顶向下的整体划分，而直接采用自底向上的开发，很难得出系统的全貌，会造成系统结构不合理，各部分关系失调等问题。

6.4　初步调查与可行性分析

初步调查与可行性分析是系统开发工作展开前的前期准备工作，它决定了该系统能否立项，以及立项后大致按什么规模、什么方式开发。所以，在系统开发之前对项目进行初步调查与可行性分析论证是非常必要的。

6.4.1　初步调查

调查一个企业的总貌及对信息系统的需求，其目的是为了合理地确定系统目标，进行系统初步分析以及可行性研究。调查的范围大致包括如下几方面。

1. 企业基本情况调查

企业基本情况包括企业的规模、性质、组织结构，产、供、销的概貌，人员、设备与资金状况等。除此之外，还必须调查清楚企业近期发生变化的可能性，这些可能的变化包括企业兼并、产品转向、厂址迁移、周围环境的变化等。

2. 现有信息系统运行状况调查

对现行系统不满意是企业要求开发新系统的原因之一。在决定是否开发新系统之前，必须了解现有系统（不论它是手工系统还是正在运行的计算机系统）的运行状况、特点、所

165

存在的问题、可利用的信息资源、可利用的技术力量以及可利用的信息处理设备等。

3. 用户需求调查

初步调查的第一步就要从用户提出新系统开发的原因，以及从用户对新系统的要求入手，考查用户对新系统的需求，预期新系统将来要达到的目的。

4. 管理方式和基础数据管理状况

企业现有的管理方式和基础数据管理状况是整个系统调查工作的重点，它与将要开发的系统密切相关。但是，在初步调查阶段我们只需要对这些进行大致的了解，并定性了解对今后系统开发能否支持即可。

6.4.2 可行性分析的内容

在对用户和原系统进行初步调查的基础上，开始从技术、经济和管理等方面研究并论证本项目的可行性，编写可行性分析报告，制订初步项目开发计划。

1. 技术上的可行性

首先，分析用户所提出的要求在现有技术条件下是否有可能实现。例如，通信设备性能、软硬件配置能否达到系统目标要求，能否满足系统在管理模型、处理精度、定量化分析方法方面的要求等。同时，对建立新系统的技术难点和解决方案进行评价。这里所说的现有技术条件，应指社会上已经普遍使用的和开发人员、操作人员能够运用的技术，不应该把尚在实验中的新技术和开发人员尚未掌握（或操作人员较难掌握）的技术作为分析的依据。

此外，还要考虑开发人员的技术水平，因为管理信息系统的开发属于知识密集型工作，因此，对技术的要求较高，如果缺乏足够的技术力量，或者单纯依靠外部力量进行开发，是很难成功的。

2. 经济上的可行性

对项目进行投资/效益分析。新系统的投资包括系统软硬件费、辅助设备费、机房建设和环境设施费、系统开发费、人员培训费、运行费（包括硬件、软件维护，计算机系统人员的工资，日常消耗物资的费用）等。效益则应从两个方面综合考虑，一部分是可以用钱衡量的效益，例如，加快流动资金周转，减少资金积压等；另一部分是难以用钱表示的，例如，提供更多的、更高质量的信息，提高取得信息的速度等。根据估算的直接效益和各种间接效益，评价新系统经济上的可行性。

3. 管理上的可行性

除了技术、经济因素之外，还有许多管理因素对于项目的发展起着制约作用。例如，与项目有直接关系的管理人员是否对于项目的开展抱有支持态度，如果有误解甚至有抵触态度，那么应该说条件还不成熟。又如，如果企业的管理制度正在变动之中，那么应该在企业的管理制度和管理方法制订之后，项目才能着手进行。再如，某些工作环节的工作人员水平比较低，在短期内这种情况不会有根本的变化，这时大范围地使用某些要求较高水平的新技术是不现实的。所有这些管理因素均必须考虑在内。

6.4.3 可行性分析报告

根据初步调查了解的情况，系统分析员对建立管理信息系统的必要性和可能性进行全面地分析，将分析的结果以书面形式表达出来，这就是可行性分析报告。

可行性分析报告目前尚无统一的格式，报告的内容通常包括引言、初步调查与分析、可行性分析结论，其核心内容应是：提出设想的新系统初步方案（一般应有几套），从各方面进行可行性分析，比较各种方案的利弊得失，并应提出倾向性的意见及理由，供用户在可行性审核时进行抉择。

可行性分析报告需要提交到正式会议上进行认真讨论和审查，可行性分析的结论可能是可以立即开发，改进原系统，目前不可行或推迟到某些条件具备以后再进行等。

可行性分析报告要尽量取得有关管理人员的一致认识，并经主管领导批准，才可付诸实施。同时，也意味着系统规划阶段的结束，而进入系统分析阶段。

综合案例：某集团公司 MIS 的战略规划

某集团型企业，是一家从事家电、信息、通信、电工等产品研发、生产及销售，集技、工、贸为一体的，拥有多个子公司的特大型国有控股企业。

目前集团的组织结构采用典型的事业部制，人、财、物归属各个事业部，事业部根据具体产品的不同又把人、财、物权分别下划到各个职能科室。大体分设资产、规划、财务、销售、法律、科研、质管、文化、设备、检验等职能处室。同时集团又下设财务、人力、营销、法律、技术、规划、文化、保卫等职能中心，它们与事业部下属的职能处室是传统的隶属关系；产品本部和事业部也是行政隶属关系。在这种组织机构下，集团是投资决策中心，事业部是利润中心，分厂是成本中心，班组是质量中心。这样形成的业务流程是纵向一体化结构，虽然在初期容易控制整个集团的商务运作，解决了决策混乱的局面，但随着集团规模的扩大，其机构重复设置造成的信息沟通速度慢、商务运作成本高、系统反应迟缓的问题就暴露出来了。集团董事会认为集团公司的主要功能除对投资决策、战略规划等方面进行统一运作外，还需对采购、销售、库存、财务等进行统一管理，其目标是追求功能和业务领域的优化和协同性，以降低采购、仓储和运输成本，提高资金周转率与利用效率，实现市场份额的不断增长。该集团已经制订的企业发展战略目标是：建立标准规范、统一平台的集约化财务管理，建立集中采购和统一配送的物流和销售管理模式，建立集团化的战略决策支持系统。

集团的 CIO 综合运用业务系统规划法（BSP）和关键成功因素法（CSF）将企业发展战略目标转换为 IT/IS 战略目标。

通过分析事业部（子公司）的各项独立的业务活动，进行业务流程重组，将分属于每个事业部的财务、采购、销售业务分离开来，把各个产品事业部的采购职能、仓储职能、运输职能整合为一个部门——物流推进部，由物流推进部统一行使各产品事业部的上述三种职能；将各产品的国内营销功能整合为一个部门——商流推进部；将国外营销部门整合为海外流（海外推进本部）；将财务部门整合为财务中心和资金结算中心；又把人力资源、技术质量、设备管理等部分分离出来，重新设计相关的人力资源、技术质量管理、设备管理等支持流程体系。

为了支持上述业务流程，提出了集团信息系统的应用目标，即构造一个支持集团化管理和跨地域的信息化管理平台，并在此平台上建立"四个中心"：数据中心、文件中心、结算中心、财务中心；"三个快速反应体系"：快速营销体系、快速供应体系、快速生产体系；

167

"三个JIT"：定时、定量、定点采购，定时、定量、定点送料，定时、定量、定点配送。

在充分考虑集团的信息化系统未来发展的需要和分步实施的要求的基础上，根据目前集团企业信息化情况，将集团信息化建设分为三个阶段。

第一阶段的应用目标可制订为完善基于Internet/Intranet制造系统的总体信息构架平台，建成覆盖和各有关子公司通信的综合管理信息网络和信息系统。逐步实现以下4个目标：①与各子公司局域网挂接，进行信息集成。②和子公司企业信息系统进行信息交互。③与驻外分销机构进行信息集成。④和配套企业针对生产计划和库存情况等方面的信息进行交换，达到在最大限量减少库存的前提下，保证外购配套件的适时、适量、成套供应。

第二阶段的建设内容主要是建立统一的数据中心。①尽可能利用公司计算机系统的原有数据，在对原有数据加工整理的基础上，规范公司的数据管理，统一数据标准，解决企业内部信息源头多、信息重复不一致的问题。②建立集团统一标准的数据库平台，开发专用接口包、通用接口工具，实现各子公司原有系统和新建系统的信息集成。③在此基础上，逐步开发出基于数据仓库的OLAP系统，支持全面的多维分析。④建立统一的文件中心。建立集团公司和下属公司之间的自动办公化系统。实现自动地管理和控制信息流及行政事务工作流，实现集团和下属公司行政事务办公的自动化、集团化、无纸化、远程化。⑤统一结算和财务中心。按照集团化管理的要求，整合和完善现有的财务系统，实现集团资金从各子公司分散运作改为由集团公司统一调度、统贷统还，以避免决策的疏漏和使用上的浪费，更主要的是可以利用各控股子公司资金使用上的时间差，从而提高资金运作效率。此外，实现分销机构的成品销售与总部门结算财务的在线管理。

第三阶段按照供应链的思想，建立动态快速供应体系。通过电子商务网站的升级与完善和实施电子化供应链系统，实现供应商的优化管理和网上电子采购及定时、定量、定点采购供应。

案例来源：http://www.it86.cc/cio/2007/0412/627.shtml

本 章 小 结

本章首先介绍了管理信息系统战略规划的概念、作用、内容，信息系统发展的阶段理论——诺兰阶段模型，然后介绍了管理信息系统战略规划的两种常用方法，管理信息系统的三种开发方法，最后介绍了可行性分析的内容。

本章重点介绍了BSP方法，读者一定要熟悉U/C矩阵的使用，了解通过U/C矩阵来确定管理信息系统总体结构和各子系统开发顺序的原理，明白为什么按此方法做出的战略规划与企业的组织机构无关。本章还介绍了CSF方法，要熟悉CSF的步骤。管理信息系统开发的三种方法重点掌握结构化方法和原型法。

每个系统在开发前都要进行技术的、经济的以及管理方面的可行性研究，并编写可行性分析报告，只有在可行性报告获得批准后，才能开发立项。

习 题

1. 什么是MIS战略规划？其作用是什么？

2. 试述 MIS 战略规划的内容。

3. 诺兰模型把企业信息化过程分为哪几个阶段？学习诺兰模型有何意义？

4. BSP 法的基本思路是什么？

5. 简述使用 U/C 矩阵的步骤。

6. 比较分析 BSP 方法、CSF 方法的优缺点。

7. 管理信息系统的生命周期分哪几个阶段？

8. 试述结构化系统开发方法、原型法和面向对象方法的优缺点和使用场合。

9. 初步调查的范围是什么？

10. 可行性分析的任务是什么？

11. 案例讨论题：结合案例调研一个企业，综合利用 BSP 法和 CSF 法将企业战略目标转化为信息系统的战略目标。

第 7 章

管理信息系统的开发

管理信息系统开发的目标是根据系统规划所确定的总体结构方案和项目开发计划，把拟定的项目计划转化成可以运行的实际系统。按照结构化系统开发方法，MIS 开发过程分为系统分析、系统设计和系统实施三个阶段。

7.1 管理信息系统的系统分析

经过可行性分析，确定要进行新系统的开发时，便进入到系统分析阶段。

在系统分析阶段，系统分析人员首先要在详细调查、充分认识现有系统的不足和用户需求的基础上，进行结构化分析，确定新系统的功能需求和性能需求，提出新系统的逻辑模型，最后编写系统分析报告。系统分析报告描述了新系统的逻辑模型，解决新系统"做什么"的问题，既是系统设计和实施的依据，也可作为最后交接验收的依据，是整个开发过程中最重要的文档之一。

7.1.1 现行系统的详细调查

详细调查是指集中一段时间和人力，对现行系统作全面、充分和详细的调查，弄清现行系统的边界、组织机构、人员分工、业务流程、各种计划、单据和报表的格式、种类及处理过程、企业资源及约束情况等，为系统开发做好原始资料的准备工作。

1. 详细调查的原则

1）真实性：调查中要去伪存真，保证调查所得资料的真实性。虚假的调查资料会影响系统分析与设计人员的判断，为系统的开发留下隐患。

2）全面性：系统由若干子系统构成，详细调查应包括所涉及的所有方面，注意调查资料的完整性。如果在详细调查时忽略了某些内容，待系统实现后再补充进去，其花费会成倍增长，有些疏漏也许是事后无法弥补的。

3）规范性：规范性是指调查过程的规范性和对结果描述方法的规范性。调查步骤要循序渐进、逐步深入，对调查分析结果的描述采用一套规范的逻辑模型描述方法。在调查过程中使用一系列规范、直观的图表工具，把调查结果全面、详细地描述出来，既可以提高调查质量，又可以建立一套完整的调查文档。

4）启发性：详细调查不仅需要业务人员的密切配合，更需要调查人员的启发引导。许多业务人员对计算机处理信息的特点不甚了解，往往不能准确地表达新系统的功能需求和性能要求，这就需要调查者尽量使用业务人员能够理解的方式提出问题和启发思维。

2. 详细调查的方法

对现行系统的详细调查是一项繁杂而艰巨的任务，为了收到预期的调查效果，应当运用有效的方法、掌握一定的要领和技巧。常用的调查方法如下：

1）召开座谈会。这是一种集中调查的方法，适合于了解宏观情况。

2）问卷调查。把要调查的问题设计成调查表，让被调查者填写，适用于一些有共性的问题和较大范围的调查。

3）走访面谈。对特殊问题、个别细节的调查需要对有关人员作专题访问。

4）直接参加业务实践。必要时也可以亲自参加业务实践，一方面，对于复杂的处理过程如能亲手做一做，会更加心中有数。另一方面，在业务实践中，可以和用户广泛接触，开展交流，使开发人员更加了解用户，也使用户更了解新系统。

3. 详细调查的内容

详细调查的目的是为了建立新系统的逻辑模型，与可行性分析阶段的调查相比，无论在深度还是广度上都要有所加深和扩展。通过详细调查，为系统的逻辑模型提供详尽的、准确的、完整的和系统的资料。详细调查包括如下几个方面：

（1）组织结构调查

详细调查当然应该围绕现行系统的数据处理展开，然而，信息又渗透于组织之中。因此，人们必须从具体的组织结构出发，逐步抽象，才能最后得出现行系统的全貌。除了组织结构的框架，还要了解各职能部门（特别是与所开发系统相关的部门）的职责、工作内容和内部分工。

（2）功能需求调查

功能需求是用户对新系统的基本需求。大部分功能需求用户能够直接提出来，但有些需求用户可能不会直接提出，他们认为是不言而喻的。调查中要引导用户把这些隐性的需求明确化、具体化。在调查功能需求时，要充分与用户协商，把管理信息系统处理数据的性能和特点介绍给用户。

（3）性能需求调查

性能体现系统的品质，如计算或网络速度、存储容量、差错率、方便性、安全性等。由于用户对信息技术不够了解，调查中要引导、启发用户提出具体、量化的需求。

（4）业务流程调查

业务流程指为了实现组织目标而进行的一系列逻辑相关的业务活动。全面细致地了解整个系统各方面的业务流程，注意发现和消除业务流程中不合理的环节。

（5）数据流程调查

对收集的数据和处理数据的过程进行分析整理，在业务流程调查的基础上舍去具体的物质要素，只考虑数据的流向、处理和存储等，并绘制原系统的数据流程图，为进一步的分析作准备。

（6）系统环境调查

系统环境不直接包括在管理信息系统之中，是对管理信息系统有较大影响的因素的集合。环境调查的内容包括处理对象的数据来源，处理结果的输出时间和方式、格式等。

（7）各种信息载体的收集

调查过程中要注意收集与系统相关的各种凭证、卡片、原始单据、账簿、输出报表；统计各类数据的类型、格式、平均值、最大值、最小值、数据流向、流量等数据特征值。这项任务贯穿于详细调查的全过程，为之后进行的数据流程分析、对新系统数据结构的设计和数据存储的设计提供依据。

7.1.2　组织结构与业务流程分析

1. 组织结构分析

组织结构分析主要是根据系统调查的结果，给出企业的组织结构图。据此分析各部门间的内在联系，判断各部门的职能是否明确，是否真正发挥作用。根据同类型企业的国际国内先进管理经验，对组织结构设置的合理性进行分析，找出存在的问题。根据计算机管理的要求，为决策者提供调整机构设置的参考意见。如图 7-1 所示，组织结构图是表示部门之间的隶属关系的树形图。

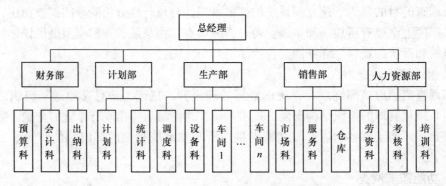

图 7-1　某企业的组织结构图

2. 管理功能分析

为了实现系统的目标，系统必须具有各种功能。所谓功能，指的是完成某项工作的能力。每个组织都是一个功能机构，都有自己的功能。以组织结构图为背景分析各部门的功能后，分层次将其归纳整理，形成各层次的功能结构图。然后自上而下逐层归纳和整理，形成以系统目标为核心的整个系统的功能结构图，如图 7-2 所示。

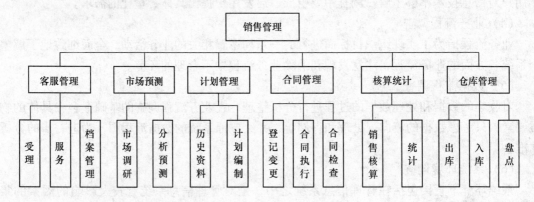

图 7-2　某企业的功能结构图

3. 业务流程分析

在对组织结构和管理功能进行分析后，需要从业务流程的角度将系统调查中有关业务流程的资料整理出来。

业务流程分析的主要任务是分析各环节的管理业务活动，掌握管理业务内容、作用及信息的输入、输出，数据存储和信息的处理方法及过程，发现原系统流程的不合理部分，并提出优化方案。在此基础上，画出业务流程图。

业务流程图是一种描述系统内各部门、人员之间业务关系、作业顺序和管理信息流向的图表，利用业务流程图可以帮助人们描述和分析业务流程中的不合理流向。

业务流程图的绘制并无严格的限制，只需简明扼要地反映实际业务即可。

例如，某企业建设物资供应信息系统，系统分析人员了解到该企业物料管理的业务流程如下：

1）当车间需要领用物料时，首先填制领料单，交仓库负责人。

2）仓库负责人查阅用料计划，以决定是否批准车间的领料申请。

3）未批准的领料单退还车间。

4）已批准的领料单交仓库管理员备货。

5）库管员检查库存账（该账记录了每一种物料的进货情况、领用情况以及库存情况），看是否有足够的物料供领用。

6）如果物料足够，则通知车间领料（领料通知单），车间领料后，由库管员登记用料流水帐（该流水账详细记录进货、出货细节），并修改库存台账。

7）如果缺货，则库管员填写缺料通知单，交采购员外出订货。

8）到货后，采购员填写入库单交库管员准备验货入库，修改库存账。

9）保管员定期进行库存盘点，并填制库存报表送有关部门。

根据以上调查资料，系统分析人员画出了该企业物资管理的业务流程图，如图7-3所示。

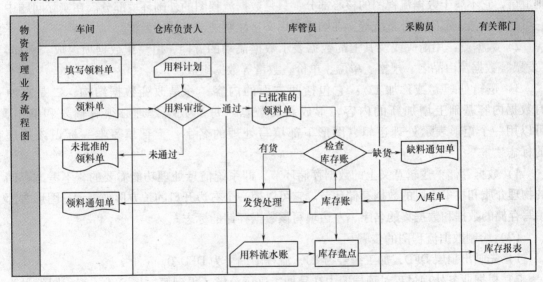

图 7-3　某企业物料管理的业务流程图

7.1.3　数据流程分析

数据流程分析是系统分析的核心和重点。由于管理信息系统中的数据繁多，关系错综复杂，因此在调查和分析中，必须采用有效的调查分析方法和表达方式。数据流程图表达了各种数据的转换关系，而数据字典表示了数据各种程度的细节及它们之间的层次关系。

1. 数据流程图（Data Flow Diagram，DFD）

业务流程调查过程中绘制的管理业务流程图虽然形象地表达了管理中信息的流动和存储，但仍没有完全脱离一些物理要素（如人、货物、产品等）。为了便于计算机进行信息管理，还必须进一步舍弃业务流程中的物理要素，只保留信息（或数据）在流程中流动、处理和存储的情况，即绘制系统的数据流程图。

（1）数据流程图的概念

数据流程图是一种能全面地描述管理信息系统逻辑模型的主要工具，它使用4种符号综合地反映出信息在系统中的流动、处理和存储。数据流程图具有抽象性和概括性。抽象性表现在它完全舍去了具体的物理要素，只剩下信息的流动、处理和存储；概括性表现在它可以把信息中的各种不同业务处理过程联系起来，形成一个整体。无论是手工操作还是计算机处理，都可以用数据流程图表示。数据流程图的4种符号画法如图7-4所示。

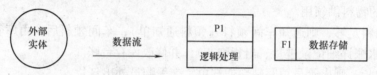

图7-4 数据流程图的基本符号

1）外部实体：指系统外与系统有联系的人或事物，表示该系统数据的来源和去处。原则上讲，它不属于数据流程图的核心部分，只是数据流程图的外围环境部分。在实际问题中它可能是人员、部门或外系统等。在圆圈中用文字注明外部实体的名称。

2）数据流：用箭头线及其上的数据表示数据流动的方向，由一组数据项组成。例如，"发票"数据流由品名、规格、单位、单价、数量等数据组成。

3）逻辑处理（或称加工）：它包括两方面的内容：一是改变数据结构；二是在原有数据内容基础上增加新的内容，形成新的数据。每个数据处理必须有输入和输出，可以用一个矩形表示处理逻辑，图形下部填写处理的名字，上部填写唯一标识该处理的标志。

4）数据存储：逻辑意义上的数据存储环节，即系统信息处理功能需要的、不考虑存储的物理介质和技术手段的数据存储环节。它可以用一个右边开口的长方形来表示，图形右部填写存储的数据和数据集的名字，左边填写该数据存储的标志。

（2）绘制数据流程图的步骤

1）先画出顶层DFD，加工编号为P0，流程图编号为DFD/0。

2）根据业务处理过程对顶层图中0号加工进行分解，得到第一层DFD，流程图编号为DFD/1，其上的加工编号分别为P1、P2。

3）如果第一层仍很复杂，需对其继续分解，得到第二层DFD，流程图编号DFD/2，其上的加工编号分别为P1.1、P1.2、P2.1、P2.2，一直分解到都是基本加工为止。

4）对草图进行检查，看是否有遗漏、重复和冲突，并调整布局。

5）装配数据流程图总图。

DFD 分解的步骤如图 7-5 所示。

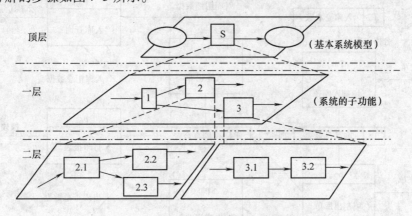

顶层 （基本系统模型）

一层 （系统的子功能）

二层

图 7-5 DFD 逐层分解示意图

绘制数据流程图的过程是系统分析的主要过程，同时也是一个多次反复的过程。一个数据流程图往往需要经过多次修改和讨论，才能最终确定。下面是一个绘制数据流程图的实例。

例如，某商业企业开发商品库存管理系统，要求能参照商品目录清单填制入库单和出库单，制单时，能查询结存信息以便对采购入库作出某种限制并检查现有库存能否满足出库要求；根据出/入库单登记出库流水账和入库流水账，根据出/入库流水账修改库存台账；每天打印购销日报表；要求系统提供日常的购销查询功能。

按照数据流程图的步骤，首先确定与本系统有关的外部实体——用户。绘制顶层的数据流程图，表示操作员输入出库单、入库单、购销查询、报表打印等，如图 7-6 所示。

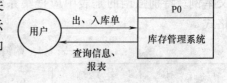

图 7-6 顶层数据流程图

然后，绘制下一层的数据流程图。对顶层数据流程图的分解从数据处理开始，将"库存数据处理"分解为 7 个主要的数据处理，根据具体情况还应该对底层数据流程图再进行进一步的分解，如图 7-7 所示。

2. 数据字典（Data Dictionary，DD）

（1）数据字典的概念

画数据流程图时，为了提高可读性，要求图中标注的数据流名称、数据处理名、数据存储名以及外部项名都要简单明了，但这给理解和后面的设计带来了不便，所以，必须对图中的每个元素作出解释。数据字典就是对数据流程图中的所有数据流、数据处理、数据存储以及外部项进行详细定义的文件。数据流程图配以数据字典，就可以从图形和文字两个方面对系统的逻辑模型进行完整的描述。

数据字典包括数据项、数据结构、数据流、数据处理、数据存储和外部实体 6 个方面的定义。既然 DFD 中只有 4 种元素，为什么 DD 中却有 6 种元素的定义呢？这是因为在定义数据流之前，必须先定义数据项和数据结构。

数据字典的定义可以采用卡片式，也可以采用表格式，不管哪种格式，其内容是一致的。

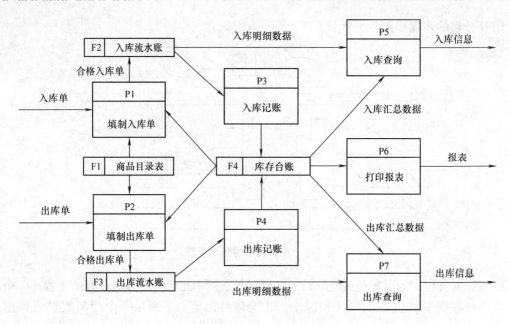

图 7-7　库存管理系统的数据流程图

（2）数据字典的内容

1）数据项：又称数据元素，是系统中最基本的数据单位。搜集系统中所涉及的所有数据项，对每个数据项作出定义，填表或制成卡片装订。表 7-1 是购销存系统部分数据项的定义举例。特别强调的是表中应搜集系统所涉及的所有数据项，这里只写了几项以显示其格式。

表 7-1　购销存系统部分数据项的定义举例

编　号	名　称	别　名	值　域	类型/长度	备　注
I01	商品编号	商品号		C/6	
I02	商品名称	商品名		C/20	
I03	规格型号	规型		C/10	
I04	计量单位	单位		C/4	

2）数据结构：数据结构描述某些数据项之间的关系。一个数据结构可以由若干个数据项组成，也可以由若干个数据结构组成，还可以由若干个数据项和数据结构组成。数据结构仍可用表格或卡片式定义。表 7-2 是购销存系统部分数据结构的定义举例。表中 S02 客户信息的组成包括客户编号 + 客户名称 + 联系电话都是在数据项中已经定义过的，结构定义时只用数据项的编号即可。

表 7-2　购销存系统部分数据结构的定义举例

编　号	名　称	组　成	备　注
S01	商品信息	I01 + I02 + I03 + I04	
S02	客户信息	I11 + I12 + I13	

3）数据流：数据流由一个或一组固定的数据项组成。定义数据流时，不仅要说明数据流的名称、组成等，还应指明它的来源、去向和数据流量等。表 7-3 所示为购销存系统数据流定义举例。

表 7-3　购销存系统数据流定义举例

编　号	名　称	组　成	来　源	去　向	流　量
L01	出库单	编号 + 日期 + 制单人 + S01 + 数量 + 单价 + 金额 + S02	销售科	出库单处理模块	10 份/h

说明：出库单组成的定义应使用数据项和数据结构的编号，前面数据项定义举例中没有列出来的使用了"日期"、"制单人"等名称。

4）数据处理：在数据字典中，仅对数据流程图中最基本的处理逻辑加以说明。对数据处理的定义，仍可以采用表格式，这里采用卡片式举例。

数据处理编号：P2。

数据处理名称：入库记账。

简　　　述：根据入库单更新库存总账。

输 入 数 据 流：入库流水账中尚未登账的入库单。

数据处理逻辑：尚未登账的入库单按商品编号分类汇总；在总账中找到对应品种、对应月份；修改本月合计购入数；修改结存数；入库单作已记账标记。

输出数据流：汇总后的数据写入库存台账。

处 理 频 率：可以对每张入库单处理一次或多张入库单一次性处理。

5）数据存储：在数据字典中只描述数据的逻辑存储结构，而不涉及它的物理组织。

例如，出库流水账的定义。

数据存储编号：F3。

数据存储名称：出库流水账。

简　　　述：存放出/入库单信息。

数据存储组成：出库单编号 + 日期 + 制单人 + S01 + 数量 + 单价 + 金额 + S02。

关 　键 　字：出库单编号。

相关联的处理：P2，P4，P7。

6）外部实体：要定义外部实体的编号、名称、简述及有关数据流的输入和输出等。

编写数据字典是系统开发的一项重要的基础工作。一旦建立，并按编号排序之后，就是一本可供查阅的关于数据的字典，从系统分析一直到系统设计和实施都要使用它。在数据字典的建立、修正和补充过程中，始终要保证数据的一致性和完整性。

3. 描述处理逻辑的工具

数据流程图中比较简单的处理逻辑可以在数据字典中作出定义，但还有不少逻辑上比较复杂的处理，若仅仅用文字表达，不仅十分繁琐，而且难以理解。因此，有必要运用一些描述处理逻辑的工具来加以说明，可以清晰地表达条件、决策规则和应采取的行动之间的逻辑关系，容易为管理人员和系统分析人员所接受。下面介绍常用的三种描述复杂处理逻辑的工具。

（1）结构化语言表示法

人们日常生活中使用的自然语言语义丰富、语法灵活，可以描述十分广泛而复杂的问题。但自然语言没有严格的规范，理解上容易产生歧义。计算机语言是一种形式化语言，各种词汇均有严格定义，语法严格规范，但使用的词汇限制在很小的范围内，叙述方式繁琐，难以清晰、简洁地描述复杂问题。结构化语言的特点介于两者之间。举例如下：

```
if 一次性货款≥5 万元
        if 欠款天数≤3 个月
            7 折
    else
            if   老客户
            8 折
        else
            9 折
        endif
    endif

    不打折
endif
```

（2）判断树（Decision Tree）

判断树是用树形分叉图表示处理逻辑的一种工具。它由两部分组成，左侧用分叉表示条件，右侧表示采取的行动（处理方案），如图 7-8 所示。可以看出，采用判断树，形象直观，简单明了，不易产生逻辑上的混乱，特别适合于条件组合不太多的情况。当条件组合较多，相应的决策方案也较多的情形下用判断树来描述时，树的结构比较复杂。

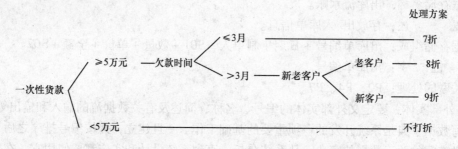

图 7-8　某商业企业的销售折扣方案

（3）判断表（Decision Table）

在判断条件较多时，用判断表来描述更为合适。对图 7-8 所示的销售折扣方案用判断表描述见表 7-4。采用判断表可以清晰地表达条件、决策规则和处理方案之间的逻辑关系，将复杂的决策问题简洁、明确地描述出来，容易为管理人员和系统设计人员所接受。判断表是描述条件比较多的决策问题的有效工具。

表 7-4 销售折扣方案的判断表

	1	2	3	4
C1：一次货款≥5 万元	Y	Y	Y	N
C2：欠款天数≤3 个月	Y	N	N	—
C3：老客户	—	Y	N	—
A1：7 折	√			
A2：8 折		√		
A3：9 折			√	
A4：不打折				√

7.1.4 建立新系统逻辑模型

新系统的逻辑模型（或称逻辑方案）是经分析和优化后，新系统信息处理的方法和拟采用的管理模型。详细调查、进行系统分析等都是为最终建立新系统的逻辑模型作准备，所以，新系统逻辑模型的建立是系统分析阶段的最终成果，也是下一步系统设计和系统实现的依据。

新系统的逻辑模型主要包括：对系统业务流程分析整理的结果，对数据及数据流程分析整理的结果，各个具体的业务处理过程，以及根据实际情况应建立的管理模型和管理方法等。

1. 新系统信息处理方案

前面对原系统进行的分析优化，其结果就是新系统拟采用的信息处理方案。包括如下内容：

1）确定合理的业务流程。主要说明业务流程作了何种更改，原因是什么。给出最终的业务流程图及其文字说明，特别指出哪些部分由计算机系统自动完成，哪些需要用户配合完成。

2）确定合理的数据和数据流程。主要说明数据流程进行了何种更改，原因是什么。给出最终的数据流程图，指出哪些部分由计算机系统自动完成，哪些需要用户配合完成；和用户共同确认最终的数据字典内容，确认数据指标体系是否全面、合理，数据精度能否满足要求等。

3）确定新系统的功能结构和数据分布。仍可采用前面介绍的 U/C 矩阵方法确定新系统的功能结构及子系统划分，确定各子系统之间的数据交换关系，确定新系统的数据资源分布方案，如哪些在本系统设备内部，哪些在网络服务器或主机上。

2. 确定新系统中的管理模型

确定新系统的管理模型就是要确定今后系统在每一个具体的管理环节上的处理方法。一般应根据系统分析的结果和管理科学方面的知识来定，包括综合计划模型、生产计划管理模型、库存管理模型、财务管理模型等。

7.1.5 编制系统分析报告

系统分析阶段的成果就是系统分析报告，它反映了这一阶段调查分析的全部情况，是下

179

一步设计与实现系统的纲领性文件。系统分析报告形成后必须组织各方面人员（包括用户企业的领导、管理人员、专业技术人员、系统分析人员等）一起对已经形成的逻辑方案进行论证，尽可能地发现其中的问题、误解和疏漏。对于误解、疏漏要及时纠正，对于有争论的问题要重新核实当初的原始调查资料或进一步地深入调查研究，对于重大的问题甚至可能需要调整或修改系统目标，重新进行系统分析。总之，系统分析报告是一份非常重要的文件，必须认真讨论和分析。系统分析报告的内容如下：

1. 组织情况简述

这部分包括组织结构、组织的目标、组织的工作过程和性质、业务功能、组织与外部实体间有哪些物质以及信息的交换等。

2. 新系统目标

拟采用什么样的开发策略和开发方法，人力、资金和计划进度的安排，系统完成后，各部分的功能，某些指标与其达到的程度，有哪些工作是原系统没有而计划在新系统中增补的，等等。

3. 现行系统的运行状况

介绍原系统信息处理以及信息流动的情况。各主要业务环节对业务处理总的数据存储量、处理速度要求、主要查询和处理方式、现有的各种技术手段等，都应作一个简单介绍。

4. 新系统的逻辑方案

新系统的逻辑方案是系统分析报告的主体，主要反映分析的结果和建设新系统的设想。它应包括上面各个分析阶段的结果。

1）新系统的业务流程，这是优化和重组后的结果。

2）优化后的数据流程和拟定的数据指标体系。

3）各个业务环节拟采用的管理方法、算法或模型。

4）与新系统配套的管理制度和运行体制的建立。

5. 新系统开发费用与时间进度估算

为了使领导在审查时获得更多关于开发费用和工作量的信息，需要对费用和时间进行初步估算。

说明：系统分析阶段还包括数据存储分析，即确定系统所要处理的数据，用实体、联系等概念描述系统的概念模型（E-R图）。到设计阶段再把概念模型转化为数据模型。但为了使读者能完整地掌握数据库建设过程，本书将数据分析、设计等所有与数据库有关的内容集中放在系统设计阶段介绍。

7.2 管理信息系统的系统设计

系统分析阶段已经建立了系统的逻辑模型，明确了系统的功能，回答了系统"做什么"的问题。系统设计是利用系统分析的成果，以系统分析报告为依据，把系统逻辑模型转换成物理模型，即为实现系统的功能确定实施方案，回答系统"怎样做"的问题。该阶段的阶段性成果——系统设计报告是下一个阶段系统实施的工作依据。

7.2.1　系统设计阶段的任务与原则

1. 系统设计阶段的任务

系统设计阶段的任务主要包括如下几方面：

1）系统总体结构设计：根据系统的逻辑模型设计系统的物理结构，一般用功能结构图进行描述。

2）系统物理配置方案设计：包括硬件设备配置、网络选型、系统软件的选择等。

3）代码设计。

4）数据库设计。

5）输入、输出设计与编写程序设计说明书。

最后编写系统设计报告，作为下一阶段系统实施的依据。

2. 系统设计的原则

（1）系统性

从整个系统的角度考虑，系统的代码要统一，设计规范要标准，传递语言要尽可能一致，对系统的数据采集要做到数出一处、全局共享，使一次输入得到多次使用。

（2）灵活性

为了保持系统的长久生命力，要求系统具有较强的环境适应性，为此，系统应具有较好的开放性和结构可变性。因此，在系统设计中，尽量采用模块化结构，提高模块的独立性，尽量降低模块间的耦合程度，使各子系统间的数据依赖降至最低限度。这样，既便于模块的修改，又便于增加新的内容，提高系统适应环境变化的能力。

（3）可靠性

可靠性是指系统抵御外界干扰的能力及受外界干扰时的恢复能力。衡量系统可靠性的指标包括平均故障间隔时间和平均维护时间。前者指前后两次发生故障的平均时间，反映了系统安全运行时间，后者指故障发生后平均所用的修复时间，反映系统可维护性的好坏。一个成功的管理信息系统必须具有较高的可靠性，如安全保密性、检错及纠错能力、抗病毒能力等。

（4）经济性

经济性是指在满足系统需求的前提下，尽可能减少系统开销。一方面，在硬件投资上不能盲目追求技术上的先进性，而应以满足应用需要为前提；另一方面，系统设计中应尽量避免不必要的复杂化，各模块应尽量简洁，以便缩短处理流程，减少处理费用。

7.2.2　系统的总体结构设计

系统的总体结构设计主要是划分子系统和确定每个子系统的功能结构，并画出功能结构图。管理信息系统的开发策略是先自上而下地将整个系统划分为若干功能模块，每个功能模块进一步分解为几个更小的模块，层层分解直到最基本的功能模块。每个模块功能单一，相对独立，便于实现和修改，这种方法称为模块化。模块化是一种把复杂问题简单化的重要的设计思想。

系统由模块构成，系统的质量取决于模块的质量以及模块间联系的质量。模块划分的原则称为模块独立性原则：模块的独立性要好，模块间联系要少，或者说模块内聚度要高，耦合度要小。

内聚指模块内各部分的联系。模块内各部分的联系应尽可能紧密，分工明确，没有冗余，共同作用以实现本模块的功能。

耦合指模块间联系的紧密程度。在设计时应想办法尽量减少模块间的联系，如"工资计算"模块的输出不是直接作为"工资表打印"模块的输入，而是增加一个数据存储，计算结果送数据存储，需要打印的时候，直接到数据存储中取数据。这就减少了"工资计算"和"工资表打印"这两个模块间的直接联系。

整理数据流程图可得到功能结构图。功能结构图描述了各层数据流程图中数据处理的逻辑关系，省去了外部实体、数据流以及数据存储等，实际是各层 DFD 的组装结果。图 7-9 是库存管理功能模块结构图。

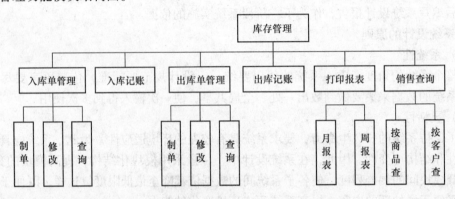

图 7-9　库存管理功能结构图

7.2.3　物理配置方案设计

在进行系统设计时，还要进行计算机物理系统配置方案的设计，需要解决计算机软、硬件系统的配置，通信网络系统的配置，数据库管理系统的选择，计算机处理方式的选择等问题。写出计算机物理系统配置方案报告，经过用户和领导部门的同意才可进行实施。

由于满足企业功能要求的计算机物理系统投资较大，少则几十万元、几百万元，多则千万元。因此，选择一个合适的计算机物理系统配置方案是至关重要的。

1. 设计依据

1）系统的吞吐量。吞吐量是指系统单位时间内执行的作业数。如果要求系统具有较大的吞吐量，就应当选择具有较高性能的计算机和网络系统。

2）系统的响应时间。从用户向系统发出一个作业请求开始，经系统处理后，到给出应答结果的时间称为系统的响应时间。

3）系统的可靠性。系统的可靠性可以用连续工作时间表示。例如，对于每天需要 24h 连续工作的系统，则系统的可靠性就应该很高，这时可以采用双机双工结构方式。

4）集中式还是分布式。如果一个系统的处理方式是集中式的，则管理信息系统既可以是主机系统，也可以是网络系统。若系统的处理方式是分布式的，则采用微机网络将更能有效地发挥系统的性能。

5）地域范围。对于分布式系统，要根据系统覆盖的范围决定采用广域网还是局域网。

2. 计算机软、硬件的选择

根据系统需要和资源约束，进行计算机软、硬件的选择。计算机软、硬件的选择，对于管理信息系统的功能有很大的影响。大型管理信息系统软、硬件的采购可以采用招标等方式进行。随着计算机科学与技术的飞速发展，计算机软、硬件的升级与更新速度也很快，新系统的建设应当尽量避免先买设备，再进行系统设计的情况。

3. 计算机通信网络系统的选择

计算机通信网络系统的设计主要包括中、小型机方案与微机网络方案的选取，网络互联结构及通信介质的选择，局域网拓扑结构的设计，网络应用模式及网络操作系统的选型，网络协议的选择，网络管理，远程用户等工作。有关内容请参考计算机网络的技术书籍。

4. 数据库管理系统的选择

管理信息系统都是以数据库系统为基础的，一个好的数据库管理系统对管理信息系统的应用有着举足轻重的影响。目前，市场上流行的数据库管理有 Oracle、SQL Server、VFP Access 等。

5. 计算机处理方式的选择和设计

计算机处理方式可以根据系统功能、业务处理特点、性能/价格比等因素，选择批处理、联机实时处理、联机成批处理、分布式处理等方式。在一个管理信息系统中，也可以混合使用多种方式。

7.2.4 代码设计

在日常生活中，人们会接触到各式各样的代码，像邮政编码、电话号码、宿舍号、学号等。代码是人为确定的代表客观事物（实体）名称、属性或状态的符号。在管理信息系统中，代码是进行信息分类、校对、统计和检索的依据。代码设计就是要设计出一套能为系统各部分共用的、优化的代码系统，这是实现计算机管理的前提。

1. 代码设计的原则

代码设计是一项重要的工作，合理的编码结构是使管理信息系统具有生命力的重要因素。设计代码的基本原则如下。

1）唯一性：每个代码都仅代表唯一的实体或属性。

2）系统性：系统所用代码要尽量标准化，尽量参照国家和行业标准。

3）合理性：代码结构要合理，尽量反映编码对象的特征，并与事物分类体系相适应，以便代码具有分类的标示作用，便于理解和交流。

4）稳定性：代码应能适应环境的变化，要预留足够的扩充余地。要具有不能轻易改变的持久性，避免经常修改。随便改变编码结构对设计工作来说是一种严重的浪费。

5）可识别性：一般说来，代码越短，分类、准备、存储和传递的开销越低，数据检索及处理就越好。当代码很长时，应分成小段，便于记忆。

2. 代码的分类

目前，人们对代码分类的看法很不一致。一般说来，代码可按文字种类或结构规则进行分类。按文字种类可分为数字代码、字母代码（英语字母或汉语拼音字母）和数字字母混合码。按结构规则可以分成以下几类：

183

（1）顺序码

顺序码又称系列码，它用连续数字代表编码对象，通常从 1 开始编码。其优点是简短，缺点是不便记忆。但在信息系统的设计工作中，纯粹的顺序码是很少被使用的，通常，顺序码作为其他码分类中细分类的一种补充手段。

例如，各种票据的编号，都是顺序码。

（2）区间码

区间码把代码的各数字位分成若干个区间，每一区间都规定不同的含义。因此，代码中数字的值和位置都代表一定的意义。

例如，我国的邮政编码、居民身份证码等。

（3）助记码

助记码是指将编码对象的名称、规格等作为代码的一部分，以帮助记忆。例如：

TV-B-14　　　14 寸黑白电视机

TV-C-20　　　20 寸彩色电视机

助记码适用于码的需要量较少的情况，否则容易引起联想而出错。

3. 代码的校验

代码作为计算机的重要输入内容之一，其正确性直接影响计算机处理的质量，因此，需要对输入计算机中的代码进行校验。为了保证输入的正确性，应有意识地在原有代码的基础上，加一位校验位，使其变成代码的一个组成部分。校验位通过事先规定的数学方法计算出来。输入时，计算机用同样的方法计算出校验位，并与输入的校验位比较，以检验输入的正确性。

（1）校验位可以发现的错误

1）识别错误：1/7，0/O，Z/2，D/O，S/5，……

2）易位错误：12345/13245，……

3）双易位错误：12345/13254，……

4）随机错误：上述两种或两种以上的错误都出现。

（2）校验位的查错原理

举例：xxxxx　——设计好的代码共 5 位。

　　　　xxxxxx ——增加校验位后共 6 位，使用时，需用 6 位 xxxxxx。

使用时，应录入包括校验位在内的完整代码，代码进入系统后，系统将取前 5 位，按照确定代码校验位的算法进行计算，并与录入代码的最后一位（校验位）进行比较，如果相等，则录入代码正确，否则录入代码错误，需重新录入。

（3）校验位的确定步骤

设有一组代码为 $a_1a_2a_3a_4\cdots a_i$，为代码的每一位 a_i 确定一个权数 p_i（权数可为算术级数、几何级数或质数）。

$$校验码 = \left(\sum_{i=1}^{n} p_i a_i \right) \bmod (M_0)$$

式中　M_0——模数；

　　　p_i——第 i 位代码字符的权；

　　　a_i——第 i 位代码字符的值。

1）校验码"位数"的选择。通常采用一位数字校验码。

2）"模"的选择原则。模的取值应大于代码字符集中字符的个数；模与代码各位上的权互为质数；模最好为质数。通常取 11 作为模数，这样，余数最大为 10。由于校验位取一位，当余数为 10 时，规定校验位仍取 0。

3）"权"的选择原则。通常有如下三种选择权的方法：

算术级数法：权取 2，3，4，5，6，…

几何级数法：权取 2，4，8，16，32，…

质数法：　　权取 3，5，7，13，17，…

（4）举例：校验位的确定

原设计的一组代码为 5 位，如 32456，按算术级数法求校验位。

原代码：3　2　4　5　6

各乘以权：6　5　4　3　2

乘积之和：$18 + 10 + 16 + 15 + 12 = 71$

模取 11 求余数：$71/11 = 6 \cdots 5$

校验位为 5

带校验位的码：324565

7.2.5　数据库设计

数据库设计是指根据用户需求研制数据库结构的过程，具体地说，是指对于一个给定的应用环境，构造最优的数据库模式，建立数据库及其应用系统，使之能有效地存储数据，满足用户的信息要求和处理要求。也就是把现实世界中的数据，根据各种应用处理的要求，加以合理地组织，满足硬件和操作系统的特性，利用已有的 DBMS 来建立能够实现系统目标的数据库。

数据库是管理信息系统的重要组成部分，因此，数据库设计是信息系统开发过程中的核心技术，数据库设计的质量将直接影响整个系统的运行效率和用户对数据使用的满意度。

1. 数据库设计的方法

传统的数据库设计主要采用手工和经验相结合的方法，设计的质量往往取决于设计人员的经验和水平，缺乏科学理论和工程方法的支持，难以保证设计的质量，增加了系统开发的成本。

经过多年的努力，运用软件工程的思想与方法，研究人员提出了许多数据库设计方法，这些设计方法都属于规范化设计方法。其中新奥尔良（New Orleans）法是目前公认的比较完整和权威的一种规范设计法。新奥尔良法将数据库设计分成需求分析（分析用户需求）、概念设计（信息分析和定义）、逻辑设计（设计实现）和物理设计（物理数据库设计）。目前，常用的规范化设计方法大多起源于新奥尔良法，并在设计的每一阶段采用一些辅助方法来具体实现。

下面简单介绍几种常用的规范化设计方法。

（1）基于 E-R 模型的数据库设计方法

基于 E-R 模型的数据库设计方法是由 P. P. S. chen 于 1976 年提出的数据库设计方法，其基本思想是在需求分析的基础上，用 E-R（实体—联系）图构造一个反映现实世界实体之间联系的企业模式，然后再将此企业模式转换成基于某一特定的 DBMS 的概念模式。

（2）基于3NF（第三范式）的数据库设计方法

这是一种结构化数据设计方法，其基本思想是在需求分析的基础上，确定数据库模式中的全部属性和属性间的依赖关系，将它们组织在一个单一的关系模式中，然后再分析模式中不符合3NF的约束条件，将其进行投影分解，规范成若干个3NF关系模式的集合。

（3）对象定义语言（Object Definition Language，ODL）方法

这是一种基于面向对象技术建立数据库的方法，该方法用面向对象的概念和术语来说明数据库结构。ODL的主要作用是进行面向对象数据库设计，进而将其直接转换成面向对象数据库管理系统（OODBMS）的说明。

目前，许多计算机辅助软件工程（Computer Aided Software Engineering，CASE）工具可以自动或辅助设计人员完成数据库设计过程中的很多任务。比如 SYSBASE 公司的 PowerDesigner 和 Oracle 公司的 Design 2000。

2. 数据库设计的步骤

数据库作为信息系统的重要组成部分，数据库设计应该和应用系统的设计过程紧密结合起来。在结构化系统开发过程中，数据库设计主要包括如下步骤：用户需求分析、概念结构设计、逻辑结构设计和物理结构设计。

（1）用户需求分析

数据库的用户需求分析是整个数据库设计过程中比较费时、比较复杂的一步，也是最重要的一步，是在系统分析的详细调查阶段完成的。这个阶段的主要任务是从数据库设计的角度出发，对现实世界要处理的对象（组织、部门、企业等）进行详细调查，在了解原系统的概况，确定新系统功能的过程中，收集支持系统目标的基础数据及其处理。在分析用户要求时，要确保用户目标的一致性。

（2）概念结构设计

数据库概念结构设计是在系统分析阶段进行的，该阶段的任务是根据用户需求设计数据库的概念数据模型（简称概念模型）。概念模型直接面向现实世界，是独立于具体 DBMS 的。概念模型常用后面介绍的 E-R 模型表示。

（3）逻辑结构设计

数据库的逻辑结构设计是将概念结构设计阶段完成的概念模型转换为能被选定的数据库管理系统（DBMS）所支持的数据模型。数据模型是对客观事物及其联系的数据化描述。数据模型可以由实体联系模型转换而来，也可以用基于第三范式的方法进行设计。

（4）物理结构设计

数据库最终要存储在物理设备上。对于给定的逻辑数据模型，选取一个最适合应用环境的物理结构的过程，称为数据库物理结构设计。物理结构设计的任务是为了有效地实现逻辑模式，确定所采取的存储策略。此阶段是以逻辑结构设计的结果作为输入，结合具体 DBMS 的特点与存储设备特性进行设计，选定数据库在物理设备上的存储结构和存取方法。

3. 概念模型

数据模型是现实世界中的事物及事物间的联系在计算机中的表示。为了建立数据模型，首先把现实世界中的事物及事物间的联系用一些概念描述出来，称为概念模型。一方面，概念模型是从用户的观点对数据及信息建模，不涉及具体的 DBMS，是系统分析人员与用户交

流的有力工具。另一方面，概念模型应能很方便地转化为数据模型。

建立概念模型所涉及的主要概念有：

1）实体：现实世界中可以区分的事物。可以是具体的对象，也可以是抽象的事件。如一个人、一棵树、一场球赛都是实体。

2）实体集：同类实体的集合。

3）属性：实体具有的某种特性。如描述学生的属性包括学号、姓名、年龄、性别等。

4）实体标识符：在众多属性中能够唯一标识实体的属性或属性组合。如学生的"学号"。

5）联系：现实世界的事物总是存在着这样或那样的联系。实体间的联系有以下三种。

一对一联系（1∶1）：实体集 A 中的每个实体至多与实体集 B 中的一个实体发生联系，反之亦然。

如图 7-10a 所示，一个工厂只有一名厂长，一个厂长也只管理一个工厂，工厂和厂长之间具有一对一联系。

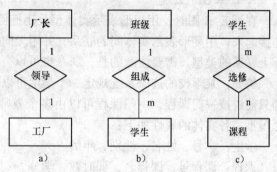

图 7-10　实体间的联系实例
a）一对一联系　b）一对多联系　c）多对多联系

一对多联系（1∶m）：实体集 A 中的每个实体可与实体集 B 中的多个实体发生联系，而实体集 B 中的每个实体至多与实体集 A 中的一个实体发生联系。

如图 7-10b 所示，一个班级有多名学生，而一个学生只属于一个班级，班级和学生之间具有一对多联系。

多对多联系（m∶n）：实体集 A 中的每个实体可与实体集 B 中的多个实体发生联系，反之亦然。

如图 7-10c 所示，一名学生可以选多门课程，一门课程允许多个学生选，学生和课程之间具有多对多联系。

一般情况下，两个以上实体集也存在一对一、一对多或多对多联系。

例如，对于课程、教师与参考书三个实体集，如果一门课程可以有多名教师讲授，使用多本参考书，而每个教师只讲授一门课，每本参考书只供一门课使用，则课程与教师、参考书之间的联系如图 7-11 所示。

同一个实体集内部的各实体间也可以存在一对一、一对多、多对多的联系。例如，某一职工作为单位领导，它能领导其他职工。领导和职工有一对多的关系，如图 7-12 所示。

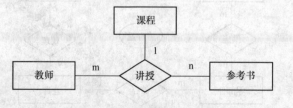

图 7-11　三个实体集间的联系

图 7-12　同一实体集内的联系

187

现实世界中的事物用上述概念描述出来就构成了概念模型。实体—联系模型（Entity-Relationship，简称 E-R 模型）是一种常用的概念模型，实体—联系图（简称 E-R 图）是实体—联系模型的图形表示。

在系统分析阶段，通过详细调查，了解客观事物及其联系之后，即可着手建立 E-R 模型。根据收集到的材料（DFD 和 DD），利用分类、聚集、概括等方法抽象出实体，并一一命名，再分析实体间的各种联系。先设计出各个局部 E-R 模型，最后集成构成整个系统的 E-R 模型。

4. E-R 图的绘制

在画 E-R 图时，用矩形表示实体型，用椭圆表示属性，并用无向边将其与相应的实体连接起来；用菱形表示实体间的联系，并用无向边分别与有关实体联系起来，同时在无向边标上联系的类型。需要注意的是，联系也可以有属性。

例如，某学校的选课系统规定一个学生可以选多门课，一门课允许多个学生选，一个教师只能讲授一门课程，一门课程可以由多个教师讲授。用 E-R 图画出该学校选课系统的概念模型。各实体的属性如下：

学生：学号，姓名，性别，年龄。

课程：课程号，课程名，课时数，学分。

教师：教师号，姓名，性别，年龄，职称。

通过分析不难看出，这里有学生、课程和教师三个实体，学生、课程间有多对多的联系，课程、教师间有一对多的联系，先画出草图，最后整理成图 7-13 所示的 E-R 图。

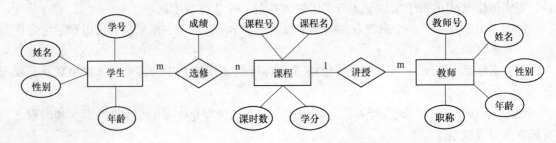

图 7-13　完整的实体—联系图

图 7-13 是完整的实体—联系图。由于实体属性较多，为了简单明了，也可以将实体的属性另作图画出或直接用文字描述，如图 7-14 所示，实体—联系图中省略了实体的属性，称为简化的实体—联系图。

5. 数据模型

E-R 模型只是建立了信息世界的概念模型，为了便于计算机处理，还需要转化为数据模型。

将概念模型转化为数据模型是数据库设计阶段的重要任务，数据模型与所选用的 DBMS 有关。数据模型分为层次模型、网状模

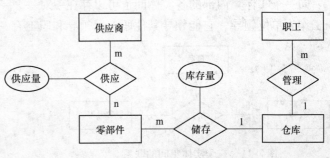

图 7-14　简化的实体—联系图

型和关系模型三种，现在使用的都是关系型的 DBMS，所以这里只介绍关系模型。

关系模型是指现实世界中的事物及事物间的联系用关系描述的模型。

1）关系：满足一定条件的二维表称为关系，如学生成绩表。

2）元组：表中的一行称为一个元组（或称记录）。

3）属性：表中的一列称为一个属性（或称字段），如学生表有学号、姓名、性别等属性。

4）主码（或称主关键字）：关系中能唯一标识一个元组的属性或属性组合，如学生表中的学号属性。

5）候选码：若关系中的某一属性组的值能唯一标识一个元组，而其任何真子集都不能再标识，则称该属性组为候选码。例如，在学生实体中，"学号"是能唯一区分学生实体的，同时又假设"姓名"、"年龄"的属性组合足以区分学生实体，那么 ｛学号｝和｛姓名，年龄｝都是候选码。

6）关系模式：它是对关系的描述，一般表示为：关系名（属性1，属性2，属性3，……）。

7）外码：某属性或属性组合不是本关系的主码，但却是本数据库中另一个关系的主码，称其为本关系模式的外码。

6. E-R 模型向关系数据模型转换

E-R 模型中的主要成分是实体和联系，可以分别对实体和联系实施如下的转换规则。

（1）实体转换规则

E-R 模型中的每个实体都相应地转换为一个关系模式，该关系模式应包括对应实体的全部属性，并根据关系表达的语义确定出主码。

（2）联系转换规则

由于外码在关系模型中是实现联系的主要手段，所以，应该在转换后的各关系中确定各自的主码和外码。对于图 7-15 三种 E-R 模型中的联系，根据不同的联系方式，可以采取不同的处理手段。

189

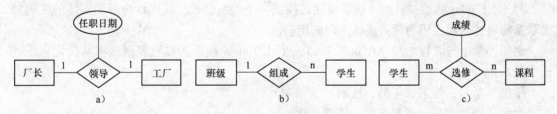

图 7-15　三种 E-R 模型

a) 1:1 联系　b) 1:n 联系　c) m:n 联系

1）对于 1:1 联系：可以在两个实体转换成的任意一个关系模式中加入另一个关系的主码和联系的属性。也可以将联系单独转换为一个关系，关系的属性为两个实体的主码和联系的属性，每个实体的主码均是该关系的候选关键字。

例如，厂长和工厂之间存在如图 7-15a 所示的 1:1 的联系，将其转化为关系模式时，把"领导"关系模式省略，在厂长关系模式中增加"厂名"和"任职日期"属性。

图 7-15a 模型转化为：

厂长（姓名，性别，年龄，厂名，任职日期）

工厂（<u>厂名</u>，厂址，建厂日期，工厂性质，主要产品，职工人数）

厂长关系模式中"姓名"是主码，"厂名"是外码，工厂关系模式中"厂名"是主码，厂长与工厂的联系（1:1）隐含在厂长关系模式中，"任职日期"是联系的属性。

也可以将联系"领导"单独转换成一个关系模式，这样转换后的结果为：

厂长（<u>姓名</u>，性别，年龄）

工厂（<u>厂名</u>，厂址，建厂日期，工厂性质，主要产品，职工人数）

领导（<u>姓名</u>，厂名，任职日期）或领导（姓名，<u>厂名</u>，任职日期）

从理论上讲，1:1联系可以与任意一端对应的关系模式合并。但在有些情况下，与不同的关系模式合并效率会不大一样。因此，究竟应该与哪端的关系模式合并，需要依应用的具体情况而定。

厂长（<u>姓名</u>，性别，年龄）

工厂（<u>厂名</u>，厂址，建厂日期，工厂性质，主要产品，职工人数）

领导（<u>姓名</u>，厂名，任职日期）

注意：每个关系模式中构成主码的属性或属性组合带下画线。

2）对于1:n联系：可以在n方实体转换成的关系模式中加入1方实体转换成的关系模式的主码和联系的属性；也可以将联系单独转换为一个关系，则与该联系相连的各实体的主码以及联系本身的属性均换为关系的属性，而关系的关键字为n端实体的主码。

例如，班级与学生间存在1:n的联系，其E-R图如图7-15b所示。可以转化为：

班级（<u>班级号</u>，班级名，学院），主码为班级号

学生（<u>学号</u>，姓名，性别，年龄，专业，班级号），主码为学号，外码为班级号

也可将其转化为三个关系模式：

班级（<u>班级号</u>，班级名，学院），主码为班级号

学生（<u>学号</u>，姓名，性别，年龄，专业），主码为学号

属于（<u>学号</u>，班级号），主码为学号

3）对于m:n联系：只能将联系单独转换成一个关系模式，其属性为两端实体的主码加上联系的属性，而主码为两方实体主码的组合。

例如，学生与课程之间存在如图7-15c所示的m:n联系。按照规则，将其转化为下述三个关系：

学生（<u>学号</u>，姓名，年龄，性别）

课程（<u>课程编号</u>，课程名称，任课老师）

选修（<u>学号</u>，<u>课程编号</u>，成绩）

由于学生和课程之间存在m:n联系，所以联系转换为一个关系：选修。由学生的主码学号和课程的主码课程编号共同构成其主码。

7. 关系规范化

我们知道，关系数据库是由一组关系组成，一个关系可以用来描述一个实体及其包括的属性，又可用来描述实体之间的联系。那么，针对一个具体的问题，如何构造适合于它的关系模式，即应该构造几个关系，每个关系由哪些属性组成等。这是关系数据库的规范化问题。规范化理论研究关系模式中各属性之间的依赖关系及其对关系模式性能的影响。

规范化是在保持存储数据完整性的同时最小化冗余数据的结构的过程。规范化的数据库

必须符合关系模型的范式（Normal Form，NF）规则。范式可以防止在使用数据库时出现不一致的数据，并防止数据丢失。范式表示的是关系模式的规范化程度，也就是满足某种约束条件的关系模式，根据满足的约束条件的不同来确定范式。各种形式的范式在关系数据库中都允许存在，但是为了构造好的逻辑结构，常常需要将低级范式分解为若干个高级范式，这个过程称为关系的规范化。关系模型的范式有第一范式、第二范式、第三范式和 BCNF 范式等多种。

在介绍范式之前，需要先定义几个关于属性间关系的概念。

1）依赖：若某属性或属性组合 X 定了，属性 Y 也就跟着定了，称 X 决定 Y，或称 Y 依赖 X。如学生（学号，姓名，性别，年龄）中，姓名、性别、年龄等都依赖学号。

2）主属性：构成主码的属性称为主属性，其他称为非主属性。所有非主属性依赖主码，如学生关系模式中学号为主属性，其他为非主属性；选课（学号，课程号，成绩）中，学号和课程号为主属性，成绩为非主属性。

3）部分依赖与完全依赖：若某属性依赖主码中的部分属性，则称部分依赖于主码；若某属性依赖主码中的所有属性，则称完全依赖于主码。当然，只有当属性组合作为主码时，才可能有部分依赖的问题。例如，关系模式（学号，课程号，成绩，性别）中，学号和课程号共同作为主码，成绩完全依赖于主码，性别仅由学号决定，与课程号没有关系，性别是部分依赖于主码。

4）传递依赖：若 Z 依赖 Y，并且 Y 依赖 X，则称 Z 传递依赖 X。例如，关系模式（学号，所在系，系主任），系主任依赖所在系，所在系依赖学号，则系主任传递依赖学号。

8. 关系的规范化过程

（1）第一范式（1NF）

属于第一范式的关系应满足的基本条件是元组中的每一个属性都必须是不可再分的数据项。例如，表 7-5 所示关系不符合第一范式，而表 7-6 则是经过规范化处理，去掉了重复项而符合第一范式的关系。

表 7-5　不符合第一范式的关系

教师代码	姓　名	工　资	
		基本工资	附加工资
1001	张强	1000.00	200.00
1002	李敏	800.00	200.00
1003	王方	700.00	100.00

表 7-6　符合第一范式的关系

教师代码	姓　名	基本工资	附加工资
1001	张强	1000.00	200.00
1002	李敏	800.00	200.00
1003	王方	700.00	100.00

（2）第二范式（2NF）

第二范式指的是这种关系不仅满足第一范式，而且所有非主属性完全依赖于其主码（即没有部分依赖的问题）。例如，表7-7所示关系虽满足1NF，但不满足2NF，因为它有非主属性所在系和系主任不完全依赖于由学号和课程名组成的主码。这种关系会引起插入异常、删除异常、数据冗余和更新异常。当要插入新的课程时，由于暂时无人选，缺少相应的学号，以致无法插入；当删除99002这位学生时，将有管理会计这门课的信息也丢失了；同一数据多处重复存放，若修改了部分数据，会引起数据不一致。解决方法是将一个非2NF的关系模式分解为多个2NF的关系模式。

表7-7　不符合第二范式的关系

学　号	所　在　系	系　主　任	课　程　名	成　绩
99001	会计系	张强	基础会计	87
99001	会计系	张强	成本会计	89
99002	会计系	张强	管理会计	78
99003	计算机系	李敏	离散数学	80
99003	计算机系	李敏	数据结构	90

在本例中，分解为两个关系模式：表7-5所示关系被分为满足2NF要求的两个关系：

学生（学号，所在系，系主任）。

选课（学号，课程名，成绩）。

这样的两个关系模式因为没有部分依赖的问题，都满足2NF。

（3）第三范式（3NF）

第三范式指的是这种关系不仅满足第二范式，而且它的任何一个非主属性都不传递依赖于主码（或者说非主属性之间没有依赖关系）。

考察上面的关系模式学生（学号，所在系，系主任），虽已满足2NF，但仍然有插入异常、删除异常、数据冗余和更新异常的问题。为什么？原来该关系模式不是第三范式。由于所在系和系主任是1:1的关系，系确定了，系主任自然也就确定了，系主任依赖所在系，所在系依赖学号，所以，系主任通过所在系传递依赖学号。

消除传递依赖关系的办法，是将学生（学号，所在系，系主任）分解为如下两个3NF关系模式：

学生（学号，所在系）。

系（所在系，系主任）。

3NF消除了插入、删除异常及数据冗余、修改复杂等问题，已经是比较规范的关系。

在关系规范化的过程中，规范理论还提出了BCNF、4NF等，但在实际应用中，一般企业管理信息系统数据存储逻辑结构要求达到3NF就可以了。

7.2.6　输入/输出设计

输入/输出（I/O）设计是管理信息系统设计的重要内容。管理信息系统设计的最终目标是满足用户的要求，输入设计对系统的质量有着重要影响，是管理信息系统与用户之间交互的纽带，而输出设计反映了系统开发的目的，其结果是评价系统开发成功与否的主要标准。需要注意的是，在系统的输入/输出设计过程中，应先根据管理和用户的需要进行输出设计，然后再根据输出所要求获得的信息进行输入设计。

1. 输出设计

（1）输出设计的内容

1）输出信息使用情况：包括信息的使用者、使用目的、信息量、输出周期、有效期、保管方法和输出份数等。

2）输出信息内容：包括输出项目、精度、信息形式（文字、数字）。

3）输出格式：表格、报告、图形等。

4）输出设备和介质：设备如打印机、显示器等；介质如磁盘、磁带、纸张（普通、专用）等。

输出设计的任务是使管理信息系统输出满足用户需求的信息，这直接关系到系统的使用效果和系统开发的成败。

（2）输出设计的方法

在系统设计阶段，设计人员应给出系统输出的说明，这个说明既是将来编程人员在软件开发中进行实际输出设计的依据，也是用户评价系统实用性的依据。因此，设计人员要能选择合适的输出方法，并以清楚的方式表达出来。

输出方法主要有以下几种：

1）表格信息。一般而言，表格信息是系统对各管理层的输出，以表格的形式提供给信息使用者，一般用来表示详细的信息，如财务报表等。

2）图形信息。管理信息系统用到的图形信息主要有直方图、圆饼图、曲线图、地图等。图形信息在表示事物的趋势、多方面的比较等方面有较大的优势，在进行各种类比分析中，起着数据报表所起不到的显著作用。表示方式直观，常为决策者所喜爱。

（3）输出设计的评价

输出设计的好坏可以从以下方面考虑：

1）能否为用户提供及时、准确、全面的信息服务。

2）是否便于阅读和理解，符合用户的习惯。

3）是否充分考虑和利用了输出设备的功能。

4）是否为今后的发展预留一定的余地。

2. 输入设计

（1）输入设计的原则

要获得输出信息的高质量，必须有输入信息的高质量。提高输入效率和减少输入错误是输入设计的两个根本原则。具体要求如下：

1）控制输入量、减少输入延迟。由于数据输入与计算机处理比较起来相对缓慢，在数据录入时，系统的大多数时间都处于等待状态，系统效率将显著降低。同时，数据录入工作一般需要人的参与，大量的数据录入往往浪费很多人力资源，增加系统的运行成本。

2）允许用户控制交互的流程。用户可以跳过不必要的操作，改变动作次序或取消刚才的操作。

3）可由信息系统导出或计算出的数据，不要再由用户输入。

4）为所有的输入动作提供帮助。

5）具有自动数据校验和检查的功能，尽可能防止用户出现不必要的输入错误。

（2）输入设备选择和输入格式设计

输入设计首先要确定输入设备的类型和输入介质，目前常用的输入设备包括键盘、光电阅读器、终端输入、触摸屏、光笔、扫描仪等。

输入格式应该针对输入设备的特点进行设计。若选用键盘方式人机交互输入数据，则输入格式的编排应尽量做到计算机屏幕显示格式与单据格式一致。输入数据的形式一般可采用"填表式"，如图7-16所示的商品采购入库单。该单由用户逐项输入数据，输入完毕后系统应具有要求"确认"输入数据是否正确无误的功能。

商品采购入库单

入库单编号：C（10）　　　　　　　　　　入库日期：C（4）年C（2）月C（2）日

供货单位编号：C（30）　　　　　　　　　供货单位名称：C（30）

商品编号	商品名称	规格型号	计量单位	单　价	数　量	金　额
C（8）	C（16）	C（12）	C（4）	N（12，2）	N（8，2）	N（12，2）
合　计						

库管员：C（8）　　　　　采购员：C（8）　　　　　财务记账标志C（1）

[保存]　　　[退出]

图7-16　商品采购入库单

（3）输入数据的正确性校验

在输入时，校对方式的设计非常重要，特别是针对数字、金额数等字段，没有适当的校对措施作保证是很危险的。所以，对一些重要的报表，输入设计一定要考虑适当的校对措施，以减少出错的可能性。但应指出的是，绝对保证不出错的校对方式是没有的。

常用的校对方式如下：

1）人工校对：即录入数据后再显示或打印出来，由人工校对。这种方式效率太低，较少使用。

2）二次键入校对：同一批数据两次键入，由系统自动检查两次输入的结果，完全一致部分则可认为输入正确；将不同部分显示出来由人工确定。该方法最大的好处是方便、快捷，适用于成批数据的输入。

3）根据输入数据之间的逻辑关系校对：如利用会计恒等式。

4）用程序实现校对：若已知数据的取值范围或数据的格式，可通过程序由系统自动校验。

（4）输入设计的评价

输入设计的评价包括输入界面是否明晰、美观、大方；是否便于填写，符合工作习惯；

是否便于操作；是否有保证输入数据正确性的校验措施。

7.2.7　处理流程设计

总体结构设计将系统划分成子系统，子系统划分成模块，并用层次模块结构图表示了模块的调用关系、数据传递关系，即确定了模块的外部特征。模块内部算法设计就是要确定模块的内部特征，即对每个模块的加工处理逻辑进行分析与设计，它是在功能结构图或模块结构图的基础上具体设计出每个模块内部的功能和处理过程，为程序员提供详细的技术资料。

模块的内部处理流程设计工具主要有：IPO（Input-Process-Output）图、流程图、盒图（N-S 图）、PAD 图、过程设计语言（PDL）、判定树、决策表等，在此仅介绍 IPO 图。

图 7-17 是工资打印控制模块的 IPO 图。IPO 图是对每个模块的内部特征进行详细描述的重要工具。IPO 图的主体是算法说明部分，要准确而简明地描述模块执行的细节，IPO 图上还应注明模块名称、上级模块名称、下级模块名称、输入/输出数据等，输入/输出数据来源于数据词典。局部数据项是指个别模块内部使用的数据，与系统的其他部分无关，仅由本模块定义、存储和使用，通过注释对本模块有关问题作必要的说明。

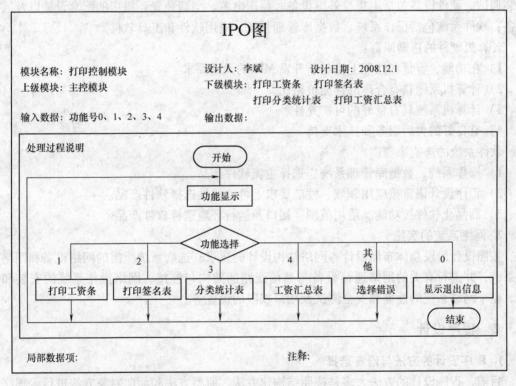

图 7-17　工资打印控制模块的 IPO 图

开发人员不仅可以利用 IPO 图进行模块设计，在运行阶段也可以作为修改和维护的依据。因此，IPO 图是系统设计中一种重要的文档资料。

7.2.8　编制系统设计报告

系统设计结束后，应该编写系统设计报告来总结系统设计阶段的成果，完成新系统的物理模型设计，为系统实施阶段提供依据。系统设计报告的主要内容包括：系统总体结构设计方案、硬件及系统软件选择设计、网络设计、代码设计方案、数据存储方案设计、I/O 设计、处理流程设计等。系统设计报告经过批准后，便进入系统实施阶段。

7.3 管理信息系统的系统实施

系统实施作为管理信息系统开发生命周期的后期阶段，其目的是把系统分析和系统设计阶段的成果转化为可在计算机上实际运行的系统。系统实施的主要任务是按照系统设计说明书的要求，购置和安装计算机系统和网络系统，编制程序，调试新系统，培训操作人员，还要整理基础数据，然后进行新老系统的切换。

7.3.1 物理系统的实施

1. 计算机系统的实施

按照系统设计阶段物理配置方案设计的要求，购买系统所需的硬件设备和软件系统，并安装调试。硬件设备包括主机、外围设备、稳压电源、空调装置、机房的配套设施以及通信设备；软件系统包括操作系统、数据库管理系统、应用软件和工具软件。

计算机硬件的选购原则：

1）在功能、容量和性能上满足所开发 MIS 的设计要求。

2）计算机系统具有合理的性能价格比。

3）计算机系统具有良好的可扩充性。

4）有良好的售后服务和技术支持。

软件系统的选购原则：

1）操作系统、数据库管理系统应选择主流软件产品。

2）程序设计语言按应用领域、性能要求、可移植性选择软件产品。

3）商品化软件按功能、适用范围、接口及运行环境选择软件产品。

2. 网络系统的实施

按照设计阶段总体布局设计、网络结构设计的要求，选购系统所需的网络设备和网络操作系统，并进行有关的网络通信设备与通信线路的架构与连接、网络操作系统的安装和调试、整个网络系统的性能和安全测试及用户权限的设置等。

7.3.2 程序设计

1. 程序设计的方法与语言选择

目前，程序设计的方法大多是按照结构化方法、原型方法和面向对象方法进行。程序设计的语言很多，比较流行的有 Visual Studio. Net 系列、PowerBuilder 等。后台数据库服务器大多采用 Oracle、SQL Server 等。对于开发小型的管理软件使用 Visual FoxPro 的也很多。

2. 程序设计的目标

随着计算机应用水平的提高，软件越来越复杂，同时硬件价格不断下降，软件费用在整个应用系统中所占的比重急剧上升，从而使人们对程序设计的要求发生了变化。在过去的程序设计中，主要强调程序的效率，但随着系统开发技术和计算机技术的不断发展，人们则倾向于首先强调程序的可靠性、可读性和可维护性，然后才是效率。

（1）可靠性

可靠性是指程序应当具有较好的容错能力，不会因错误数据或误操作导致系统不可恢复性错误发生。程序的可靠性反映在多个方面，如程序运行的安全可靠，数据存取的正确以及通过网络传递数据的安全可靠等。可靠性在任何时候都是衡量系统质量的首要指标。

（2）可读性

程序设计人员编写的程序不仅应该正确地完成系统责任，而且应该易于理解，层次清楚，便于阅读，有利于维护。要使程序具有可读性，除了结构清晰之外，还需要在程序中插入必要的注释性语句，这将为今后他人或本人阅读、修改程序提供很大的方便。程序员经常要维护他人编写的程序，一个不易于理解的程序将会给程序维护工作带来困难。

（3）可维护性

由于系统需求可能会随着环境的变化而变化，用户会经常要求系统的功能不断完善和调整，另外，由于计算机软硬件的更新换代也需要对程序进行相应的升级。如果程序做到了编程规范、结构清晰、可读性强，那么它的可维护性也是比较好的，否则将会大大增加维护的工作量。

（4）效率

程序的效率指程序占计算机资源少（如内存空间），运行速度快。程序的效率与可读性是矛盾的。在当今计算机内存越来越大、速度越来越快，人们宁可牺牲一定的空间和时间，也要尽量提高系统的可读性和可维护性，片面地追求程序的运行效率反而不利于程序设计质量的全面提高。

7.3.3　系统测试

1. 系统测试的作用和意义

系统测试是管理信息系统的开发周期中一个十分重要的活动。尽管在系统开发周期的各个阶段均采取了严格的技术审查，但难免遗留下差错。如果没有在投入运行前的系统测试阶段被发现并纠正，问题迟早会在运行中暴露出来，到那时要纠正错误将会付出更大的代价。系统测试占用的时间、花费的人力和成本占软件开发很大的比例。

2. 系统测试的目的与原则

系统测试的主要目的就是为了查找系统存在的错误。基本原则如下：

1）测试工作应避免由原开发软件的个人或小组来承担。

2）设计测试用例不仅要包括合理、有效的输入数据，还要包括无效的或不合理的输入数据。

3）不仅要检验程序是否做全了该做的事，还要检查程序是否做了不该做的事。

4）保留测试用例，将会给重新测试和追加测试带来方便。

3. 系统测试的步骤

1）单元测试。所谓单元是指程序的一个模块或一个子程序，是程序最小的独立编译单位。因此，单元测试也称模块测试。

由于每个模块完成一个明确定义而又相对独立的子功能，因此，可以把它作为一个单独实体来测试，而且通常比较容易设计测试用例。模块测试的目的是保证每个模块作为一个单元能够独立运行。在单元测试中所发现的往往是编程和详细设计的错误。

按照在设计测试用例时是否涉及程序的内部结构，单元测试可以分为白盒测试和黑盒测试两种方法。

白盒测试时,测试者对被测试程序的内部结构是清楚的、透明的。从程序的逻辑结构入手,按照一定的原则来设计测试用例,设定测试数据。黑盒测试的情况正好相反,此时,测试者把被测程序看成一个黑盒,完全用不着关心程序的内部结构。设计测试用例时,仅以程序的外部功能为根据。一方面检查程序能否完成一切应做的事情,另一方面要考察它能否拒绝一切不应该做的事情。

2)组装测试。在每个模块完成了单元测试以后,需要按照设计时做出的功能结构图把它们连接起来,进行组装测试,也称为组合测试或综合测试。

3)确认测试。经过组装测试,软件已装配完毕,接下来进行的确认测试和集成测试将是以整个软件作为测试对象,且采用黑盒测试方法。

确认测试是要进一步检查软件是否符合软件需求规格说明书的全部要求,因此又称为合格性测试或验收测试。

4)集成测试。经过确认测试后,软件已测试完毕,然而软件只是信息系统的一个组成部分,还要与系统中的其他部分配套运行。集成测试是将信息系统的所有组成部分包括软件、硬件、用户以及环境等综合在一起进行测试,以保证系统各组成部分协调运行。集成测试要在系统的实际运行环境现场,在用户的直接参与下进行。

系统测试完毕后,应编写操作说明书,完成程序框图和打印源程序清单。

7.3.4 人员以及岗位培训

管理信息系统是一个人机系统,人员是系统的重要组成部分,这些人员包括企业的各级管理人员、操作人员以及管理与维护信息系统的专业人员。

如前所述,管理信息系统的开发与应用是企业管理的变革,由于企业管理的传统思想及陈旧方法与管理信息系统存在差异,企业管理人员对这种新的管理思想和管理方法不甚了解,在行动上也可能对开发工作形成阻力。显然,对企业各级管理人员进行有关信息系统基本知识的培训是非常必要的。

操作人员是信息系统的直接使用者,统计资料表明,在信息系统运行期间发生的故障,大多数是由于操作失误造成的,因此,加强对操作人员的培训有利于提高信息系统的运行效率。一般来说,对操作人员的培训可以与信息系统的程序设计和调试工作同时进行。这样,一方面可以确保信息系统按时、正常投入运行,另一方面可以有助于操作人员更好地了解系统的结构、功能和软硬件运行环境,从而更好地使用信息系统。

承担信息系统管理与维护工作的专业人员是信息系统开发的主要力量,但目前我国企业还缺乏这种专业人员。对这类人员的培训,在系统开发时就可以进行,让他们一起参与整个开发的过程。因此,通过系统开发过程来培养一批既懂管理业务,又懂信息系统的企业专业人员也应是企业开发信息系统的目标之一。

7.3.5 基础数据的整理和录入

基础数据的整理就是按照新系统对数据要求的格式和内容统一进行收集、分类和编码,即把原系统的文件数据整理成符合新系统要求的数据。

数据录入就是将整理好的数据输入到计算机内,并存入相应的数据库中,成为新系统的数据。

基础数据的整理和录入工作量很大，而给定的时间又比较短，因此，要注意以下几点：

1）工作态度认真，各部门协同工作，集中一定的人力和设备，争取在尽可能短的时间内完成。

2）工作流程要科学化，数据要标准化、规范化。

3）在数据录入过程中，要特别注意对变动数据的控制，确保它们在系统切换时保持最新状态。

7.3.6 系统切换

系统切换是指系统开发完成后新老系统之间的转换。系统切换一般有三种方式，如图7-18所示。

1. 直接切换法

直接切换法就是在确定新系统运行准确无误时，在某一特定的时刻，立刻启用新系统，终止老系统的运行，如图7-18a所示。

这种切换方式的成本较低，但是风险比较大，因此，新系统一般要经过较详细的测试和模拟运行才可以。对于一些处理过程不太复杂、数据不是很多、应用场合不是很重要的情况下可以采取直接切换的方式。

2. 并行切换法

这种切换方式是新老系统并行工作一段时间，在这个时间段中，对两个系统的输出进行严格比较，在确定新系统运行准确无误以后，新系统正式替代老系统，如图7-18b所示。

并行切换的最大好处就是安全、可靠、风险低，但费用和工作量都很大，因为在相当长的时间内新旧系统并行工作，企业要为两个系统的运行支付成本。一般情况下，在银行、财务和一些企业的核心系统中，这是一种经常使用的切换方式。

3. 分段切换法

分段切换法又称试点过渡法，这种切换方式实际上是以上两种切换方式的结合，即在新系统投入运行时，要按阶段或模块来进行，一部分一部分地替代老系统，如图7-18c所示。对于还没有正式运行的那部分，仍然可以在一个模拟环境中进行考验。

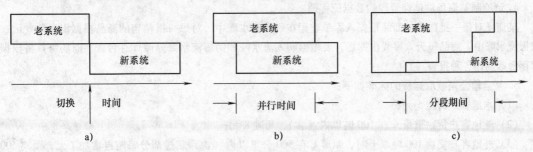

图7-18 系统切换的方式
a）直接切换 b）并行切换 c）分段切换

分段切换既保证了可靠性，降低了风险，又不至于费用太大。但是新旧系统同时工作，增加了新旧系统的功能及数据的衔接问题，因此，分段切换对系统的设计和实现都有一定的要求，最根本的要求是模块之间的独立性要强，否则是无法实现分段切换的。

本 章 小 结

本章按照结构化系统开发方法将整个开发过程划分为系统分析、系统设计和系统实施三个阶段。重点介绍各阶段的工作内容、步骤、方法以及最后的阶段性成果。

系统分析是整个开发过程的重要环节，包括对现行系统的详细调查、组织结构与业务流程分析和数据流程分析，在此基础上提出新系统的逻辑模型并提交系统分析报告。

系统设计阶段是在系统分析阶段得到的逻辑模型的基础上建立新系统的物理模型，包括系统总体结构设计，系统物理配置方案设计，代码设计，数据库设计，输入、输出设计和处理流程设计，最后编写系统设计报告，作为下一阶段系统实施的依据。

系统实施阶段是把系统分析和系统设计阶段的成果转化为可在计算机上实际运行的系统。其主要任务是按照系统设计说明书的要求，购置和安装计算机系统和网络系统，编制程序，调试新系统，培训操作人员，还要整理基础数据，然后进行新老系统的切换。

另外，本章还介绍了数据流程图、数据字典、E-R 图等建模工具。对于数据库的建立，本章介绍了通过 E-R 图转化为关系数据库模型的方法和通过关系规范化理论建立数据库模型的方法。

信息系统的建立是一项复杂的系统工程，远比一般的工程项目复杂得多，结构化开发方法将系统开发进行阶段划分，规范了信息系统的开发过程。

习　　题

1. 系统分析阶段的主要任务是什么？为什么说系统分析是管理信息系统开发过程中最重要的环节？

2. 什么是数据流程图？什么是数据字典？二者在系统分析中的作用是什么？

3. 根据下列描述画出业务流程图。

某企业的销售业务流程描述如下：用户将订货单交某企业的业务经理，业务经理填写出库单交仓库保管员，该保管员查阅库存台账，如果有货则通知用户提货，如缺货，则通知车间生产。

4. 请绘制某商场供销存管理的数据流程图。

某商场对每一批购入的商品根据入库单登记在购入流水账中，对每一批销售的商品根据出库单登记在销售流水账中。商品每天入库或出库后，要根据购入流水账和销售流水账修改库存台账。商场每月将根据库存台账制作各种报表。

5. 某运输公司收取运费的标准如下：

（1）本地客户每吨 5 元；

（2）外地客户货物重量 w 在 100 吨以内（含），每吨 8 元；

（3）外地客户货物 100 吨以上时，距离 L 在 500 公里以内（含）超过部分每吨再增加 7 元，距离 500 公里以上时超过部分每吨再增加 10 元。

画出反映运费策略的判断树和判断表。

6. 系统设计的任务和原则是什么？

7. 简述物理配置方案设计的依据。

8. 简述代码设计的原则。

9. 代码按结构规则可以分成哪几类？并分别举例说明。

10. 常用的有哪几种校验码？如何计算校验位？

11. 请用 E-R 图画出该医院管理的概念模型，并写出最终的关系数据的逻辑模型。

医院每个病区有一名科室主任，每名主任只能在一个病区任职；每个病区有若干名医生，每个医生只在一个病区任职；每个病人由一名医生负责，每位医生分管多个病人。

各实体的属性：病区（病区名，位置，面积）；主任（姓名，性别，年龄，所学专业）；医生（姓名，性别，职称，毕业院校）；病人（编号，姓名，性别，疾病名称）。

12. 某厂销售明细表如下。试把它化为符合 3NF 的关系。

发票号	日　　期	客 户 名	商 品 号	商 品 名	规格型号	数　　量	单　　价	销售额

13. 输入设计的原则是什么？

14. 试述系统实施阶段的主要任务。

15. 程序设计的目标是什么？

16. 简述系统测试的目的与原则。

17. 试述系统测试的步骤。

18. 如何加强对企业的各级管理人员、操作人员以及管理与维护信息系统的专业人员的培训？

19. 基础数据的整理和录入要注意哪些问题？

20. 系统切换有哪几种主要方式？各自的优缺点及适用场合是什么？

第 8 章

信息系统的运行与管理

从企业验收并启用管理信息系统开始，对该系统进行运行与管理就成了企业信息化工作的主要内容，这一直要延续到被更好的新系统替代为止。信息系统运行管理的目的就是对信息系统的运行进行实时控制，记录其运行状态，进行必要的修改与扩充，加强安全管理，使信息系统始终处于最佳的工作状态，为管理决策提供信息支持，从而体现其价值。

8.1 信息系统的运行维护

在管理信息系统投入运行后，企业要对信息系统的日常运行情况进行记录，并不断地对该系统进行维护。而要完成信息系统的运行维护工作，除了开发方的参与外，企业也要成立相应的信息管理部门，并由信息主管全面负责企业的信息化工作。本节重点介绍信息系统日常运行情况的记录，信息系统的维护，信息系统运行的组织结构等内容。

8.1.1 信息系统的日常运行管理

信息系统的日常运行管理绝不仅仅是对机房环境和设施的管理，更主要的是对系统每天运行情况的记录以及系统运行的日常管理。

1. 系统运行情况的记录

系统运行情况的记录能够反映系统在大多数情况下的状态和工作效率，对于系统的评价与改进具有重要的参考价值。因此，信息系统的运行情况一定要及时、准确、完整地记录下来。除了记录正常情况外，还要记录异常情况发生的时间、原因与处理结果。记录系统运行情况是一件细致而又繁琐的工作，从系统开始投入运行就要抓紧抓好。

2. 系统运行的日常管理

系统运行的日常管理包括数据的日常管理以及突发事件的处理等。

数据的日常管理主要有备份、存档和整理等。每天的日常业务操作完毕后，为安全考虑，都应对更改过的或新增加的数据进行备份。数据存档是当工作数据积累到一定数量或经过一定时间间隔后转入档案数据库的处理，作为档案存储的数据成为历史数据。数据的整理是关于数据表的索引、记录顺序的调整等，数据的整理可使数据的查询与引用更为快捷与方便，对数据的完整性与正确性也有好处。

信息系统运行中的突发事件一般是由于误操作、计算机病毒、突发停电等原因引起的。突发事件应由企业信息管理部门的专业人员处理，有时需要系统开发人员或软硬件供应商来解决。对突发事件发生时的现象、造成的损失、引起的原因及处理的方法等必须作详细的记录，这将对系统的评价与改进具有重要的价值。

8.1.2　信息系统的维护

交付使用的信息系统并不是一成不变的，即使经过严密的测试，有些问题也只有在实际运行过程中才能暴露出来，需要不断对其进行完善与修改。另外，随着管理环境的变化，企业会对信息系统提出新的需求，信息系统只有适应这些需求才能生存下去，系统维护是延长信息系统生命周期的重要手段。因此，在信息系统的建设过程中，不能重开发、轻维护。

1. 系统维护的分类

系统维护是对系统使用过程中发现的问题进行处理的过程，也是系统不断完善的过程。根据维护活动的目的不同，可把系统维护分为完善性维护、适应性维护、纠错性维护和预防性维护。

（1）完善性维护

在信息系统建立初期，管理人员将注意力集中于学会使用系统，有效地运用系统提供的各种信息。随着对计算机应用的认识不断加深，管理人员会对系统提出更高的要求。完善性维护就是在应用软件系统使用期间，不断改善和加强系统的功能和性能，以满足管理人员日益增长的信息需求所进行的维护工作。

（2）适应性维护

适应性维护是指应用系统需要适应运行环境的变化而进行的维护活动。一方面，计算机技术发展十分迅速，当采用新设备、新技术可以扩大系统功能、改善系统性能时，要进行相应的适应性维护工作。另一方面是适应企业外部环境变化的维护，政府政策法规的变化、竞争对手的变化等，都会引起系统的适应性修改，如财务制度、税收制度的变化，使得财务计划的制订、税金的核算要作相应修改。

（3）纠错性维护

软件系统测试阶段不可能暴露出系统所有隐藏的错误。纠错性维护的目的在于，纠正在开发期间未能发现的遗留错误，对这些错误的相继发现，并对其进行诊断和改正的过程称为纠错性维护。

（4）预防性维护

预防性维护的主要思想是，维护人员不应被动地等待用户提出要求后才做维护工作，而应该选择那些还有较长使用寿命，目前虽能运行但不久就需做较大变化或加强的系统进行维护。目的是通过预防性维护为未来的修改与调整奠定良好基础，减少以后对系统进行维护时所需的工作量。

2. 系统维护的内容

系统维护的具体内容一般包括如下 4 个方面：

（1）硬件的维护与维修

随着系统的运行，系统的硬件设备也会出现一些故障，需要及时进行维修或替换；当系统的功能扩大后，原有的设备不能满足要求时，就需要增置或更新设备。所有这些工作都属于硬件的维护与维修工作。

（2）程序的维护

在系统维护的全部工作中，应用程序的维护工作量最大，也最经常发生。程序的维护是指改写一部分或全部程序，修改时要填写程序修改登记表，写明新、旧程序的不同之处。程序维护不一定在发现错误或条件改变时才进行,效率不高的程序也要不断地设法予以优化。

(3) 数据库的维护

系统投入运行以后对数据库要不断地进行评价、调整和修改,因此,数据库的维护是数据库设计工作的继续和提高。

数据库维护的主要工作是:查询的优化,数据库安全性控制,数据库的正确性保护、备份和恢复,数据库的重新组织与构造等。

(4) 代码的维护

随着系统应用范围和环境的变化,旧的代码不能适应新的需求,必须对系统的代码体系进行变更,包括制订新的或修改旧的代码体系。

3. 系统维护的过程

许多人往往以为系统的维护要比系统开发容易,其实在更多的情况下,维护比开发更为困难。这是因为维护人员必须用较多时间去理解别人编写的程序、文档和数据库,且对系统的修改不能影响程序的正确性和完整性,整个维护的工作又必须在所规定的很短时间内完成。

(1) 确定维护的目标、内容及人员

根据系统的日常运行情况,确定系统维护的目标和内容,并确立相应的人员组织,评估问题的原因及严重性,并提交维护申请报告。

(2) 建立维护计划方案

维护申请报告批准后,拟定相应的维护计划方案。维护计划应包括维护任务的范围、所需的资源、维护费用和维护进度安排等。维护工作应当是有计划、有步骤地统筹安排,需要注意的是,维护人员必须全面理解所要维护的系统。由于程序的修改涉及面较广,某处修改很可能影响其他模块,因此,拟定维护方案时要考虑修改的影响范围和波及作用。

(3) 维护的实施

根据维护方案,进行硬件的维护与维修、程序的修改与调试、数据库及代码的维护等。

(4) 修改文档

软硬件的修改、调试完成后,还需修改相应的文档,完成本次维护工作。

8.1.3 信息系统运行管理的组织

随着企业信息化建设的深入,企业应组建专门的信息管理部门来负责信息系统的运行管理。目前,企业中的信息管理部门大多是采用信息中心、计算中心、信息管理部等组织形式,随着 IT/IS 在企业经营管理中发挥的作用越来越大以及人们对信息系统作用认识的提高,信息管理部门在企业中的地位也逐步提高。

1. 信息管理部门在企业中的地位变化

信息系统参与组织运营活动的深入程度,反映了信息管理部门在企业中的地位、作用和变化。信息系统在企业中的应用与发展是以信息需求为驱动的。一般认为,信息管理部门在企业中地位的变化表现为三个阶段,如图 8-1 所示。

(1) 依附于特定部门

组织最初始的信息需求出现在信息处理和运算压力大的部门,如财务、统计、生产等部门,这时候的信息系统专为特定的企业部门服务,目的是加快这些部门的信息处理速度，减缓企业功能运作瓶颈。因此，信息管理部门在企业中依附于所服务的部门而存在，如图 8-1a 所示。

（2）独立并平行于其他部门

随着更多的部门意识到信息系统在管理中的作用，企业对信息的需求越来越大，信息资源逐渐被整个企业所共享，需要将各部门的处理有机地联系起来，跨越部门的界限，实现信息资源的共享。这时，信息管理部门从所属各职能部门独立出来，在企业中的地位上升到与其他部门平行，如图 8-1b 所示。

在这种结构中，不仅要把信息管理部门视为独立的管理机构，更应该赋予它信息资源管理和信息活动管理的职能。但是，在该结构中，信息处理的决策能力依然较弱，信息化建设中有关的协调和决策工作将受到影响。

（3）处于企业的中心地位

由于计算机硬件、软件的发展，以及各种自动化技术的进步，使得计算机管理信息系统、计算机过程控制、计算机辅助设计、计算机辅助工艺和制造联结为一个整体，形成计算机集成制造系统（CIMS）。同时，电子商务、供应链管理、客户关系管理等系统的发展，使信息技术应用在企业中的重要性进一步提高，信息管理部门逐渐处于企业运行的中心地位，这时比较流行的组织形式是企业单独成立一个信息化委员会，如图 8-1c 所示。

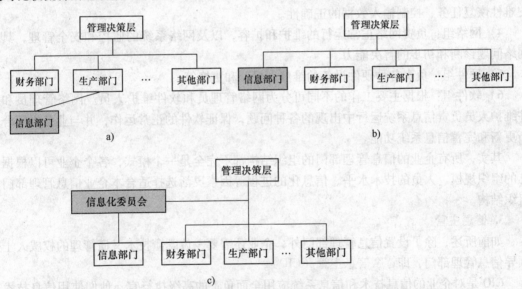

图 8-1　信息管理部门在企业组织中的地位变化

a）信息部门为特定的部门服务　b）信息部门的地位与其他部门平行　c）完全的信息共享使信息部门成为中心

在该结构中，信息化委员会由首席信息主管（Chief Information Officer，CIO）负责牵头召集，组织的最高领导和其他部门的负责人均为该委员会委员。在信息化委员会下面再设立与组织中其他业务部门平级的信息部门，这样将组织变革与信息资源开发利用紧密结合起来，将信息战略与组织的战略管理联系起来，全面负责组织的信息化工作。

2. 信息管理部门的组成

信息系统在运行管理期间，相对于系统开发期间，企业信息管理部门的内部人员结构也要发生变化，数据采集和数据准备部门逐渐缩小规模或取消。一般工作人员明显减少，增加系统维护的力量是系统进行管理期间的基本特征。面向运行管理的信息管理部门组织结构，如图 8-2 所示。这种人员构成的优点是，信息系统运行部门功能全面，对任何信息需求和信息事件都能快速反应；缺点是，对于小规模的组织显得人员过于臃肿。

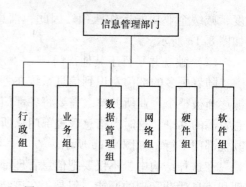

图 8-2　面向运行管理的信息管理部门组织结构

其中各小组的职能分配如下：

1）行政组：主要负责信息中心的日常管理工作，收集各层次用户对信息系统的意见，及时通知有关工作小组进行处理，起着信息系统故障咨询中心的作用。

2）业务组：由企业各主要业务部门的负责人组成，属于信息部门的兼职人员。他们主要负责及时给信息管理部门反馈信息，具有业务管理和使用信息的双重身份。

3）数据管理组：主要负责制订数据管理策略，控制数据输入的正确性，保证系统运行结果及时、可靠。数据库管理员的主要任务是制订数据备份策略、确定数据备份方案、承担灾难性恢复任务、控制输入数据的正确性。

4）网络组：负责网络正常运行的维护和扩容，以及网络系统的监控和安全管理，具备网络问题诊断和初步的解决能力。

5）硬件组：负责各种硬件设备的维修、保养和更换等。

6）软件组：根据主要工作的不同可分为网络管理员和软件维护人员。网络管理员和软件维护人员负责信息系统运行中出现的各种问题，保证软件的正常运作，并与业务组配合不断更新和完善信息系统功能。

其实，所有企业的信息管理部门的组织结构都不完全是一个模式，各个企业可以根据自己的组织规模、人员的技术水平、信息化的进程等因素灵活选择适合本企业信息管理部门的组织结构。

3. 信息主管

如前所述，除了设置信息管理部门外，企业还需要一位既懂技术又懂管理的权威人士来领导信息管理部门，即首席信息主管（CIO）。

CIO 是对企业的信息技术和信息系统应用全面负责的高级执行官，他们使用信息技术来支持企业战略目标的实现。另外，CIO 更是管理者，他拥有技术、商务和管理知识，善于从多角度、多侧面、综合地看问题，能从商业战略的角度安排技术设备，提供适时、准确的信息服务，并对信息技术的应用进行绩效评价，从而提出信息化发展战略，帮助企业在激烈的商业竞争中站稳脚跟。由于信息的重要性和广泛应用性，对信息的管理必将涉及企业的每一角落，并延伸到企业外部。因此，CIO 一般由副总经理兼任，在企业中的地位仅次于总经理。

在国外发达国家，CIO 的设置是非常成功的，也非常普及。在我国，因为企业信息化水平普遍较低，所以，信息管理人员（包括 CIO）和信息管理部门的地位比其应有的地位要低，而且企业对 CIO 的了解和认识也不足。随着我国信息化工作的推进，信息技术、信息系统与企业管理过程不断渗透和融合，CIO 职位的设置也愈发紧迫。我国企业界应认识到 CIO 的重要性，通过设置 CIO 职位，从组织上保证信息管理工作的地位，从根本上改善企业信息资源的管理。

8.2　信息系统的文档管理

8.2.1　信息系统文档及其作用

1. 什么是信息系统文档

信息系统文档是在系统建设过程中产生的各种文字资料，是描述系统从无到有整个发展与演变过程及其状态的文字资料。

信息系统文档不是事先一次性形成的，它是在系统建设、运行与维护过程中，不断地按阶段依次逐步编写、修改、完善与积累而形成的。可以说，如果没有规范的系统文档，信息系统的建设、运行与维护就会处于一种无序混乱状态，这将严重影响系统的质量，甚至导致系统开发或运行的失败。当系统开发人员发生变动时，问题尤为突出。因此，有些专家认为，系统文档是信息系统的生命线，没有文档就没有信息系统。

2. 信息系统文档的作用

信息系统实际上由系统实体以及与此对应的文档两大部分组成，信息系统建设要以文档的描述为依据，系统实体的运行与维护更需要文档来支持。

1）为信息系统的项目管理和运行维护提供依据。开发人员把系统建设整个生命周期中发生的事件以文档的形式记录下来，这些记录下来的文档将为项目管理者提供项目计划、预算、开发进度等各方面的信息，从而作为检查开发进度的依据，减少项目风险，实现对信息系统开发的项目管理。同时，记录开发过程中的有关信息，也能为信息系统的维护工作提供有关的资料和经验，便于指导信息系统的运行和维护。

2）提高信息系统的开发效率和质量。信息系统文档的编制，可使开发人员对各个阶段的工作都能进行周密考虑、全盘权衡，从而减少返工，并且可在开发早期发现错误和不一致性，便于及时加以纠正。

3）提供信息系统运行、维护和培训的有关信息，便于管理人员、开发人员、操作人员、用户之间的协作、交流和了解，使信息系统的开发活动更科学、更有成效。

4）便于用户了解信息系统的功能、性能等各项指标，激发用户的需求，为信息系统的评价提供原始依据，能为最终用户或管理员提供用户手册。

8.2.2　信息系统文档的分类

1. 按照产生和使用的范围分类

按照文档产生和使用的范围，大致可分为三类：

（1）开发文档

这类文档是在信息系统开发过程中，作为信息系统开发人员前一阶段工作成果和后一阶段工作依据的文档。它包括信息系统需求说明、数据要求说明、概要设计说明、详细设计说明、可行性研究报告和项目开发计划。

（2）管理文档

这类文档是在信息系统开发过程中，由信息系统开发人员制订的、需提交的一些工作计划或工作报告，使管理人员能够通过这些文档了解信息系统开发项目的安排、进度、资源使用和成果等。它包括项目开发计划、测试计划、测试报告、开发进度月报及项目开发总结。

（3）用户文档

这类文档是信息系统开发人员为用户准备的有关该信息系统使用、操作、维护的资料。它包括用户手册、操作手册、维护修改建议。

2. 按照国家标准分类

国家标准局在 1988 年发布了《计算机软件开发规范》和《软件产品开发文件编制指南》，基于信息系统生命周期方法，把信息系统软件产品从形成概念开始，经过开发、使用和不断增补修订，直到最后被淘汰的整个过程提交的文档归纳为 13 种。下面对其中的每一个文档进行简要说明。

1）可行性研究报告：说明该信息系统项目的建设在技术上、经济上、管理上的可行性，评述为达到开发目标可供选择的各种有效的实现方案，说明并论证所选方案的理由。

2）项目开发规划：为信息系统项目实施方案具体地制订出规划。它包括各部分工作的负责人员，开发进度、开发经费的预算，所需要的硬件和软件资源等。信息系统项目开发规划应提供给管理部门，并作为开发阶段评审的基础。

3）需求说明书：也称软件规格说明书，其中对所开发软件的功能、性能、用户界面、运行环境等作出详细的说明。它是用户与开发人员双方对软件需求达成的协议，也是实施开发工作的基础。

4）数据要求说明书：给出数据逻辑描述和数据采集的各项要求，为生成和维护系统的数据文件做好准备。

5）概要设计说明书：它是概要设计工作阶段的成果。说明了系统的功能分配、模块划分、程序的总体结构、输入输出及接口设计、运行设计、数据结构设计和出错处理设计等，为详细设计奠定基础。

6）详细设计说明书：又称为程序设计说明书，着重描述每一个模块是如何实现的，包括实现算法、逻辑流程等。

7）用户手册：详细描述软件的功能、性能和用户界面，使用户了解如何使用该软件。

8）操作手册：为操作人员提供该软件的功能、性能和用户界面，使用户了解如何使用该软件。

9）测试计划：针对集成测试和验收测试，为组织制订的测试计划。计划应当包括测试的内容、进度、条件、人员、测试用例的选取原则、测试结果允许的偏差范围等。

10）测试分析报告：测试工作完成以后，应当提交测试计划执行情况的说明，对测试结果加以分析，并提出测试的结论性意见。

11）开发进度月报：该月报是软件开发人员按月向管理部门提交的项目进展情况的报告。报告应当包括进度计划与实际执行情况的比较、阶段成果、遇到的问题和解决的办法以及下个月的打算等。

12）项目开发总结报告：软件项目开发完成后，应当与项目实施计划对照，总结实际执行的情况，如进度、成果、资源利用、成本和投入的人力。

13）维护、修改建议：信息系统投入使用后，应对系统的运行情况、维护作详细的记录。另外，随着系统的使用，可能有修改、更改等问题。应当对存在的问题、修改的考虑以及修改的影响估计等作详细的描述，写成维护、修改建议，提交审批。

以上 13 种文档是在软件生命周期中，随着各个阶段的开展适时编制的。其中，有的仅反映某一个阶段的工作，有的则需要跨越多个阶段。表 8-1 给出了各种文档应在软件生命周期中的哪个阶段编制。

表 8-1　信息系统生命周期各阶段与各种文档编制工作的关系

阶段（文档）	可行性研究与规划	系统分析	系统设计	系统实施	运行维护
可行性研究报告	●				
项目开发规划	●	●			
需求说明书		●			
数据要求说明书		●			
概要设计说明书			●		
详细设计说明书			●		
用户手册		●	●	●	
操作手册			●	●	
测试计划		●			
测试分析报告				●	
开发进度月报	●	●	●	●	
项目开发总结报告				●	
维护、修改建议					●

在信息系统的整个生命周期内，参与的各方面人员有：高层管理人员（主要包括企业高层领导）、开发人员（包括项目经理、系统分析人员和程序员等）、维护人员和用户（操作人员）四大类。各类人员与上述 13 种文档的编制关系如表 8-2 所示。

表 8-2　各类人员与文档的编制关系

阶段（文档）	管理人员	开发人员	维护人员	用户（操作人员）
可行性研究报告	●	●		
项目开发规划	●	●		
需求说明书				
数据要求说明书				
概要设计说明书		●	●	
详细设计说明书		●	●	
用户手册				●
操作手册				●

（续）

阶段（文档）	管理人员	开发人员	维护人员	用户（操作人员）
测试计划		●		
测试分析报告		●	●	
开发进度月报	●			
项目开发总结报告	●			
维护、修改建议	●			●

8.2.3　信息系统文档的管理

在整个信息系统项目的生命周期中，各种文档会不断生成、修改或补充。为了最终得到高质量的信息系统，必须加强对文档的管理。具体有以下管理措施：

1）设立文档保管员，负责集中保管信息系统的主文档。

2）文档要标准化、规范化，在系统开发前必须首先选择或制定文档标准。

3）开发小组成员根据工作需要可在自己手中保管一些个人文档。这些一般都应是主文档的复印件，并注意与主文档的一致性，在作必要的修改时，也应首先修正主文档。

4）在新文档替换旧文档时，管理人员应及时注销旧文档。

5）项目开发结束时，文档管理人员应该收回开发人员的个人文档，发现个人文档与主文档存在差异时，应及时解决。

8.3　信息系统的安全管理

在信息系统的开发过程中，企业需要投入大量的人力与资金，系统的各种软硬件是企业的重要资产。在信息系统的运行过程中会产生和积累大量的信息，这些信息是企业的重要资源，它们几乎反映了企业的过去、现在和未来。系统软硬件的损坏或信息的泄漏会给企业带来不可估量的经济损失，甚至危及企业的生存与发展。因此，信息系统安全是一项必不可少的、极其重要的信息系统管理工作。

另一方面，信息系统几乎被企业内部每一位管理人员接触和使用，随着企业信息化建设的深入，企业与外界的信息交往日益广泛与频繁。由于信息的易传播性与易扩散性，使得信息系统的安全保密工作难度大大增加。

8.3.1　信息系统的安全概述

1. 信息系统安全的定义

信息系统安全是指信息系统资源和信息资源不受自然和人为有害因素的威胁和危害。信息系统的安全问题涉及的内容非常广泛，既包括系统（即硬件）资源，又包括信息资源。因此，信息系统安全不仅包括系统的静态安全，还包括系统运行的动态安全。

信息系统既是一个技术系统，又是一个社会系统，因此，其安全不仅涉及技术问题，还涉及管理问题。

2. 信息系统安全的基本要求

信息系统安全的要求包含保密性、完整性、可用性和不可抵赖性 4 个方面。

（1）保密性

保密性是指信息不泄露给未授权的用户，不被非法利用。另一方面，可以理解为信息的保密隐藏——组织将不宜向公众开放的信息用某种方式隐藏起来，只有经过特定的授权后才能根据授权的级别对信息进行相应的访问。信息的保密性可以通过加密和访问控制机制来实现。

（2）完整性

完整性是指无论信息的承载方式作何变化，信息的准确性和一致性均保持不变。在信息系统中，相关信息的完整性非常重要。保护信息的完整性，是信息系统的基本安全功能。信息的完整性可以通过保护机制和检测机制来实现。

（3）可用性

可用性是指合法的授权用户按要求能访问和使用信息的可能性。所有信息系统的追求目标都是实现 100% 的可用性。信息的可用性可以通过鉴别机制来实现。

（4）不可抵赖性

不可抵赖性是指在传输数据时必须携带含有自身特质、别人无法复制的信息，防止交易发生后对行为的否认。不可抵赖性包括对自己行为的不可抵赖及对行为发生的时间的不可抵赖。通过进行身份认证和数字签名，可以避免对交易行为的抵赖，通过数字时间戳可以避免对行为发生的抵赖。

3. 信息系统安全的主要内容

信息系统安全的内容应包括如下几个部分：

（1）实体安全

信息系统的实体安全是指计算机信息系统设备及相关设施的安全、正常运行，具体包括环境安全、设备安全和存储介质安全。

（2）软件安全

组成信息系统的软件设施主要包括操作系统、数据库管理系统、网络软件、应用软件及其相关资料等。软件安全是安全管理的重点，因为虽然硬件设施有电磁辐射、后门等可利用的脆弱性，但是其实现所需花费一般比较大，而对软件设施而言，一旦发现其脆弱性或弱点，几乎不需要多大的投入就可以实现对系统的攻击。软件安全具体包括严格遵守软件开发规程、软件安全测试、软件的修改与复制过程规范并保证相关资料的完整性。

（3）信息安全

信息安全是指系统拥有的信息或数据的使用完整、有效、合法，不被故意地或偶然地泄漏、破坏、更改。信息安全的破坏主要表现在信息可用性、完整性、保密性的破坏以及信息泄漏。

（4）运行安全

信息系统的运行安全主要由人为因素造成，涉及工作人员的素质、操作水平以及严密的管理制度和法律法规等。信息系统在运行过程中的安全必须得到保证，使之能对信息和数据进行正确的处理，正常发挥系统的各项功能。

8.3.2　信息系统的安全管理策略

从信息系统安全的主要内容不难看出，信息系统安全是一个系统性的问题，既包括了实体的安全，也包括软件、信息安全以及技术和非技术的人为因素引起的运行安全隐患。信息系统的安全不仅涉及技术问题，还涉及管理问题，因此，信息系统的安全管理策略应涵盖安全技术和安全管理制度两个方面。

1. 安全技术

（1）操作系统与数据库安全

操作系统是连接计算机硬件与信息系统应用软件及用户的桥梁，同时，它更是所有计算机信息系统正常运行的基础。因此，操作系统安全是整个信息系统安全的基础。

数据库是信息系统集中存放和管理数据的核心部件，因此，也是最容易受到攻击的目标之一。数据库安全是指防止用户非法使用数据库造成数据泄漏、更改或破坏，安全措施有加强用户标识和鉴别、存取控制、备份与恢复、数据加密、审计跟踪以及攻击检测等。数据库安全保证了信息的保密性、完整性和可用性。

（2）开发可靠的应用系统

组成信息系统的应用程序的可靠性将直接影响系统的安全性。从设计的角度来讲，可靠性是指应用程序进行无失败操作的能力，这包括确保准确的数据输入和数据转换、无错误状态管理以及对检测到的失败进行无损坏恢复。

（3）加密技术

加密技术有完备的数学理论体系，采用数学方法对原始信息（通常称为明文）进行再组织，使得加密后在网络上公开传递的内容对于非法接收者来说成为无意义的文字（加密后的信息通常称为密文）。而对于合法的接收者，因为掌握正确的密钥，可以通过解密过程得到原始数据（即明文）。

按加密密钥和解密密钥是否相同，可将现有的加密体制分为两种：对称加密体制和非对称加密体制。对称加密体制的特点是加/解密密钥相同，速度快，安全性高，但是密钥分发和保管是安全中要考虑的问题。非对称加密体制的特点是加/解密密钥不同，算法复杂，速度慢，可公开传输的密钥管理简单。

（4）数字签名与身份认证

数字签名是通过对文件进行摘要加密来实现确认信息发送者和防止假冒篡改等功能，其作用与书面签名类似。通过数字签名的鉴别过程也是对信息用户的身份和信息本身真实性的认证过程。

认证技术用来保障信息处理用户的合法性，主要的认证方式有：

1）口令（Password）方式：口令是使用最为广泛的一种身份识别方式，如大多数系统的登录都需要用户提供口令—密码验证。口令的选择规则是：简单易记，难于被别人猜中或发现，抗分析能力强。

2）令牌（Token）方式：令牌是一种个人持有物，是一种小型设备，可以随身携带。目前较多使用磁卡、密钥（盘）、IC卡等令牌载体作为通行证。

3）生物信息方式：指利用人体的生物特征，如指纹、耳纹、虹膜、笔迹、红外体温等作为身份识别的标志。

（5）防火墙技术

防火墙是隔离系统网络内、外的一道屏障，主要用于对网络间的访问控制，它能够阻止外部非法用户对内部网络资源的访问，通过最大限度地对外屏蔽来保护信息的安全。但它对来自网络内部的安全威胁不具备防范作用。由于防火墙技术实施简单，因此一般有互联网接口的企业信息系统都采用该技术。

（6）访问授权控制

访问授权控制是指为确保在共享资源情况下信息的安全，非法用户不能使用系统的任何资源，同时，对于合法用户超越自己的权限范围使用其他功能模块也视为非法。通过对访问控制的授权，一方面可以保证用户共享系统资源，防范被认为是非法越权的行为，另一方面又不会因为误操作而对职权外的数据产生干扰。访问授权控制是目前各种规范的信息系统普遍采用的安全保护措施。

（7）实体安全技术

实体安全技术是为了保护信息系统实体安全而采取的技术措施，是信息系统安全运行的基本要求。例如，场地选址要避免自然灾害，要有完整的防雷电设施，且有严格的防电磁干扰设施；机房内要做好防水、防火和防盗的预防工作；对主机房电源要有完整的双回路备份机制。

2. 安全管理制度

"三分技术，七分管理"，一直是安全领域的至理名言。三分技术，防治更多的是已知的各种安全威胁；七分管理，则主要针对人，无论是通过各种安全制度约束，还是利用各项技术对人进行管理，目的都是约束"人"的行为，不给安全威胁可乘之机。

安全管理制度建设是计算机信息系统安全保护中的重要环节，这是国内外专家学者的共识，并在实践中得到了充分的证实。安全管理制度应该包含以下几个方面的内容：

1）保密制度。对于有保密要求的计算机信息系统，必须建立此项制度。首先应对各种资料和数据按有关规定划分为绝密、机密、秘密三个保密等级，制定出相应的访问、查询及修改的限制条款，并对用户设置相应的权限。

2）人事管理制度。人事管理制度是指对计算机信息管理系统的管理和使用人员调出及调入作出一些管理规定。该制度主要包括政治审查、技术审查、上网安全培训、调离条件及保密责任等内容。

3）环境安全制度。环境安全制度应包括对机房建筑环境、防火防盗防水、消防设备、供电线路、危险物品以及室内温度等建立相应的管理规定。

4）出入管理制度。该制度包括登记制度、验证制度、着装制度以及钥匙管理制度等。

5）操作与维护制度。操作规程的制定是计算机信息系统正确使用的纲领，在制定时应科学化、规范化。系统的维护是正常运行的保证，通过维护及早发现问题，从而避免很多安全事故的发生。

6）日志管理及交接班制度。日志是计算机信息系统一天的详细运行情况的记载，分为人工记录日志和计算机自动记录日志两部分。制定该制度时，在保证日志的完整性、准确性及可用性等方面作出详细的规定。交接班制度是落实责任的一种管理方式，应对交接班的时间、交接班时应交接的内容作出规定，交接班人应在记录上签名。

7）计算机病毒防治制度。计算机病毒已经成为了影响计算机信息系统安全的大敌。该制度应该对防范病毒的硬、软件作出具体规定：对于防毒软件一般要求两种以上，并应定期进行病毒检查和清除；对病毒的来源应严格加以封锁，不允许外来磁盘上机，不运行来源不明的软件，更不允许编制病毒程序。

8.4 信息系统的评价

新的信息系统投入运行以后如何分析其工作质量？如何对其所花费的成本和所带来的效益进行投入产出比分析？如何分析信息系统对信息资源的充分利用程度？如何分析该系统对组织内各部分的影响？针对这些问题，信息系统在其运行过程中除了不断进行大量的管理和维护工作外，还要在管理高层的直接领导下，由系统分析员或专门的评审人员会同系统开发人员和业务部门管理人员共同参与，定期对系统的运行状况进行审核和评价。

信息系统的评价工作是一项复杂和困难的工作。由于信息系统涉及许多方面，其中有许多内容是无法单独靠定量进行评价的，因此，需要用到定性与定量相结合的方法。这里分为系统质量评价、经济效益评价两个方面提出信息系统的评价指标。

8.4.1 信息系统的质量评价指标

信息系统的质量首先表现在系统运行和使用上，评价指标一般有：

1）用户对信息系统的满意程度。系统是否满足了用户和管理业务对信息系统的需求，用户对信息系统的操作界面、操作过程和运行结果是否满意。

2）系统的开发过程是否规范，包括系统开发各个阶段的工作过程以及文档资料是否规范。

3）系统开发技术是否具有先进性。

4）运行结果的完整性和有效性，即考查系统的运行结果是否全面满足了各级管理者的需求，以及运行结果对于解决预定的管理问题是否有效。

5）信息资源的利用率，即考查信息系统是否最大限度地利用了现有的信息资源，并充分发挥了它们在管理决策中的作用。

6）提供信息的质量如何，即考查系统所提供信息的准确性、精确性、响应速度。

7）系统的实用性，即考查系统对实际管理工作是否实用。

8.4.2 信息系统的经济效益评价指标

信息系统的经济效益主要指信息系统的运行结果所产生的直接经济效益和间接经济效益的评价。

1. 直接经济效益指标

1）一次性投资费用：包括系统硬件、软件的购置与安装，信息系统的开发费用及企业内部投入的人力和材料费。

2）系统运行费用：包括消耗性材料费用（如打印纸、硒鼓、磁盘等），系统投资的折旧费，硬件日常维护费，人工费用等保证新的信息系统得到正常运行的费用。

3）系统运行新增加的效益。由于信息系统及时、准确地提供对决策有重要影响的信息，从而提高了决策的科学性，避免了不必要的开支。这主要反映在对提高组织工作效率、均衡生产过程、降低成本、提高质量、缩短生产周期方面的贡献，对库存控制、减少储备资金方面的贡献，对提高资金利用率、加快资金周转、分析和控制资金流动状态方面的贡献。

4）投资回收期：投资回收期是指通过新增效益，逐步收回投入的资金所需的时间，它也是反映信息系统经济效益好坏的重要指标。

2. 间接经济效益指标

信息系统的间接经济效益很难用具体的统计数字进行计算，只能作定性分析。但是，间接经济效益对企业的生存和发展所起的作用往往要超过直接经济效益。信息系统的间接经济效益指标主要体现在以下 5 个方面：

1）管理的科学化。信息系统的应用，使企业在获取、传递和利用信息资源方面，更加灵活、快捷和开放，从而极大地增强了决策者的信息处理能力和方案评价能力，最大限度地减少了决策过程的不确定性、随意性和主观性，提高了决策的效率和效益。

2）企业结构的优化。信息系统的应用，推动了业务流程重组和企业结构的重构，原有的金字塔结构被扁平化结构所取代，从而减少了管理层次，削减了机构规模。

3）员工素质的提高。信息系统的应用极大地调动了企业员工的潜能和积极性，加强了他们的协作精神，促进了相互间知识和经验的交流，从而可形成学习型企业，提高了全体员工的整体素质。

4）基础数据管理规范化。与手工信息处理系统不同，信息系统需要规范和及时的基础数据。信息系统对企业工作规范、有关标准和代码等基础管理有很大的促进作用，使企业基础数据管理向规范化发展。

5）提高企业对市场的适应能力和竞争能力方面的贡献。信息系统在企业经营管理中的广泛应用，缩短了企业与消费者的距离，使企业能够迅速将消费者的需求变化及时反映到决策层，促进企业及时调整经营战略，不断向市场提供差别化的产品和服务，提高企业对市场的适应能力，并形成独特的竞争优势。

8.4.3　信息系统评价报告

系统评价结束后应形成书面文件及系统评价报告。系统评价报告既是对新系统开发工作的评定和总结，也是今后进一步进行维护工作的依据。它主要包括以下内容：

1）有关系统的文件资料等。
2）系统质量指标的评价。
3）直接经济效益指标的评价。
4）间接经济效益指标的评价。
5）综合性评价。
6）评价结论及建议。

综合案例：EIS 在 C 公司的失败案例

比利是 C 公司负责信息系统的副总裁，积极倡导一套"经理信息系统"（简称 EIS）的开发，以满足公司高层经理们的信息需求。从商业性文章、会议中，以及与其他信息系统经理们的交谈中，比利已听说了 EIS 在多家公司中成功的先例。比利相信，EIS 不但能够帮助高层管理人员，还能够提高公司信息系统部的形象。比利安排了几位 EIS 的销售人员给总经理及高级经理作了演示，受到非常好的反响。通过触摸一下屏幕，表格和报告就迅速地以各种各样的格式和颜色出现。各级经理们对 EIS 印象深刻，于是经过一个短会后，就拍板投资 25 万美元开发 EIS 系统。

3 个月后，5 位经理用上了最初的系统。多屏的信息可提供主要的财务报告，过去这些报告都是以纸上的表格形式出现。该系统还提供了反映公司绩效的主要指标方面的信息，这些指标一直在 C 公司战略计划制定过程中发挥作用。通过自动调用数据库中的数据，屏幕上的信息总是最新的。经理们对系统的最初反应总体上是积极的。一位经理说："过去我从未这么快就获得这些信息。"一些经理们看来为他们最终能够使用一台计算机而感到骄傲。只有一位年龄较大的经理似乎对 EIS 不感兴趣。

系统交付使用后，重点转向了维护。比利被委以另一个项目，带领系统分析师负责开发另一套新的、重要的应用系统，安排两位维护程序员承担了 EIS 的升级、扩展使用者范围以及开发新功能的维护任务。但是，随后的几个月中，围绕 EIS 系统什么也没有做。维护程序员花了一段时间去学习如何使用 EIS 软件，不过没有详细的文档供其参考，因此效率较低。即使是当他们学会了如何扩展 EIS 的功能后，程序员们仍发现这一活动较之其他的应用显得并不重要。此外，经理们很少有扩展功能的要求。在某种程度上，维护程序员将 EIS 视作"经理的玩具"。引进 EIS 9 个月了，基本上没有系统的升级，没有新的使用者，而且使用跟踪软件揭示出，5 位经理中的 3 位根本没有使用该系统。系统也没有增加新的功能。

就在这个时候，C 公司开始面临财政困难。为了维持正常运作，一些不重要的支出项目被砍掉了。在一次重要会议上，从未使用过 EIS 的经理建议该系统也应被砍掉。"我们已为这一系统投入了大量的时间和金钱，但我并未看到我们从中得到什么好处。"他说，"实事求是地讲，我们所获得的所有东西就是我们过去所获得的东西，只不过它们是以美妙的图画和颜色出现在屏幕上而已。抛弃这一系统能够节省金钱，而又不会失去太多。"经过讨论，经理们达成一致——这一系统令人失望，应被砍掉。

当比利知道这一决定时，他极为震惊，EIS 曾经是如此地有前景，一切都曾非常顺利。哪里出错了？他获得了经理的支持，成立了一个好的工作班子，挑选了合适的软硬件设备，而且迅速交付了第一期系统。这些通常都是成功的关键。也许经理们只是没有准备好应用计算机。然而，比利能够肯定的一件事，就是他以及他的部门因 EIS 的失败而蒙羞。

本 章 小 结

从企业验收并启用信息系统开始，信息系统就进入了运行管理的阶段，一直要延续到被更好的新系统替代为止。

在管理信息系统投入运行后，企业要对信息系统的日常运行情况进行记录，并不断地对该系统进行维护，使程序和运行始终处于最佳的工作状态。而要完成信息系统的运行维护工作，作为用户企业，要成立相应的信息管理部门，并由信息主管（CIO）全面负责企业的信息化工作。

信息系统的文档是描述系统从无到有整个发展与演变过程及各个状态的文字资料。信息系统实际上由系统实体及与此对应的文档两大部分组成，系统的开发要以文档的描述为依据，系统实体的运行与维护更需要文档来支持。信息系统安全管理是一项必不可少的、极其重要的信息系统管理工作，要从安全技术和制度建设两个方面加强信息系统的安全管理工作。

　　系统投入运行后，要定期对系统的功能、软硬件性能、应用状况和系统的经济效果进行评价，并编写系统评价报告，以检查系统是否达到预期目标并提出今后的发展方向。评价指标包括系统质量评价指标、直接经济效益指标以及间接经济效益指标。

习　　题

1. 信息系统的日常运行管理包括哪些内容？
2. 分别举例说明信息系统维护的类型。
3. 简述信息管理部门在企业中的地位变迁。
4. CIO 在组织中的职责和知识结构是什么？
5. 什么是信息系统文档？主要作用是什么？
6. 试述信息系统文档及其与生命周期各阶段编制工作的关系。
7. 简述信息系统安全的基本要求和主要内容。
8. 信息系统的安全管理策略包括哪些内容？
9. 应从哪几方面进行系统评价？简述各方面的具体内容。
10. 案例思考题：
(1) 是什么因素导致 EIS 在 C 公司的失败？
(2) 如果要挽救 EIS，你可能会采取哪些行动措施？

第 9 章

信息系统的项目管理

管理信息系统的建设是一项费时费力的、艰巨复杂的系统工程，同时，由于企业的管理需求存在许多不确定的因素，因而管理信息系统的开发难度往往要大于其他技术系统的开发。因此，为了尽可能经济有效地保质按时开发好信息系统，必须将信息系统的建设工作作为一个工程项目来管理。

9.1 信息系统项目管理概述

9.1.1 信息系统项目的特点

信息系统建设作为一个工程项目，除了具备一般项目的一些特点外，还具有三个鲜明的特点。

1. 不确定性

在信息系统建设过程中，对用户来讲，常常在项目开始时只有一些初步的功能要求，没有明确的想法，也提不出确切的需求，或管理过程难以完整地用文字表达，或对信息系统的信息与功能需求一时也不能完全说清楚。因此，信息系统项目的任务范围很大程度上取决于项目组所作的系统规划和需求分析。由于用户方对信息技术的各种性能指标并不熟悉，所以，信息系统项目应达到的质量要求也更多地由项目组定义。该特点使信息系统建设项目带有一定的灰度，需要在开发过程中由开发人员不断地去补充与完善管理业务流程的描述和目标系统的需求。

2. 不稳定性

尽管已经做好了系统规划、可行性研究等工作，签订了较明确的技术合同，然而在系统建设过程中，由于用户企业的管理范围、管理环境会不断变化，程序、界面以及相关文档需要经常修改。这将导致刚开发出的系统或子系统已与实际情况和需求不符，在使用前既要修改，而且在修改过程中又可能产生新的问题。上述问题很可能经过相当长的时间后才会被发现，这就要求项目管理人员不断监控和调整项目的计划执行情况，增加了信息系统项目管理的难度。

3. 技术手段复杂

管理信息系统是现代信息技术与管理理论相结合的产物，它涉及计算机技术、通信与网络技术、数据库技术、人工智能技术、各种现代管理技术和决策方法等。一方面，从管理信息系统作为一个软件产品的角度来说，不允许有任何错误，任何一个语法错误或语义错误，都会使运行中断或出现错误的处理结果。另一方面，基于计算机的管理信息系统产品，不仅要完成原手工系统的全部功能，而且要满足用户提出的一些新的、更高的要求，有创新、有突破，解决手工系统难以完成的管理问题。因此，管理信息系统的规模大、结构复杂，其程度远远超过一般技术工程。

综上所述，传统的作坊式信息系统项目实施方式与方法已经不能满足这种日趋复杂的需求，取而代之的是通过专业的信息系统项目管理，组织一个协调、高效的开发团队，充分发挥项目成员的智力才能，开发一个能满足用户需要、高效并有力支持管理决策目标的、具有先进技术的管理信息系统。

9.1.2　信息系统项目的人员组成

在信息系统项目的建设过程中，涉及各级各类的开发人员和用户企业的管理人员，如何做好人员管理工作，使全体人员各尽所能，相互配合，体现集体协作的力量，是保证信息系统开发成功的关键因素。直接参加系统建设的人员包括企业高层领导、项目经理、系统开发人员和用户 4 类，具体分工如下：

1. 企业高层领导

企业建设信息系统，高层领导的重视和支持是关键，最重要的是企业一把手对信息系统应用的重要性的认识。信息系统的开发与应用是一个技术性、政策性很强的系统工程，诸如系统开发目标、环境改造、管理体制变革、机构重组、设备配置、人员培训等一系列重大问题均需高层领导的支持与参与。高层领导最清楚自己企业的问题，最能合理地确定系统目标，并拥有实现目标的人权、财权、指挥权，能够决定投资、调整机构、确定计算机平台等，这是任何人也不能替代的。因此，只有高层领导亲自参与和支持管理信息系统的开发，才能获得成功。所以，组织中的高层领导必须是系统开发小组的领导成员，并且要在一些关键阶段切实投入时间和精力。

2. 项目经理

项目经理（项目负责人）是整个项目的领导者，其任务是保证整个开发项目的顺利进行，负责协调开发人员之间、各级最终用户之间、开发人员和广大用户之间的关系。一个成功的项目经理需要具备既懂管理又懂技术两方面的才能。管理方面需要项目经理具有很强的管理、组织能力以及与人进行交流的能力；技术方面包括对计算机技术的掌握和应用，有能力制订系统开发的技术解决方案与技术路线。

3. 系统开发人员

系统开发人员主要由系统分析员和程序员组成。

系统分析员的主要任务是研究用户对信息系统的需求，进行可行性研究；进行系统分析与设计；负责对新系统的安装、测试和技术文档的编写。系统分析员不仅应当具备计算机硬件、软件的知识，懂得企业管理的业务，还应了解现代化管理方法以及各种经济数学模型在企业管理中的应用，并且应当具有理论联系实际、灵活运用上述知识的能力。系统分析员也要善于处理人际关系，能与各类人员建立良好的合作关系，能够正确理解各级管理人员提出的信息需求，灵活运用现代管理方法和建模方法，将这些需求经过分析和逻辑抽象转换为计算机系统的设计方案，成为程序员编写程序的依据。

程序员的主要任务是按照系统分析员所提出的设计方案编制程序、调试程序、修改程序，直到新系统投入运行。在系统交付使用以后，如果是联合开发，用户企业的程序员还要担负系统的运行维护工作，负责程序的改进任务。程序员应该有较强的逻辑思维能力，掌握计算机软件的基本知识，熟练掌握数据库及程序设计语言。

4. 用户

用户在系统开发的前期和后期起着非常重要的作用。在前期，他们要把自己的需求非常准确和全面地提供给系统分析员；在与系统分析员进行沟通时，要把业务流程和系统功能阐述得很透彻。在后期系统的雏形出来之后，他们能够根据系统的功能，对系统进行客观的评价，找出系统改进方向。因此，参与系统建设的用户必须是业务骨干，了解自己所在部门或工作岗位的关键点和难点是什么，更重要的是，能够对未来信息系统的结构和添加哪些新功能有自己的看法。

由于新系统的采用，势必造成原来管理方法和思路的改变。用户应当按照新系统的要求，组织基础管理工作的整顿，提供新系统运行所需的各种基础数据和人文环境，积极参与和组织新系统应用所需要的各种培训，尽快适应新系统的工作流程和工作方式。

总之，参加信息系统建设的各类人员必须发挥各自的专业特长，注重实际经验的研究，注重沟通，进行正确的分工与合作，取长补短，明确各自的责任，保证信息系统开发工作的顺利进行。

9.1.3 信息系统开发方式的选择

信息系统的开发方式指企业获得系统的服务方式，即由谁来承担系统开发任务。目前主要的开发方式有自行开发、联合开发、委托开发和购买商品化软件等。这几种开发方式各有优点和不足之处，需要根据使用企业的技术力量、资金状况和外部环境等多种因素综合考虑和选择。

1. 自行开发

自行开发是由用户依靠自己的力量独立完成系统开发工作。企业自行组织开发队伍，完成系统的分析、设计、实施和运行管理。随着第四代开发工具的发展，应用程序的编写更加简单，用户自行开发在技术上变得更加可行。一些企业有较强的专业开发队伍，如大学、研究所、计算机公司、高科技公司等，就可以自行开发，完成新系统的建设。

自行开发的优点是容易开发出适合本企业需要的系统，有利于培养自己的系统开发人员。缺点是由于不是专业开发队伍，缺少开发经验，容易受业务工作的限制，系统整体优化不够，较难开发出高水平的信息系统。另外，开发人员一般都是临时从所属各部门抽调来的，他们有各自的工作，精力有限，这样就会造成开发人员调动后，系统维护工作没有保障的情况。

2. 联合开发

联合开发由用户和具有丰富开发经验的机构或专业开发人员共同完成开发任务。一般是由用户负责开发投资，根据项目要求组建开发团队，建立必要的规则，分清各方的权责，以合同的方式明确下来，协作完成新系统的开发。这样企业的业务优势与合作方的信息技术优势互补，能开发出适用性较强、技术水平较高的应用系统。这种开发方式适合有一定数量的信息系统分析、设计及软件开发人员的用户企业，但企业的力量较弱，需要外援。通过合作开发，可以培养、完善和提高用户企业的技术队伍，便于后期的系统维护工作。

这种开发方式的优点是比较节约资金，可以培养用户自己的技术力量，便于系统维护工作，系统的技术水平较高。缺点是双方在合作中沟通容易出现问题，因此，需要双方及时达成共识，进行协调。

3. 委托开发

委托开发是由用户企业委托给富有开发经验的机构或专业开发人员，按照用户的需求承担系统的开发任务。用户首先要明确自己的需求，然后选择委托企业，签订开发合同，并预付部分资金；开发方根据合同要求，独立地完成系统分析、设计、实施，用户对系统验收通过后直接投入运行。采用这种开发方式的关键是要选择好委托企业，并且用户企业的业务骨干要参与系统的论证，开发过程中需要双方及时沟通、协调和检查。这种开发方式适合于缺乏信息系统的分析、设计及软件开发人员，信息系统功能复杂，投资规模大，但资金较为充足的企业。

委托开发方式的优点是省时、省事，开发的系统技术水平较高。缺点是费用高、系统维护与扩展需要开发企业的长期支持，不利于本企业的人才培养。

4. 购买商品化软件

信息技术的发展促使软件开发向专业化方向发展，软件开发标准化和商品化成为软件发展的趋势。专门的公司已经开发出一批功能强大、使用方便的应用软件包。所谓应用软件包就是预先编制好的、能完成一定功能的、供出售或出租的成套软件系统。用户可以购买现成的应用软件包或开发平台，如财务管理系统、进销存系统和客户关系管理系统等。

购买商品化软件方式的优点是能缩短开发时间，节省开发费用，技术水平较高，系统可以得到较好的维护。缺点是功能比较简单，通用软件的专用性较差，难以满足用户的特殊要求，往往需要进行二次开发。

选择开发方式是一个复杂的决策过程，应有一个正确的决策机制。不同的开发方式有不同的优缺点，需要根据用户的实际情况选择一种开发方式，也可以综合使用几种开发方式。不论哪种开发方式都需要用户企业的领导和业务人员参加，并在系统的整个开发过程中培养、壮大用户企业的信息管理人员队伍。

9.2 信息系统项目管理的内容

项目管理是指在一定资源如时间、资金、人力、设备、材料、能源、动力等约束条件下，为了高效率地实现项目的既定目标（即到项目竣工时计划达到的质量、费用、时间），按照项目的内在规律和程序，对项目的全过程进行有效的计划、组织、协调、领导和控制的系统管理活动。已经在国民经济诸多领域中成功运用的项目管理方法，也完全可以用于信息系统开发项目的管理。

9.2.1 信息系统项目工作计划与控制

信息系统建设项目管理的主要内容，是运用系统观察的方法为系统开发制订一份工作计划，并对计划的执行情况进行组织、监督和控制。

1. 工作分解

在编制工作计划之初首先要做的就是工作分解，即把整个信息系统的建设工作定义为一组活动的集合，这组活动又可以进一步划分成若干个子活动，进而形成具有层次结构的活动清单，使任务责任到人，落实到位，运行高效。

在进行工作分解过程中应特别注意以下两点：

一是划分活动的数量不易过多，但也不能过少。过多会引起项目管理的复杂性与系统集成的难度；过少会对项目组成员，特别是任务负责人有较高的要求，而影响整个开发。因此，应该注意工作分解的恰当性。

二是在工作分解后应该对活动负责人赋予一定的职权，明确责任人的任务、界限，对其他任务的依赖程度，确定约束机制和管理规则。

2. 活动估算

活动估算是根据项目范围、资源情况及其他有关信息对项目中已经确定的各个活动可能的持续时间进行估计的过程。只有在准确地估算出项目活动的时间后，才能够对项目各方面的工作有比较全面地理解和有效地计划，才能实施有效的项目管理。

在进行活动估算时，通常是以典型的开发人员的熟练程度为标准来衡量的，但在实际工作中，由于参加项目开发的人员水平高低不齐，这就使得估算出来的结果可能与实际相差较大。因此，在进行估算时，应当由熟悉该活动的专家或负责人进行，综合考虑突发事件、项目成员的开发能力差异、合理的资源需求等因素，以期计算出一个与实际情况比较接近的估计值。

3. 活动排序

在工作分解和活动估算的基础上，找出活动之间的依赖关系，以便能在时间上安排先后开发顺序。一些基础的、前端的活动，例如，基础数据管理子系统、人力资源管理子系统等，应先安排；依赖性强的、建立在其他活动之上的子活动，例如，生产管理子系统、财务管理子系统等，应后安排。

同时，为充分体现信息系统的效益及激发企业管理人员的信心，一些难度低、见效快的子活动也应予以优先安排，例如，库存管理子系统等。

4. 编制工作计划

依据工作分解、活动排序和活动工期估算即可制订出整个开发及项目管理计划，并产生任务时间计划表。编制信息系统开发项目工作计划的常用方法有甘特图计划评审技术和关键路径法。

（1）甘特图

甘特图（Gantt Chart，又称线条图）是一种对各项活动进行计划调度与控制的图表，它具有简单、醒目和便于编制等特点。图 9-1 是某信息系统项目实施的甘特图，项目的任务都列在左边的工作任务栏中，水平条说明了每个活动的持续时间，当多个水平条在同一个时间段出现时，则意味着活动之间存在并发。

一旦输入了为生成项目工作计划所需的信息，大多数的项目管理软件都可以自动生成甘特图。

（2）计划评审技术

计划评审技术（Program Evaluation and Review Technique，PERT）是一种应用比较广泛的项目工作计划编制方法，用网络图或者表格或者矩阵来表示各项具体工作的先后顺序和相互关系，以时间为中心，找出从开工到完工所需要时间的最长路线，并围绕关键路线对系统进行统筹规划，合理安排以及对各项工作的完成进度进行严密的控制，以达到用最少的时间和资源消耗来完成系统预定目标的一种计划与控制方法。

ID	任务名称	开始时间	完成	持续时间	2002年 01月 02月 03月 04月 05月 06月 07月 08月 09月 10月 11月 12月	2003年 01月 02月
1	系统分析	2002-1-1	2002-4-30	17.2w		
2	系统设计	2002-4-1	2002-7-31	17.6w		
3	系统接口设置	2002-5-1	2002-10-31	26.4w		
4	系统购置	2002-4-30	2002-9-30	22w		
5	系统实施	2002-9-30	2003-1-31	18w		
6	系统投运	2003-2-3	2003-3-31	8.2w		

图 9-1　用甘特图编制信息系统建设工作计划

（3）关键路径法

关键路径法（Critical Path Method，CPM）是由杜邦公司推出的一种与 PERT 十分类似的方法。关键路径法将项目分解成为多个独立的活动并确定每个活动的工期，然后用逻辑关系（结束-开始、结束-结束、开始-开始和开始-结束）将活动连接，从而能够计算项目的工期、各个活动时间特点（最早最晚时间、时差）等。在关键路径法的活动上加载资源后，还能够对项目的资源需求和分配进行分析。关键路径法是现代项目管理中最重要的一种分析工具。

信息系统开发项目的工作计划一般应分两个层次，第一层次按开发阶段安排，以作总体进度的控制，该层次宜采用甘特图；第二层次按各开发阶段或子项目的工作步骤安排，以便能在细节上安排人力，对项目进度进行控制，这一层次宜采用计划评审技术或关键路径法。

5. 进度控制

由于信息系统开发项目带有不确定性与不稳定性因素，因此，在实际中几乎没有一个管理信息系统开发项目能按计划进度完成，由此造成的损失也是很大的。所以，信息系统开发项目的进度控制显得尤为重要。

进度控制主要是在已制订的工作计划的基础上，根据项目的执行情况，对项目实施过程进行有效控制，及时发现和纠正偏差、错误，使项目维持在预定的目标与时间约束内。在控制中要考虑影响项目进度变化的因素，项目工作计划不宜也不可能制订得过于具体，一般可在计划中预留一定的机动时间，随着计划的进行，情况会逐步明朗，因此，可在计划落实过程中不断修订与充实。

计划安排还包括培训计划、安装计划、安全性保证计划等。当这些计划制订出来后，可以画出任务时间计划表，表明任务的开始时间、结束时间，表明任务之间的相互依赖程度。这些表是所有报告的基础，同时还有利于对整个计划实施监控。

9.2.2　信息系统项目成本管理

在项目实施过程中，如何合理分配实施费用，结合项目进度和时间安排，将项目成本费用控制在计划之内，是每一个建设信息系统的企业需要认真对待的问题。如果最终系统建设完成，但是花费却远远超出了预算，客观上也容易造成项目的不成功。因此，成本费用管理是信息系统开发项目管理的关键因素。

信息系统项目成本管理的过程包括资源计划编制、成本估算、成本预算和成本控制 4 个内容。

1. 资源计划编制

资源是形成成本的主要因素，资源计划编制过程是确定完成信息系统项目中各个活动所需要的各种资源（包括人、软硬件设备、材料等）的种类和数量的过程。

编制资源计划是进行费用估算的基础，也是工作计划编制的后续工作。通过若干专业技术人员采取相应的成本估算方法，制订出项目的资源计划。

2. 成本估算

成本估算是对完成项目工作所需要的费用进行估计和计划，要进行成本管理，必须先估算成本。在信息系统项目成本估算过程中，需要考虑各种成本方案以及这些方案的可行性。例如，在系统设计阶段细化设计方案可以减少编码阶段的成本，成本估算时应该考虑由于设计工作量增加而带来的成本增加，是否能够被编码阶段降低的成本所抵消。

3. 成本预算

成本预算是指把估算的项目总成本分配到各项活动和各部分工作中，进而建立成本基准计划以便度量项目实际绩效的过程。可以看出，成本估算的输出结果是成本预算的基础和依据。

4. 成本控制

成本控制是指在整个项目的实施过程中，定期收集项目的实际成本数据，与成本的计划值进行对比分析，并进行成本预测，发现并及时纠正偏差，以使项目的成本目标尽可能好地实现。项目成本管理的主要目的就是项目的成本控制，将项目的运作成本控制在预算的范围内，或者控制在可以接受的范围内，以便在项目失控之前就及时采取措施予以纠正。

9.2.3 信息系统项目质量管理

信息系统项目的质量管理是指保证信息系统项目能够满足用户所期望的各种质量要求的过程。质量管理是整个信息系统质量保证的关键，而且系统建设初期的质量管理更为重要。质量管理包括系统开发过程中和系统运行维护过程中的质量管理，因此，质量管理贯穿信息系统生命周期的全过程，是在项目管理中对质量的动态管理。

信息系统项目质量管理的内容包括质量计划编制、质量保证、质量控制与检查三个方面。

1. 质量计划编制

质量计划的编制是依据系统开发的功能需求，通过开发项目的计划和实施过程所建立起来的，是对项目开发的若干要求，以此作为项目开发评审和控制标准的基础和核心。

2. 质量保证

质量保证视之为老式的信息系统项目最终能够满足相关质量标准而在质量系统内部实施的各项有计划的活动。

项目开发的质量保证包括如下几个方面的内容：

1）确保获得完整正确的需求。

2）在开发的每一阶段结束时，要休整一下，以进行充分审查并确保该部分工作与系统相协调。

3）采用具有质量控制内容的程序开发规范。这包括程序逻辑性的独立检查和程序测试。

4）规范的安装调试。

5）事后审计评价。

为了保证系统开发的质量，通常需要结合项目的特点，选择恰当的项目开发策略，对质量加以控制。

3. 质量控制与检查

在系统开发的全过程中，尤其在系统分析阶段运用质量控制与检查的方法，是质量管理的核心，也是使新系统满足管理人员要求的保证。

一般来说，可以采取下列方法与措施，对系统开发的全过程进行质量控制与检查。

（1）严格挑选系统开发工作小组成员

系统开发工作小组成员的选择是质量保证的基本前提，开发小组应由管理人员和信息系统专业人员组成。除了确保他们应该熟悉本职业务和懂得本行技术之外，还必须考虑这些人员能否在较长的开发工作中保持良好合作的人际关系。

（2）加强培训工作

在系统开发的全过程中，应该有步骤、有计划、分阶段地对各类人员进行管理信息系统有关知识、开发技术等方面的培训。

（3）正确选择系统开发策略与方法

开发策略与方法的选择是质量保证的重要前提。为此，在系统开发之初就应确定开发策略，选定系统开发方法，选定数据管理方式。

（4）建立系统开发各阶段的质量检查制度

一是文档管理制度。系统开发各阶段完成时，必须交出齐全的文档，项目负责人应把好文档质量关。阶段文档与选用的开发方法相对应，如采用结构化方法开发系统时，逻辑模型为数据流图和数据字典。交不出文档本身就是一个严重的质量问题。

二是阶段审查制度。各阶段完成时，应立即进行阶段审查，严格把好质量关。

（5）集体评议是质量检查的有效方法

对信息系统进行检查的有效方法是集体评议。集体评议的进行次数、时间应该列入系统开发进度计划之中，由项目经理或企业领导监督执行。

集体评议的目的是为了集思广益，及早发现系统开发的质量问题和及时找出解决问题的办法，而不在于追究系统开发组或个人的责任，这与上级对下级的工作检查或审议性质不同。因此，可以采取多种多样的方式，正式的或非正式的，以便在集体评议中充分交流思想。

通常，在信息系统质量问题中，编程错误占 25%；系统分析和设计错误占 45%；程序修改错误占 20%；文档错误占 7%；其他占 3%。错误发现得越早，就越容易修改，所花代价就越小。假设错误在系统分析阶段就修正所需费用为 1 个单位，拖到系统设计阶段才修正则需 5 倍的费用，而到系统运行阶段再修正，则需 25 倍的费用。因此，在一开始就应十分重视项目质量管理。

9.2.4 信息系统项目风险管理

尽管信息系统项目建设过程经过了前期的可行性研究，以及一系列管理措施的控制，但其效果一般来说还不能过早确定，因为建设开发的过程伴随着风险，可能达不到预期的效果：费用可能比计划的高，实现时间可能比预期的长，而且，硬件和软件的性能可能比预期的低，等等。因此，任何一个信息系统项目都应进行风险管理。

信息系统项目风险管理一般包括风险识别、风险分析评估、风险跟踪控制这几个过程。

1. 风险识别

风险识别是风险管理的第一步，即识别信息系统项目过程中可能存在的风险。具体地说，风险识别包括确定信息系统项目的风险来源、风险产生的条件、描述其风险特征、确定风险事件有可能影响到的项目内容，以及收集、整理项目可能存在的风险并充分征求各方意见，形成项目的风险因素清单。

2. 风险分析评估

风险分析评估是对风险因素发生的概率、产生的影响、造成的后果进行分析和评估的过程。有些风险因素即使发生，对项目产生的影响也不大，但是有些风险因素一旦发生，就可能对项目产生致命的影响。

3. 风险跟踪控制

风险跟踪控制是指对项目风险因素进行监视、检查和测算，对发生的风险及时采取相应措施和行动的过程。主要包括两个层面的工作。

1）跟踪已识别风险的发展变化情况，包括在整个项目周期内，风险产生的条件和导致的后果变化。

2）根据风险的变化情况及时识别、分析，并采取适当的风险应对措施。同时，对于已发生和已解决的风险及时从风险因素清单中调整出去。

对于信息系统的建设来说，项目管理中的风险管理十分重要，因其涉及方方面面的开发人员和广大的最终用户。为了保证系统开发的顺利进行，除了要建立一整套的管理职责和规范，坚持将一种正确的开发方法贯穿始终外，还要做好各类人员的思想沟通，使开发项目组的全体人员自始至终都能保持一致的认识。

综合案例：某信息化项目管理案例剖析

1. 项目描述

某年，B 软件公司（以下简称 B 公司）了解到 A 企业要建设一个客户服务中心信息系统，向客户提供有关本企业产品的咨询、查询、委托、投诉等服务，并希望能够尽可能采用各种计算机和通信技术，为客户提供快速、准确和渠道多样（包括电话、传真、Web、邮件等）的在线服务。

2. 背景

客户服务中心在国内至多属于萌芽状态。A 企业的原有业务运作只有一小部分采用计算机处理，而且原来并不存在客户服务中心这样的机构。B 公司对于基于 Web 的信息系统的开发也从来没有尝试过。总而言之，这是个新领域，在机会存在的同时，风险也非常大。

3. 结果

B 公司在项目中采用多种从未使用过的技术和产品：Browser/Web Server/Database Server 结构、CTI 技术、排队机，并独立开发语音传真服务器，最后按时完成项目。该项目的完成为后续合作奠定了基础，在第二年很快就签署了二期合同。无论是客户还是公司，都对项目的结果表示满意；项目成员也对能参与这个项目表示高兴。

4. 项目过程

那么，B 公司是如何成功完成这个充满风险的项目呢？项目完成后，公司及客户都认为，因为有一个合格的项目经理。接下来，我们就看看在项目实施过程中项目经理做了哪些事。

（1）起始阶段

在项目意向明晰后，项目经理首先做的事情是：查阅资料，确定助手，制订下一步计划。

这三方面的工作都是非常重要的，查阅资料表明项目经理意识到项目的难点和风险在哪里，并采取措施去规避风险。确定助手为组建项目实施团队奠定基础。下一步计划的任务就是和客户面对面的沟通，了解客户的期望以及对项目的认知情况，了解客户的业务，进一步了解相关技术，编写方案建议书。

在和 A 企业沟通的过程中，项目成员本着"三人行必有我师"的态度，向客户学习业务知识，掌握相应的业务术语，同时也和主要人员保持良好的关系。这些都为随后项目实施中与客户的流畅沟通奠定了基础。其实，很多项目的失败就在于 IT 人员只是从 IT 出发去看项目，这是非常狭隘的。IT 说到底，只是业务运作所应用的工具而已，要发挥作用，必须找到与业务流程的结合点，否则各是各的，即使项目在技术实现上非常完美，也不能发挥很好的应用效果。业务和 IT 本身并没有很多矛盾，矛盾更多地存在于业务人员和 IT 人员的相互沟通和理解上。

在这个阶段，项目经理还有一件事做得非常好，就是让公司高层领导重视这个项目，从而获得公司高层的支持，这对随后项目实施过程中能够得到其他部门的配合是非常重要的。

（2）执行阶段

在合同签署后，项目经理和助手开始着手组建实施团队，那么一个很重要的工作就是公司要有规范的文档管理，以保证项目信息的最大保留。

项目经理经过分析之后，从各部门抽调骨干人员组成项目团队，然后召开第一次项目会议，通报项目的目标和工作计划，分派相应的职责给每一个人。鉴于项目成员的经验并不丰富，项目经理发挥自己对技术的总体把握能力，随时了解项目成员的技术进展情况，并给予必要的指导和帮助，最终成功规避新技术带来的风险。

在项目组织结构和角色确定后，项目经理组织小组成员共同工作，在基于先前提交的计划基础上，进一步细化工作任务和编制项目的工作计划。此举使得项目组骨干人员的积极性得到最大的调动，同时也帮他们树立权威，使项目工作得以齐头并进。

在计划制订之后，项目的成功与否就要看计划的执行，以及针对实际情况进行应变的能力。相对于技术人员，项目经理的工作重点是调度资源、监督和控制进度、指导工作。项目经理和各方面人员的沟通是确保项目顺利进行的有效手段。

根据项目的情况，项目经理确定应用软件的开发分两阶段：第一阶段是完成功能开发，

227

第二阶段是界面确认和性能优化，确保软件开发更容易控制。

由于第一阶段是在 B 公司内部开发，因此，各项进度还比较顺利。但是到了第二阶段，由于在现场开发，客户的参与程度有了很大的提高，虽然对项目实施的人力资源有一定补充，但也带来明显的弊病（最初项目成员都没有意识到），因为参与的客户人员会随时向项目组成员提出一些修改要求。起初，项目成员有求必应，后来发现有的要求很有必要，但有的要求则是很不成熟。来回变了好几次，尤其是随着项目的进展，对项目的不利影响越来越大。项目经理在和项目成员仔细沟通后，最后向客户"晓之以理，动之以情"，说服客户：以合同为前提，如果确有必要修改，客户应尽量考虑成熟，但所有变动要以书面的正式形式通知项目经理。这样，问题很快就得到控制。当然，能够达到这样的效果有一个很重要的前提是：项目组的工作一直是有成效的，得到 A 企业的信任。许多项目在进行的过程中，作为承担项目实施的一方往往就失去客户的信任，从而在碰到问题时很难取得客户的理解和支持，最后就只能埋怨客户故意刁难。

鉴于项目涉及的无论是业务领域还是技术领域都是新鲜的，因此，项目经理倡导有原则地让客户积极参与项目实施工作，其好处是：

1）对于客户，项目实施是透明的，提高了客户对 B 公司的信任度。

2）最终用户的积极介入，使得软件更适合业务需要，也更容易获得客户满意度。

3）通过和最终用户的密切配合，B 公司能更好地了解业务需要，为以后拓展该行业的市场储备有关知识和人力资源。

（3）结束阶段

在项目的执行阶段，项目经理主要关注的工作内容包括：总结和移交存档各种资源（如设备、文档等），其目的是使得公司能够不断积累有关的知识。项目成员工作的表彰和最后聚会，一方面是对成员工作的认可，另一方面是提高成员对实施项目的认同感，"高兴而来，满载而归"。

5. 总结分析

其实，任何一个信息系统项目在执行过程中都会碰到问题，评价一个项目是否成功并不能以碰到问题的多少作为标准，其标准应是按时、保质实现预先确定的各项指标，比如说系统的功能、系统的性能等。

在这个项目中，也碰到很多问题，比如，客户的需求变化、资源的到位、成员的冲突等。这些问题是大部分项目都会碰到的，解决起来其实很简单。

1）客户需求变化。理解客户业务，使用客户的语言，站在客户的角度思考问题，取得客户的信任。这样，最后客户也会站在开发方的角度替你思考问题。其实，大部分客户都是通情达理的，问题在于开发方实施项目时迈出的每一步。

2）资源的到位。理解、尊重相关部门或合作伙伴的工作，从而让他们也理解、尊重系统开发工作并配合项目组；获得领导的支持；原定资源不能到位时，不要一条路走到黑，一定可以找到替换办法的。

3）成员冲突。还是那个原则——理解和尊重，在项目中倡导互相的理解和尊重，求同存异。

对于项目经理，除了掌握必备的项目基本方法和管理工具（如计划制订、预算编制等），对项目背景和目标有清楚的理解和认识外，很重要的一点就是与人交往的技巧了。成功的项目经理和失败的项目经理的最大差别，可能就在于如何与人打交道，如何与客户打交道，如何与公司领导打交道，如何与项目成员打交道。

案例来源：中国制造业信息化门户，http：//www. e-works. net. cn/

本 章 小 结

信息系统的建设是一项费时费力的、艰巨复杂的系统工程，除了具备一般项目的一些特点外，还具有三个鲜明的特点：不确定性、不稳定性和技术手段复杂。

在信息系统的建设过程中，涉及各级各类的开发人员和用户企业的管理人员，如何做好组织管理工作，使全体人员各尽所能，相互配合，体现集体协作的力量，是保证信息系统开发成功的关键因素。信息系统作为一个系统工程，要注意选择合适的开发方式，常用的开发方式有自行开发、委托开发、联合开发和购买商品化软件等。

已经在国民经济诸多领域中成功运用的项目管理方法，也完全可以用于信息系统开发项目的管理。信息系统项目管理的内容包括工作计划与控制、成本管理、质量管理和风险管理。

习　　题

1. 信息系统项目具有哪些不同于一般项目的特点？
2. 信息系统建设中的不同人员应当如何进行角色分工？
3. 分别比较几种常见的开发方式。
4. 如何对信息系统项目中的进度、成本、风险和质量进行有效的管理？
5. 选择一个信息系统开发实例，以项目管理思想对其进行规划，并采用甘特图和网络计划图进行进度控制。

第 10 章
信息系统对未来社会的影响

随着计算机及相关技术的迅速发展，信息技术和信息系统的内容与作用在深度和广度上都有了很大的发展。一系列新型的信息系统或信息技术出现在人们的生产生活中，给社会和组织带来了深远的影响，但是，也带来了新的伦理道德等社会问题。

10.1 信息技术和信息系统的发展

近年来，信息技术不断发展，信息系统也不断推陈出新，除了有面向组织的信息系统之外，还产生了面向社会的信息系统。新技术的运用和革新，给信息系统的不断发展完善提供了广阔的空间。

10.1.1 信息技术的新发展

1. 移动通信与便携技术

今天，人们需要更佳的移动性能和便携技术，当然，这离不开完善的无线移动通信的支持。无线移动通信是一种通过无线电波和移动上网技术、无线寻呼技术等实现移动通信设备间的通信，通信内容可以是语音、数字、文字、图片和图像等定点通信所包含的所有内容。无线移动通信总是和便携技术联系在一起，例如，PDA、PSP 和手机，它们外型小巧，非常容易装进口袋和挎包，人们可以随时随地地查看股票信息和发送电子邮件。

在经济领域，依靠无线移动通信，物流系统中的运输工具依靠地理信息系统和通信卫星，能够使人们确定其每时每刻的空间位置，这对于运输工具的实时跟踪、物流动态掌握和物流调度都有极其重要的作用。不仅如此，无线移动通信在诸如诱导和疏通等交通控制、社会治安的预防、灾难的抢救抢修等对时间和地点有灵活要求的活动中也大有作为。

通用汽车公司的 OnStar 系统

通用汽车公司应用全球定位系统（GPS），结合无线电话以及一个 24h 服务的电话中心，建立了一个汽车内部基础服务系统 OnStar。它可以为汽车用户提供多种汽车安全信息服务，包括自动撞车报警、道路援助、远程解锁服务、免提电话、远程车辆诊断和逐向道路导航（Turn-By-Turn Navigation）等。通用汽车公司开发的"被盗汽车定位服务系统"的升级服务——"被盗汽车减速"被广为关注。"被盗汽车减速"技术是 OnStar 公司于 2007 年底推出的全新汽车安全技术，该技术可以在用户车辆被盗后，及时帮助用户和警方追回失窃车辆，更重要的是，此项技术将大大降低追捕过程中对公共交通系统造成的安全威胁。

案例来源：http://auto.sina.com.cn/news/2008-05-04/1150371803.shtml

移动通信技术已经使人们离不开手机等通信工具，而 Internet 提供了世界范围的通信，现在许多服务器提供远程电话通话服务，人们只需登录到电话服务网站下载安装一些小软件，就可以像使用家庭电话一样呼叫使用相同服务的人。这种网络电话的费用与手机通话费用相比更加低廉，甚至有些是免费使用的。

嵌入式芯片技术是当今便携性和移动性技术领域争议性较大的一项有着广泛发展前景的信息技术。所谓嵌入式芯片，就是可以植入人或动物体内的一种微型电子芯片，可以存储关于个体的重要信息，比如人的身份、病史、过敏药物和联系信息等。许多嵌入式芯片具有 GPS 功能，能够确定被嵌入者所处的地理位置、运动速度和运动方向等。由于这项技术在实际使用过程中很容易侵犯到被植入者的隐私，所以，现在人们对嵌入式芯片的接受程度还较低。

嵌入式芯片

医院能够在抢救伤员时首先扫描病者的嵌入式芯片查看病史，确定他对哪一种药物过敏，避免医疗事故的发生；如果孩子丢失或者被绑架，警察可以通过有 GPS 功能的嵌入式芯片找到丢失的孩子，当然，人们也可以方便地找到那些带有嵌入式芯片的走失的宠物。

2. 自动识别技术

自动识别是将信息、数据自动识读、自动输入计算机的重要方法和手段，它是以计算机技术和通信技术为基础的综合性科学技术。自动识别技术近几十年在全球范围内得到了迅猛发展，初步形成了一个包括条码识别、磁识别、光学字符识别、射频、生物识别及图像识别的体系。

（1）生物识别

人们与计算机系统之间的交互主要是通过物理界面，如键盘、鼠标和显示器等。技术的发展使人和计算机之间的生理交互成为可能。通过指纹或视网膜等人体真实特征来确定某人的身份是生物测量技术的研究领域，20 世纪 90 年代这项技术基本上仅应用于刑侦领域，满足国家刑事侦察与法院身份鉴定的专项需要。随着计算机图像处理和模式识别理论及大规模集成电路技术的不断发展与成熟，指纹自动识别系统发生了质的飞跃，体积缩小，速度提高，实现成本以及对运行环境的要求逐步降低，指纹采集的速度和方便性都得到提高。这些都使指纹认证技术的实用化向前迈进了一大步，使其大量应用于政府、银行、税务、社保、学校和公司机构等部门的文件保密、信息安全、门禁控制、考勤管理与证卡管理等各类需要计算机进行自动身份认证的场合。

231

虹膜与自动语音识别系统

使用虹膜识别系统时，必须将眼睛对准一个特制摄像头，这时系统就会将人的虹膜信息输入计算机存储，以后凡是需要出示身份证的场合，只需眼睛再对准摄像头看一下即可。除此之外，自动语音识别系统（ASR）不仅能够捕获说话人所说的每个字词，还能分辨出由字词组成的句子。ASR 系统可以允许用户不用敲击鼠标和键盘，以正常的发音和计算机交谈。

（2）无线射频身份识别（RFID）

RFID 是英文"Radio Frequency Identification"的缩写，是非接触式自动识别技术的一种。它通过相距几厘米到几米距离内传感器发射的无线电波，读取电子标签内存储的信息，识别电子标签所代表的物件的身份。传统条码技术的信息处理是一物一扫，而 RFID 系统可以批量扫描，大大提高了效率。

沃尔玛使用 RFID 系统

以流通行业为例，传统条码技术只能一件一扫，而且经过其他工序时，还得一件件重复扫描和搬运。使用 RFID 系统，可以几十件一扫，一个电子标签可以贯穿从工业入库到商业分拣的全过程，几道工序不需搬运，可以几十倍、上百倍地节约时间。沃尔玛在使用 RFID 方案后，其手工订货工作量减少了 10%～15%、缺货情况降低了 30%、促销产品的销售量增加了 25%，而更重要的是顾客满意度的大幅度提高。

3. 虚拟现实技术

计算机三维空间模拟的虚拟现实技术已得到广泛的应用，它可以使人们身临其境地感受模拟的真实情况。它可以在一个虚拟现实的环境中，使用特殊的输入、输出设备捕获用户的运动生理信号，并且将相应的生理信号发送给用户，这项技术最常见的应用是娱乐业。市场上有很多虚拟现实的游戏，包括滑雪、赛车、打高尔夫球、空战和射击等。人机交互方式的发展推动着信息系统发展的步伐，全息图像系统就是利用全真三维方式创建的，可以捕获并显示图像的模拟现实环境系统。虚拟现实环境的信息系统可以增强客户服务的能力，客服人员在几秒钟内就能出现在抱怨产品或服务质量的客户房间中答疑解难，当然，那些只是客服人员的全息图像。

10.1.2 智能计算

前面介绍了数据仓库以及包括专家系统在内的人工智能的许多工具。依赖于数据仓库、数据挖掘和数据分析技术，增强企业智能的信息技术系统利用人工智能可以进一步为企业决策者服务。

人工神经网络和遗传算法也是人工智能的工具。美国许多机场的炸弹检测系统使用可以检测空中微量元素的人工神经网络系统来指示是否存在爆炸物。医药方面，人工神经网络系统用来检测药物的相互作用以及心脏病的发作，甚至可以分辨男女病人症状之间的细微差别。商业方面，人工神经网络系统在证券交易、信用评估、房地产评估、贷款申请评估、目标市场分析方面应用广泛。人工神经网络系统还应用在机械控制、温度调节和机器故障识别等方面。当有大量的信息可以利用时，人工神经网络非常适合于识别、分类和预测。通过检验成百上千的实例，人工神经网络可以查明信息中重要的联系和模式。

一个判断信用卡欺诈行为的专家系统

例如，若将许多信用卡交易信息提供给神经网络，并告知哪些是欺诈性的交易，它最终会"学会"识别可疑的交易。神经网络和专家系统都是接收输入并就输入的情况属于哪一类作出判断的系统,它们之间的区别是专家系统必须严格按照规则实施,而不能进行自我调节。例如,一个判断信用卡欺诈行为的专家系统,有如下一条规则:如果某账户的购买价值超过一定数量则为这一交易做标记,专家系统对即使超过定量 1 分的交易也会做上标记。而神经网络可以学习了解持卡人的消费行为,并且可以评价购买量与定量之间的偏差,看其是否大到能够引起怀疑的程度。神经网络还适用于训练样本中没有出现的情况,例如,在神经网络的学习过程中,抵押贷款的利率范围是在 6% ~ 10% 之间,如果利率降低到 5%,系统便可以插入新的学习内容。

案例来源:斯蒂芬·哈格,等. 信息时代的管理信息系统. 严建援,等译. 北京:机械工业出版社,2004

遗传算法是一种优化方法,通过模仿生物进化过程中适者生存的规律产生一个问题的逐步改进方案,它能发现导出最优输出的输入组合,适合于可能存在上千万解决方案的决策环境。遗传算法可以给投资者在贸易选择和决策方面提供辅助,可以帮助企业在考虑各种税收的情况下确定企业的投资组合,可以为服装制造业设计出衣料浪费最少的剪裁图样和剪裁方式。

无论计算机系统的智能发展到何种程度,都不会代替人在各个领域中的决策作用。在一定条件下,信息系统利用人工智能可以在行动方案上提出可靠的好建议,但最后一定是由人来作最终决定,而不是计算机。

10.2　信息系统对社会伦理道德的影响

随着信息系统的发展,道德伦理问题受到越来越多的注意,因此,它也成为管理信息系统领域中的一个新话题。最初,由于计算机的应用发生了许多侵犯个人隐私权利的问题,在商业领域就是侵权的问题,这些侵权导致每年几十亿美元的损失。然而,信息道德问题远不止侵权的问题,因为计算机是强有力的社会工具,它可以帮助社会,也可以损害社会,这完全取决于我们如何使用它。

在信息社会,人们应当清楚什么是道德的、合乎伦理的和合法的行为。作为企业的高层领导者,在企业中应注重建设信息道德文化。信息专家应履行他们的职责,企业的信息主管也要注重建设信息伦理,应当制订相应的实施策略。

10.2.1　道德、伦理和法律

人们的伦理道德植根于历史、文化和宗教信仰,它随着时代而不断变化。在当今的信息时代,有关伦理道德的讨论又增加了新的范畴:人们可以收集多少数量的个人信息,收集哪些方面的个人信息,以什么方式接触这些信息。人们对伦理道德的观念,即有关对与错的判断标准,决定了一个人收集、保存、获取以及使用信息的行为。当一个人面临一个伦理道德的两难境地时,他的基本伦理观念体系和他在试图作出决定时所面临的实际环境,是影响这个人作出决定的关键因素。仅仅懂得法律有时候也是于事无补的,因为合法的事情不一定合理。图10-1 表示了伦理和法律的 4 种层面,如果人们的行为属于第一种情况,无疑是最安全的。

商业上,计算机的使用受管理者、信息专家、程序员和用户的道德和伦理价值观的影响,同时,使用者也要遵守法律。法律是最容易解释的,因为它以书面的形式存在;伦理则很难准确定义而且社会成员的观点也不一致。计算机伦理这一有争议的话题当前正受到更多关注。

10.2.2 计算机伦理

马萨诸塞州达特茅斯大学的詹姆斯·摩尔把计算机伦理定义为对计算机技术应用的自然和社会影响的分析，以及涉及计算机技术伦理化使用政策的完善和合理化表达。

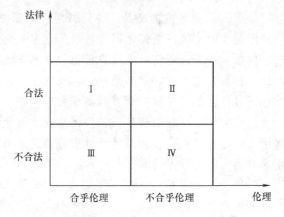

图 10-1　伦理和法律的 4 种层面

计算机伦理相关议题涉及面相当广泛，信息系统专家梅胜（Mason）在 1986 年提出了信息时代的 4 个伦理议题，即隐私权（Privacy）、正确性（Accuracy）、所有权（Property）以及使用权（Accessibility），简称 PAPA，下面结合实际案例来具体介绍这 4 个方面。

1. 隐私权

世界各国的宪法和法律制度逐步把隐私权作为一项公民的基本权利和民事权利，并纳入《公民权利和政治权利国际公约》、《世界人权宣言》等国际公约中，成为一项国际基本人权。隐私权是自然人对其享有的、与公众利益无关的个人信息、私人活动和私有领域进行支配的一种人格权。

所谓信息隐私权是指在未通知当事人并获其同意前，信息持有人不得将当事人为某特定目的所提供的资料用在另一目的上。当事人不仅是产生资料的来源，同时亦是资料正确完整的最后查核者，以及个人资料使用范围的参与决定者，所以，应赋予该当事人对其个人资料有主动积极支配的权利。

随着互联网的普及，每个人曾于互联网浏览过什么网站、买过什么商品、兴趣偏好、健康记录等都可以很容易地被记录，个人隐私很容易外泄。

信息技术的发展在给人们带来方便快捷的同时，也冲击着人们的基本权利。虽然我国宪法至今还没有明确地把隐私权列为公民的基本权利，但是，相信随着法制的不断完善和健全，人们终归会在采用新科技与保障合法权利两者之间找到较为合适的平衡点。

2. 正确性

正确性是考虑信息的真实性，计算机伦理涉及正确性这一议题是为了判定当信息有错时谁应负责，以及如何补偿受害的一方。在信息系统普及的今天，信息的正确性尤为重要。人们依赖数字化的信息进行日常活动，许多企业的订单和合同都是在网上签订的，如何确定信息发出者的身份，如何确认信息本身在传递过程中是否被篡改，以及使信息发出者无法抵赖他发出的信息，成为当前电子商务交易中非常重要的问题。

为了保障信息的可用性、完整性、保密性而采用的技术措施称为信息安全技术。为了保护信息不被非法地使用或删改，必须对其设置访问权限，如设置用户权限，使用口令、密码以及身份验证等。为了使信息被窃取后不可识别，必须对数据按一定的算法进行处理，这称为数据加密。对于加密的传输文件，现在普遍采用电子签名和电子认证的方式来确认交易双方的身份。由于电子签名具有真实性、完整性、不可抵赖性和不可篡改性，已经在世界范围内得到广泛的应用。我国于 2004 年 8 月通过了《电子签名法》，并于 2005 年 4 月 1 日起正式生效。此法确定了电子签名的法律地位，为电子交易的双方信息传递的正确性提供了法律的保障。

3. 所有权

所有权是考虑信息为谁所有，信息交换的公平价格为多少，信息传播媒体是否有所有权。随着计算机科技与通信技术的结合与发展，信息通过互联网传送，使得信息可以快速且无限次数地复制与传播，因此，对于著作权的保护，在数字网络时代更加迫切。所有权的观念主导着一切使用信息行为的价值判断，因此判断所有权的归属是非常重要的。一份信息的所有权归属，在法律上由知识产权来规范。

信息系统中的数据库因具有存储信息量大、检索快捷、使用性强和使用方便等特点，使其具有重大的经济价值，但与计算机软件类似，数据库容易被复制并且复制后传播速度快。在这种情况下，如果不能对数据库的所有权进行有效保护，必将挫伤人们开发设计信息系统并向社会推广的积极性。数据库保护的难题不在于其整体作为汇编作品受到版权保护，而在于对其含有的数据信息的保护。

软件所有权问题为业界所关注，软件有三种不同的所有权：版权、商业秘密以及专利。软件还有不同的方面可供人拥有，比如，一个人可以拥有一个程序的源代码、目标代码、演算规则或者是程序的界面。目前，一个引起很大争论的问题是，软件开发者是否应该拥有演算规则的专利。数学家和科学家认为，如果演算规则可以成为专利，事实上就从公共领域拿走了部分计算能力，因此，削弱了科学，而且窒息了竞争，使社会可得到程序的种类大大减少。

4. 使用权

使用权是考虑个人或组织有权使用什么信息，在何种情况及保障下使用信息。使用权主张信息合理、公平、公开地享用，并照顾到使用信息时涉及的执行细节。

信息时代竞争的加剧以及网上资源的公开使得企业纷纷公开信息的使用权。全球经济大国掌握着大部分的高科技资源，拥有信息技术的专利权，其他国家如果获得新技术就必须向他们支付高额的专利使用费用。

在信息时代若能掌握以上有关信息伦理的这 4 项观念，不仅可以在变局中保护自己的权益，更可以督促新信息社会迈向正轨。信息的公开和使用是一把双刃剑，若不好好地严守使用规则，则势必伤害到自己。

以下几种行为合法吗？道德吗？

某设备制造公司购买了一套库存管理系统，使用该系统对企业的原材料、半成品、零部件、成品以及设备、办公用品等进行管理。由于该系统中某些库存数量算法有错误，系统中显示的库存数量多于实际的库存数量，结果因为某些物料缺乏，企业生产线被迫中断两天，造成的直接经济损失超过 100 万元。依照协议，该库存管理系统开发商只负责修复系统的瑕疵，不承担因为瑕疵造成的任何生产损失。

某汽车销售公司将存储在房屋交易管理系统中的购买汽车的客户的个人信息卖给了几家汽车装饰公司。这些装饰公司频繁地给这些客户发送 E-mail、打电话，联系汽车装饰、保养等事宜，这些行为扰乱了客户的正常生活和工作。

某公司专门开发了一套员工行为监控信息系统，该系统可以对员工的上网行为、聊天内容进行监控和跟踪。这种做法引起了大多数员工的不满，认为公司的这种监控行为非法。公司认为监控系统是在工作时间内对员工进行监控，是合法的。

案例来源：闪四清. 管理信息系统教程. 2 版. 北京：清华大学出版社，2007

10.2.3 如何形成伦理文化

企业要发展，就要很好地建立企业的伦理文化。尽管企业伦理文化的建立有各种各样的形式，但也有一些一般性的规律。为建立企业伦理文化，企业领导一般自上而下执行三个步骤，一直到每一名员工。建立企业伦理文化的过程，如图 10-2 所示。

1. 企业信条

企业信条是企业希望提倡的反映企业价值观的简明的语言，其目的是把企业的伦理价值观告知企业内外的个人和组织。它反映在各个方面，如对顾客的承诺，对员工的承诺，对股东的承诺，对社会的承诺等。

2. 伦理纲要

伦理纲要是对员工如何执行企业信条提供指导的一系列活动。一个典型的活动是为新员工举行培训，这个培训主要集中在伦理问题上。此外，还有伦理审核，审核各部门如何落实企业信条等。

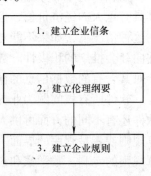

图 10-2　建立企业伦理文化的过程

3. 企业规则

很多企业会修改自己的伦理规则，有时是为适应特定行业而进行修改的。

10.2.4 信息工作者的职业道德与计算机伦理准则

从目前我国计算机伦理的现状看，特别需要加强计算机伦理规范的可操作性研究，提出和制定行之有效的伦理准则。

1. 信息工作者职业道德

所谓职业道德，就是同人们的职业活动紧密联系的符合职业特点所要求的道德准则、道德情操与道德品质的总和。

面对激烈的市场竞争，企业信息工作者需要具有战胜竞争对手最新最准确的信息，以便制订获得竞争优势的决策，由此产生了许多游走在法律和道德边缘的竞争行为，这些行为属于信息工作者职业道德的"灰色地带"。例如，伪装成学生或者学者到竞争对手公司作问卷调查，或者以喝茶聊天的方式与竞争公司的职工交流，在对方不察觉的情况下获得竞争情报，等等。这些行为虽然没有违反相关的法律，但是从职业道德的角度来说，类似的获取信息的行为是不符合职业操守的，会从一定程度上给公司声誉带来不利的影响。

美国计算机协会（ACM）1992 年 10 月通过并采用的《伦理与职业行为准则》中，"基本的道德规则"包括：

1）为社会和人类的美好生活作出贡献。

2）避免伤害其他人。

3）做到诚实可信。

4）恪守公正并在行为上无歧视。

5）敬重包括版权和专利在内的财产权。

6）对智力财产赋予必要的信用。

7）尊重其他人的隐私。

8）保守机密。

2. 计算机伦理准则

信息技术最为发达的美国，从 20 世纪 90 年代起全面制定了各种计算机伦理规范。为了规范人们的道德行为，指明道德是非，美国的一些专门研究机构还专门制定了一些简明通晓的道德戒律。如著名的美国计算机伦理协会制定了"计算机伦理十戒"：

1）不应当用计算机去伤害别人。

2）不应当干扰别人的计算机工作。

3）不应当偷窥别人的文件。

4）不应当用计算机进行偷盗。

5）不应当用计算机作伪证。

6）不应当使用或复制没有付过钱的软件。

7）不应当未经许可而使用别人的计算机资源。

8）不应当盗用别人的智力成果。

9）应当考虑你所编制的程序的社会后果。

10）应当用深思熟虑和审慎的态度来使用计算机。

这些计算机伦理准则，在总体上还是行之有效的，值得我们认真分析与借鉴。我们应当从我国的实际出发，在借鉴国外合理经验的基础上，确立适合我国特点的计算机职业道德和信息网络技术行为准则，提高我国计算机专业和广大应用人员的伦理道德水准。

10.3　信息系统对社会和组织的影响

10.3.1　信息系统的发展对组织的影响

从第 3 章对信息系统与组织关系的介绍可知，企业的组织与信息系统有着密切的关系。信息技术和信息系统的发展必将对企业的组织产生深远的影响，主要表现在以下三个方面：

1. 促使企业组织结构的扁平化

信息系统的应用和实施加速了信息在企业中的流动，丰富的决策信息与灵活的决策功能使企业的管理决策工作不再局限于少数专门人员或高层领导手中。信息系统提供了方便快捷地获取信息的通道，可以使企业中许多不同职能、不同技能的各类管理与技术人员参与决策工作，相应地许多决策问题不必再由上层或专人解决。这势必会引起企业决策权力向下层转移并逐步分散，促使企业组织结构由原来的集权金字塔式的层次结构向扁平化分权结构发展。这种变化使得企业上下级之间联络更为方便快捷，不同地域的部门、分支机构或管理人员可以借助有关信息进行分析判断，直接对生产经营问题作出决策，提高了企业灵活的应变能力。

237

2. 增加了业务流程重组的成功率

信息系统除了对企业管理效率的提高和成本的降低有着明显的作用外，还推动着企业运作方式和管理过程更深层次的变革。信息的统一和共享，舍去了繁琐的反复核对和重复性的业务环节，通过遵循信息规律，采用全新的信息资源开发利用方式，安排合理的信息流转路径，从而保证业务流程重组的成功。信息系统的建设与企业业务流程重组同步或交错开展，可以明显提高企业业务流程重组的成功率。

3. 虚拟企业与学习型组织

信息系统中信息的集成和共享，在更高层面和更大范围内对企业组织模式的改革产生了深远的影响。

随着网络的普及以及无线通信技术的发展，人们利用信息技术构造出庞大的虚拟企业系统。管理人员可以在任何地方使用计算机办公，客户与企业使用计算机进行交流，企业与外界的信息传递同样是数字化的。例如，我们已经可以使用网上银行的个人专业版足不出户地进行转账支付、费用缴纳以及管财理财。

依靠企业知识系统，使企业全体员工参与知识的共享、利用、开发和再创新，使企业成为一个学习型组织。借助一定的奖罚措施，学习型组织促进了企业内部、外部隐性知识向显性知识的转换，以及个人知识向组织知识的转换，为企业营造了员工共同学习、创新和应用知识的氛围，促进了企业知识的学习和应用的良性循环。

10.3.2　信息系统的发展对社会的改变

1. 对经济发展的影响

信息技术的初衷也即最基本的任务就是提高生产力，创造社会财富。由于信息技术具有准确存储以及处理大量信息的高速运算能力，因而能够大大缩短时间，减少错误，减少各种与信息处理相关的成本。

信息技术的发展，使得信息服务的对象扩大到了社会需要的各个领域，如金融信息网、经济信息网和政务信息网等。信息化在我国各个地方和行业领域都取得了很大的成绩，造就了一批具有创新能力、充满活力与竞争力的优秀企业。统计显示，进入"中国企业信息化500强"的企业2003年总销售收入为3.45万亿元，超过了中国GDP的1/4，前100名企业2003年度销售收入达到2.48万亿元，规模最小的企业2003年销售收入也将近2亿元；2007年信息化500强企业销售收入达8.91万亿元，五年来提高到相当于我国GDP 30%左右的水平，其中98.44%的企业制定了信息化规划。这些率先实现信息化的企业是我国实现工业化、现代化的重要力量，涉及金融、钢铁、汽车、石化、电力、电子、计算机设备、电信、进出口、运输、纺织等多个重点行业。信息系统在工业、农业和服务业等部门的应用，显著提高了工作效率，使企业及时地了解国际市场行情，降低了企业管理成本。

2. 对政府机构的影响

信息系统的应用除了有助于各级政府机构节省办公费用，提高办公效率和改善服务质量外，电子政务系统的应用和政府网络的公开，使人们可以更加方便地了解政府的各项政策和各种信息。

大多数情况下，政府部门在电子商务技术应用方面要落后于企业。为了给公众提供更好的服务和信息，促进政府工作方式的改变，出现了电子政务系统。电子政务系统是信息系统向政府机构的延伸，是政府信息化的新进展。电子政务指的是政府机构全面、系统地采用信息技术，在网上办公和办事的信息系统。电子政务系统面向各种社会机构，从国家到地方的各级政府机关；从工商、税务、司法到教育、卫生和社保的各类职能机构。电子政务系统提高了办公效率和政府职能机构的服务质量，促进了政务透明公开。有了电子政务系统，政府机构内部公文的网上流转与自动处理、财政的预算决策与监控记录、法规的检索浏览与依据定位、活动的日常安排与优化调度，都通过网络快捷方便地实现。网上运作的政府采购招标改善了企业公平竞争的环境，自助式办事系统极大地方便了企业的登记注册和税款划拨，信息的发布和开放促进了政务透明和社会信任。电子政务对改善政府形象，提高政府威信有着非常重要和深远的意义。

随着政府信息化程度的不断深入，信息系统对人事管理机制、内部组织结构等政府机构的改革也将产生巨大的推动作用。

3. 对科研与教育的影响

各种科研信息系统，可以大大提高科研活动的效率，加快科技成果的转化。通过全国或者全球范围内的信息网络系统，科研工作者可以不受地域和时间的限制进行各种跨学科、跨国界的学术交流。不同领域和国家间可以共享科研数据资源；各公司和企业通过上网访问，可以迅速找到自己所适合的各种科研成果信息和合作单位，缩短科研成果的转化时间。

信息系统对于教育的发展也具有重大的推动作用。远程教学系统可以充分利用现有的教育资源条件，降低教育成本，使教育资源得到共享，克服教育资金不足等因素的制约，这对偏远地区的学生和成年人教育或老年人的学习有着特殊的意义。各种预置的自学教育系统可供学生灵活地选择学习科目，应用多媒体技术使得教学系统生动形象。

4. 对法律政策的影响

信息技术和信息系统的发展和应用，给传统的法规和政策提出了新的挑战。许多传统的法律法规已经跟不上现代信息技术发展的步伐，甚至出现了抵触矛盾的地方。例如，我国现行的《票据法》不承认经过数字签章认证的非纸质的电子票据的支付和结算方式。又如前面提到的，我国宪法中还没有对隐私权保护问题作出明确的规定。目前，针对信息技术的发展和应用，为了更有效地保护组织和个人的合法权益，发达国家和国际组织已经颁布了许多法规和政策，如英国的《数据保护法》、经济合作与发展组织的《过境数据流的宣言》等。我国对信息立法也很重视，做了大量工作，先后制定了《信息技术发展政策要点》、《计算机软件保护条例》等法规政策，并于 2004 年 8 月，通过了《电子签名法》。信息系统应用的深入将促使信息立法工作不断发展和完善。

5. 对生活方式的影响

生活中的各种信息系统为人们提供了方方面面的信息，包括新闻、体育、娱乐、财经和交通等。人们可以在家里通过计算机查阅感兴趣的世界各地的电子报刊，阅读世界各地图书馆和数据中心的相关资料，利用商务信息系统查找所需的商品。电子货币和自动购销系统大大方便了人们的生活消费，改变着人们的消费习惯。信息系统已经普及到人们生活的各个角落，在给人们提供便利的同时，也给人们的习惯、习俗和心理产生着深远的影响。

10.3.3　信息系统面临的挑战

随着社会信息化的不断推进，信息技术和信息系统带来了更为高效的生产及管理手段，实现了更高的灵活性和更强的反应能力，并创造了大量建立在"知识经济"基础上的新型商业机会，但同时信息系统的开发、应用和管理也是一项极富挑战性的工作，也给组织及管理人员提出了以下几方面的挑战。

（1）战略经营挑战：如何利用信息技术设计具有竞争性和创新性的组织

信息系统建设的效果绝不仅仅是提高组织的效率，更重要的是能够降低决策中的不确定性和风险，为企业的大规模运作提供有力保障。为此，组织必须进行重新设计，从根本上改变低效率的组织结构，设计新的管理模式，从而大大提高企业的核心竞争力和创新能力。

（2）信息系统投资的挑战：组织如何确定信息系统的价值

从宏观层面上看，各行各业在信息化方面都进行了大量的投资，但对于信息化的效益问题好像不太容易搞清楚，特别是当信息化发展以后，大家当时对信息化真正实际的效益也不太关心。但是，当信息化碰到了低潮、碰到了问题以后，大家就会对信息化的效益产生怀疑。

客观地讲，信息系统的成本效益分析是非常困难的，因为涉及管理和人的问题，不可能完全进行量化。因此，如何度量其投资价值，对信息系统的应用来讲，无疑是一种挑战。

（3）信息系统技术的挑战：组织如何设计出支持其经营目标的信息化总体架构

信息化总体架构包括企业的业务架构、企业的信息技术架构、数据应用和基础设施几方面内容。总体架构提供了一个完整的信息技术解决方案，这与企业的业务目标和商业目标一致，这样信息系统投资就比较明确了。同时，总体架构可以牵引需求，管理需求，引导需求，把信息化需求纳入一个标准的框架来分析，最后落实到具体项目上，这样也可以实现信息系统的合理投资。

现在很多企业在进行规划的时候，很多部门提的都是一样的需求，由于企业没有一个总体的架构设计，就无法回答这些需求怎么去定位，怎么样去实现，这样在做项目的时候，还是分别基于需求去做，最后造成重复的信息系统投资。

（4）责任与控制的挑战：组织如何保证其信息系统在符合伦理和社会责任的前提下正常运行

信息系统对企业、政府和日常生活是相当重要的，组织应该采取必要的措施来保证其运行的准确、可靠和安全。如果信息系统不能按要求工作，或不能按人们可以理解和使用的方式传递信息，或人们不能控制系统的运行，或提供了错误的信息，都将会给企业带来灾难。

在建设和应用信息系统的过程中，组织在考虑其目标的同时，还必须考虑健康、安全、工作保障和社会利益。因此，管理者必须思考以下问题：信息系统是否与企业的产品或服务一样有很好的质量？能否建立既实现组织目标又尊重人们隐私权的信息系统？信息系统能否用来监控员工？如何处理由于信息系统的应用而需要进行的人员裁减？

240

综合案例：2008 年北京奥运会中的信息技术和信息系统

2008 年 8 月 8 日，第二十九届奥运会在北京国家体育馆"鸟巢"正式开幕。"科技奥运"的理念在这场全世界的盛会中彰显着独特的魅力。

1. 北京奥运会开幕式中的信息技术

开幕式上凌空而起的星空"奥运五环"、场中巨大的画卷讲述着中国四大发明的壮丽故事、体操王子李宁以空中漫步的方式点燃奥运主火炬……在这一幕幕精彩的背后，其实都蕴含着令人叹为观止的高科技。

（1）光影完美结合的"画卷"之谜

观众所看到的"画卷"，其实是通过地面上庞大的 LED 屏幕"播放"出来的。水晶石公司调用了超过 460 个双 CPU 四核的刀片服务器进行数据处理，总计达 50T 的数据量（1T＝1024G），最终制作出 10 余场次、总时长超过 60min 的数字影像。场内使用了 140 余台大功率数码投影设备，使活动影像、视频影像可灵活地出现在表演区、大型道具和体育场结构沿口立面，营造了灯光的"多维"效果。其中，鸟巢结构的沿口立面自然形成了一个高14m、周长 500m 的空中环幕，63 台大型数码投影机 3 机重叠，组成了 21 组互相连接的画面。21 组画面的边缘自然融接，毫无痕迹，可谓天衣无缝。眼花缭乱的光影效果是由 120台 HESAxon MediaServers 服务器控制产生的。所有的灯光效果以及放映机移动控制都由AxonMedia Servers 实时处理并通过三台 Wholehog 3 灯光控制台操纵完成。

（2）绚烂夺目的"聪明"焰火

奥运会开幕式每次焰火燃放都要根据当时"鸟巢"里演出的节目来进行，利用会议电话系统把燃放的时间码嵌入到演出节目的音乐当中，到某一个指定的时间点，脉冲就直接触发，焰火自动点燃。从永定门到"鸟巢"这 29 个"脚印"是采用录音方式来保证燃放时间间隔的准确性，然后一个点、一个点地燃爆，对整个通信系统的要求非常高。"脚印"焰火的原理就是，通过通信系统，用时间码来控制脉冲点火，随着音乐的播放，播放到哪个脉冲的时候就燃放。

2. 奥运比赛中的信息技术与信息系统

不仅在开幕式体现了"科技奥运"的理念，在奥运会比赛中，高科技运用更是无处不在。

（1）人脸识别系统

8 月 8 日，数万名观众通过国家体育馆的 100 多个人脸识别系统快速身份验证关口有序入场，参加 2008 北京奥运会的开幕式。为了消除潜在的安防漏洞，提高奥运安全防范和科技反恐水平，自动化所生物识别与安全技术研究中心的科学家和研究人员研发了高性能的人脸识别技术，并将其与 RFID 射频卡技术进行有机结合，为北京奥运订制了自动化人脸识别快速身份验证系统，作为北京奥运开闭幕式的第一道防线，对所有持票者进行实名制人脸身份验证。该系统事先对入场券持有者提交的人脸身份照片进行扫描，提取人脸特征，并录入信息数据库。在进入现场时，利用视频摄像头对入场券持有者进行人脸图像采集，并与数据库中的数据进行对比，从而实现人脸身份识别。对真实票证持有者放行，对冒用者转交相关部门处理。该系统能适应不同环境光照变化，包括傍晚的阳光直射和不同身高的使用者。中国完全自主知识产权的人脸识别系统成功地在奥运会开幕式上经受了最严格的检验，同时也开创了人脸识别技术奥运应用的先河。

（2）数据业务闪亮登场

北京奥运会首次通过无线方式实现照片即拍即传，按下快门一瞬间，照片就已传至坐在媒体看台或者主新闻中心的图片编辑，图片被编辑后即可发往世界各地甚至直接出现在新闻网站上。在开幕式上，新华社通过即拍即传共传送了 2500 多张的图片数据，发送流量超过12G，发图速度走在世界各国媒体的前面。

（3）明察秋毫的鹰眼系统

在网球比赛的电视转播中，我们经常可以看到运动员对裁判员的出界判罚有异议，而要求挑战鹰眼。几秒过后，电视画面中就会出现一幅模拟刚才网球线路的动画演示，是出界还是好球，运动员和观众都可以一目了然。

鹰眼是即时回放系统的简称。虽然它的技术原理并不复杂，但却十分精密。据悉，这个系统由 8 个或者 10 个高速摄像头、四台计算机和大屏幕组成。首先，借助计算机的计算把比赛场地内的立体空间分隔成以毫米计算的测量单位；然后，利用高速摄像头从不同角度同时捕捉网球飞行轨迹的基本数据；再通过计算机计算，将这些数据生成三维图像；最后利用即时成像技术，由大屏幕清晰地呈现出网球的运动路线及落点。从数据采集到结果演示，这个过程所耗用的时间一般只有几秒钟。

其实，网球场上还有许多其他 IT 技术应用，比如雷达测速系统等。当网球被球员击出的一刹那，测速仪发出的雷达微波便会从球体传回，从而计算其飞行速度。当这样的数据在运动员每次击球后出现在现场的大屏幕上时，也让观看比赛的观众多了一些乐趣。

（4）计时计分系统定格经典时刻

作为最直接呈现在全世界运动员和观众面前的 IT 系统，计时计分系统和现场的成绩处理系统无疑是奥运会中最重要的 IT 系统之一。人们不仅要求得到准确的数据，更要求在最短的时间内提供这些比赛数据。通过高速数码摄像机、电子触摸垫、红外光束、无线应答器等高科技产品有条不紊地互相搭配工作，计时计分系统能分辨出哪怕千分之一秒的差距。

当游泳运动员的手触摸到泳池终点的触控板的时候，信息被立刻传送到场馆现场的成绩处理系统中。这些信息经过一定的系统处理流程，很快就会被传送到评论员信息系统（CIS）、现场大屏幕、Info2008 信息发布系统、互联网数据提供系统（IDF）、比赛成绩提供系统（以特定格式提供给全球各大通讯社）、打印分发系统等。

在计时计分系统上，奥委会的工作人员还和欧米茄的工程师一起，针对许多不同奥运项目的特点设计了许多功能独特的计时设备，如用于青岛奥帆赛的计时船，用于铁人三项赛的戴在选手脚踝上、重量仅 8g 的信号转发器等。

（5）IT 应用新突破

Info2008 系统是奥运会信息发布系统的核心，它是一个内网，专供注册媒体及奥运大家庭的运动员和国际奥委会的官员使用，供他们查询所有与赛会有关的信息。但在以往的奥运会上，大家只能通过奥组委提供的计算机终端才能查询相关信息，即便自己带来了笔记本电脑，也不能接入到这个网络中。而无线 Info 技术使新闻记者可以随时使用自己的笔记本电脑通过无线网络搜索 Info2008 的所有信息。此举对新闻工作者工作效率的提升效果显而易见。

此外，Info2008 系统提供的全文检索功能也对新闻工作者帮助极大。以前，如果你要在系统中查找姚明的相关资料，需要在各个栏目中不断寻找、点击与姚明有关的各种信息。而现在有了全文检索功能，你只需要输入"姚明"，与其有关的全部资料就会以列表的形式全部显示出来。据悉，用全文检索的方式查询资料已经成为新闻工作者最常采用的方式。

（6）无线奥运，宽带奥运

当你既要在办公室工作，又想随时关注奥运会各项比赛精彩进程的时候，网络视频就是你绝佳的选择。当你因为工作需要整日奔波在路上的时候，你就可以通过手机的视频功能随时随地观看电视转播的奥运比赛。通过网络视频看奥运，通过手机视频看奥运，越来越成为人们观看北京奥运会的新方式。

除此之外，还有许多信息系统为奥运会的每个环节提供服务，例如，运动员的项目报名和资格审查系统，用来收集每一名运动员的数据，进行资格审查，确认哪些运动员具备参赛资格。交通系统提供交通服务的规划和行程安排，以及奥运车队管理，等等。科技成就百年的梦想，高科技产品在北京奥运会中显露身手，闪烁着人类智慧的光芒。

案例来源：http://news.xinhuanet.com/tech/2008-08/14/content_9288220.htm

　　　　　　http://news.xinhuanet.com/tech/2008-08/30/content_9738626.htm

本 章 小 结

　　随着信息系统的发展，道德伦理问题受到越来越多的注意。在信息社会，我们应当清楚什么是道德的、合乎伦理的和合法的行为。作为企业高层领导者，在企业中应注重建设信息道德文化。信息专家应履行他们的职责。信息技术最为发达的美国，从 20 世纪 90 年代起全面制定了各种计算机伦理规范，包括"基本的道德规则"、"计算机伦理十戒"等。我们应当从我国的实际出发，在借鉴国外合理经验的基础上，确立适合我国特点的计算机职业道德和信息网络技术行为准则。

　　通过分布在各企业和组织结构中的信息系统所构成的信息网络，对组织和社会产生了巨大的影响，这种影响涉及人类活动的各个方面。

习　　题

1. 举例说明你在生活中应用到的信息技术和信息系统。
2. 解释道德、伦理和法律的概念。
3. 什么是 PAPA 道德问题框架？
4. 如何形成企业的计算机伦理文化？
5. 试述信息系统的发展对组织的影响，并举例说明。
6. 试述信息系统的发展对社会的影响，并举例说明。

第 11 章

管理信息系统分析与设计举例

本章将以某企业工资管理为背景，结合前面章节所描述的系统开发的内容及软件文档格式，介绍一个工资管理信息系统的分析、设计过程。由于信息系统的开发是一个复杂的系统工程，涉及的文档资料比较庞大，无法一一列举，因此本章仅将分析和设计两个步骤的主要文档作简单介绍。关于系统实施方面的文档，由于主要以程序源码为主，所占篇幅较长，未在本章列出，因此，本章的学习重点放在系统分析、系统设计的过程、方法及内容上。

11.1 系统分析

系统分析阶段的基本任务是：系统开发人员与用户一起，通过对系统规划阶段得到的数据进行分析，对当前系统（也可能是手工系统）进行详细调查，充分理解用户需求，从而在原有系统的基础上得到新系统的逻辑方案。

11.1.1 开发背景

某企业是我国华东地区一家生产汽车配件的中型企业，职工人数共有 583 人，每个月末都要发放工资。由于每一位职工的实际情况不尽相同，因此，各项工资项目的数目大都不同，如果没有一个完整的工资系统来进行管理，那么势必会给管理人员带来种种麻烦，影响其工作效率和职工满意度。同时，由于企业的会计核算业务已经实施了计算机化管理，因此，为了保证数据处理的一致性，工资管理系统的开发势在必行。

11.1.2 详细调查

系统分析阶段的首要工作就是详细调查。详细调查的对象是现行系统。详细调查的目的是深入了解企业工资管理工作中信息处理的全部具体情况和存在的具体问题，为提出新系统的逻辑模型提供可靠的依据。

1. 组织结构调查

通过现场调查和召开座谈会等形式对企业现状进行了研究，该企业下设人事科、财务科和总务科等十几个科室，其组织结构如图 11-1 所示。财务科负责全厂的财务管理工作，其中工资组负责全厂的工资核算、发放业务。

2. 业务流程分析

经过调查，发现企业现行的工资管理流程如下：企业每个月末发放工资，发放前的工资处理过程是每月 20 日到 23 日，由财务科根据已存档的上月工资发放清单和人事科送来的人员及工资变动表填写本月工资发放清单中的前 5 项（即姓名、基本工资、岗位工资、工龄工资、应发工资）。

企业人事科向财务科提供的人员及工资变动表包含下列信息：

1）若有员工在企业内部各部门之间调动工作的情况发生，则提供这些员工的姓名、由何部门调至何部门工作、工资发放变动情况等。

2）若有新聘人员进入企业工作，则应提供新进员工的员工号、姓名、部门，以及有关

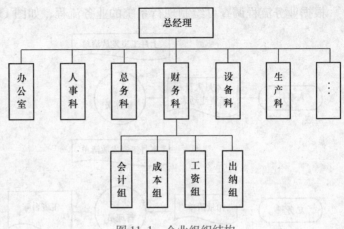

图 11-1　企业组织结构

工资方面的数据，还有他们的工资开始发放的月份，据此，财务科的工资核算员建立新员工的工资台账账页。

3）若有员工调离企业，则要提供调出人员的姓名、所在部门和终止发放本人工资的月份。

4）若调整工资，则应提供全体员工工资调整变动情况清单和调整后工资从哪个月份开始发放的信息。

同时，总务科于每月 24 日将扣款清单（包括水费扣款、电费扣款和其他扣款）送交财务科，由财务科按扣款清单将扣款数填入本月工资台账。最后由财务科的工资管理员计算出每位员工的实发工资数，并计算应缴个人所得税，一并填入工资台账，为工资发放员发放工资作好准备。

接下来，工资发放员再根据填制好的本月份员工工资台账，花费一个星期左右的时间制作出一式两份的本月份全厂职工工资发放单（按部门制作）和本月份工资汇总表，如表 11-1 所示。

工资管理会计员依据工资汇总表上的全厂"实发工资"合计数字，从银行提回现金，于下月的 5 号将本月份职工工资发至职工手中。

职工工资计算处理中的几项说明：

● 工龄工资每人每年增加 50 元。
● 应发工资＝基本工资＋岗位工资＋工龄工资。
● 所得税依据规定税率计算。
● 扣款合计＝水费＋电费＋其他扣款＋所得税。
● 实发工资＝应发工资－扣款合计。

表 11-1　某企业××年××月份员工工资发放单

部门名称：一车间　　　　　　　　　　　　　　　　　　　　　　　　　　　　单位：元

姓　名	基本工资	岗位工资	工龄工资	应发工资	水　费	电　费	其他扣款	所得税	扣款合计	实发工资
刘芳										
⋮										
张海										
合计										

根据业务流程调查可绘制现行系统的业务流程，如图11-2所示。

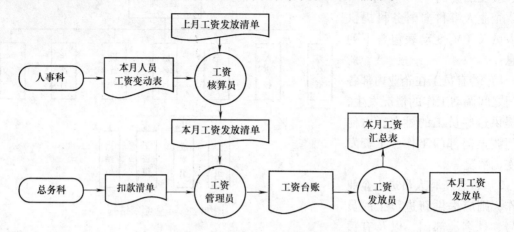

图11-2　现行系统的业务流程

11.1.3　系统化分析

根据对当前手工系统的业务流程和数据流程调查分析，不难看出，该企业现行职工工资管理业务工作量特别大，同时，还时常出现差错现象。这些都迫切要求用计算机代替手工记账、计算和制作报表工作。

通过充分考虑计算机应用的特点，对当前手工系统的业务流程和数据流程进行优化，从而得到新系统的业务流程和数据流程。新系统的业务流程描述如下：

财务科根据人事科的人员工资变动表进行员工基本信息（部门信息、工资级别、工龄、岗位等）的维护。

财务科根据总务科提交上来的扣款信息编制变动工资表。

根据员工信息表、基本工资表、变动工资表计算应发工资、所得税及实发工资，生成工资结算单。

财务科打印相关工资单，发放工资。

同时，财务科汇总工资，将工资汇总表提交给财务系统进行费用分摊处理。

11.1.4　新系统逻辑模型

1. 新系统数据流程图

根据系统化分析的结果，进一步舍弃业务流程中的物理要素，只保留信息（或数据）在流程中的流动、处理和存储情况，即得到新系统的数据流程图，如图11-3所示。

2. 数据字典

（1）数据项的定义

数据项又称数据元素，是系统中最基本的数据组成单位。表11-2所示为数据项的定义一览表。

（2）数据结构的定义

数据结构描述某些数据项之间的关系。一个数据结构可以由若干个数据项组成，也可以

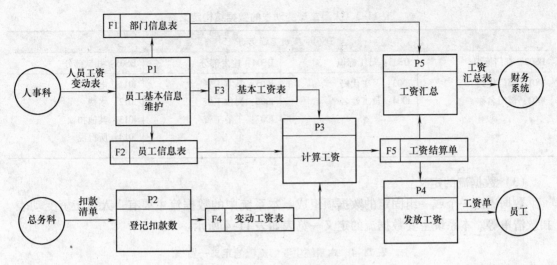

图 11-3 新系统的数据流程图

由若干个数据结构组成，还可以由若干个数据项和数据结构组成。表 11-3 所示为人员工资变动表的数据结构定义表。

表 11-2 数据项的定义一览表

数据项编号	数据项名称	别 名	简 述	类 型	长 度	取值范围
I001	部门代码	部门编号	企业内部门的编号	字符型	2	01 ~ 99
I002	部门名称	无	企业内部门的名称	字符型	20	
I003	员工代码	职工代码	企业内员工的编号	字符型	5	前两位为部门号
I004	员工姓名	无	企业内员工的姓名	字符型	10	
I005	基本工资	无	员工的基本工资	数值型	10, 2	大于等于零
I006	岗位	无	员工所处的岗位	字符型	10	
I007	岗位工资	无	员工的岗位工资	数值型	10, 2	大于等于零
I008	工龄	无	员工的工龄年限	数值型	10, 0	
I009	工龄工资	无	员工的工龄工资	数值型	10, 2	大于等于零
I010	应发工资	无	当月员工应得工资	数值型	10, 2	I005 + I007 + I009
I011	电费	无	当月应代扣电费	数值型	10, 2	大于等于零
I012	水费	房租	当月应代扣房租	数值型	10, 2	大于等于零
I013	其他扣款	无	其他扣款	数值型	10, 2	大于等于零
I014	所得税	无	个人所得税	数值型	10, 2	按国家税率缴纳
I015	扣款合计	所有扣款	员工当月所有扣款数	数值型	10, 2	I011 + I012 + I013 + I014
I016	实发工资	无	员工实际得到的工资数	数值型	10, 2	I010 ~ I015
I017	年度	无	发放工资的年度	整型		
I018	月份	无	发放工资的月份	整型		1 ~ 12

247

表 11-3 人员工资变动表的数据结构定义表

DS01：人员工资变动表			
DS02：部门标识	DS03：员工标识	DS04：应发部分	DS05：扣款部分
I001：部门代码 I002：部门名称	I003：员工代码 I004：员工姓名	I005：基本工资 I006：岗位工资 I007：工龄工资	I011：电费 I012：水费 I013：其他扣款 I014：所得税

（3）数据流的定义

数据流由一个或一组固定的数据项组成。本系统中的数据流主要有：人员工资变动表、扣款清单等。本系统主要数据流的定义一览表如表 11-4 所示。

表 11-4 本系统主要数据流的定义一览表

数据流编号	数据流名称	简 述	数据流来源	数据流去向	数据流组成	数据流量
D01	人员工资变动表	本月人员工资变动信息	人事科	业务分类处理	部门标识 + 员工标识 + 应发部分（数据结构）	1 份/月
D02	扣款清单	本月扣款清单	总务科	扣款工资设定处理	员工标识 + 部门 + 扣款部分（数据结构）	1 份/月
D03	工资单	本月工资条	打印工资单处理	有关部门	员工标识 + 部门 + 应发部分 + 扣款部分 + 实发工资	多份/月
D04	工资汇总表	按部门汇总实发工资金额合计，提交财务系统分摊费用	工资汇总	财务系统	部门名称 + 合计金额	1 份/月

（4）处理逻辑的定义

处理逻辑的定义仅对数据流程图中最底层的处理逻辑加以说明，限于篇幅，仅以"计算工资"为例进行描述。

处理逻辑编号：P3。

处理逻辑名称：计算工资。

简述：计算所有员工的本月工资。

输入的数据流：员工信息、基本工资信息、变动工资信息。

处理描述：根据员工信息、基本工资、变动工资信息计算本月每个员工的应发工资、个人所得税及实发工资。

输出的数据流：工资结算单。

处理频率：每月一次。

另外，关于"计算工资"逻辑处理部分的描述比较特殊，因为个人所得税的计算标准比较复杂，故采用结构化英语表示法进行补充描述：

IF 工资 > = 1500Then

　　　IF 工资 > 2000Then

　　　　　　税金 =（工资 − 2000）* 0.3 + 1500 * 0.2 + 800 * 0.1 + 500 * 0.05

　　　Else

　　　　　　税金 =（工资 − 1500）* 0.2 + 800 * 0.1 + 500 * 0.05

Else

　　　IF 工资 > 800Then

　　　　　　税金 =（工资 − 500）* 0.1 + 500 * 0.05

　　　Else

　　　　　　税金 = 工资 * 0.05

End IF

（5）数据存储的定义

数据存储在数据字典中只描述数据的逻辑存储结构，而不涉及它的物理组织。本系统中所涉及的数据存储如表 11-5 所示。

表 11-5　数据存储的定义一览表

编号	名　称	简　述	数据存储组成	关键字	相关联的处理
F1	部门信息表	存储部门的基本信息	部门代码 + 部门名称	部门代码	P1、P5
F2	员工信息表	存储员工的基本信息	员工代码 + 姓名 + 性别 + 岗位 + 工龄 + 工资等级	员工代码	P1、P3
F3	基本工资表	存储员工的基本应发工资信息	员工代码 + 基本工资 + 岗位工资 + 工龄工资	员工代码	P1、P3
F4	变动工资表	存储员工的扣款信息	员工代码 + 电费扣款 + 水费扣款 + 其他扣款	员工代码	P2、P3
F5	工资结算单	存储员工的所有工资信息	员工代码 + 日期 + 应发工资 + 扣款合计 + 实发工资	员工代码 + 日期	P3、P4、P5

3. E-R 图

DFD 中的数据存储一般无须单独描述，因为它可通过事物对应的实体-联系模型（E-R 模型）进行定义。用实体间的联系反映现实世界事物间的内在联系。E-R 模型是建立概念性数据模型的有力工具。

根据数据流程图、数据字典等对现实世界的数据进行抽象，得到本工资管理系统所包含的实体及其属性如下：

部门（部门代码，部门名称）；

级别（工资等级，基本工资）；

工龄（工龄，工龄工资）；

岗位（岗位，岗位工资）；

员工（员工代码，姓名，性别）；

工资结算单（日期，基本工资，工龄工资，岗位工资，应发工资，个人所得税，水费扣款，电费扣款，其他扣款，实发工资）。

本系统 E-R 图如图 11-4 所示。

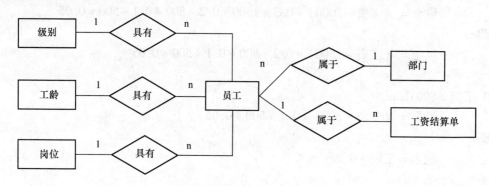

图 11-4　E-R 图

11.2　系统设计

本节主要介绍系统要实现的功能，搭好设计的总体框架，使我们对要开发的系统有一个系统、全面、确切的认识。

11.2.1　总体设计

1. 系统功能模块图

本系统在设计时采用结构化程序的设计方法，系统的总体结构采用菜单来调用表单，利用表单来对信息进行管理、数据加工、信息查询、系统维护等工作。系统功能模块图如图 11-5所示。

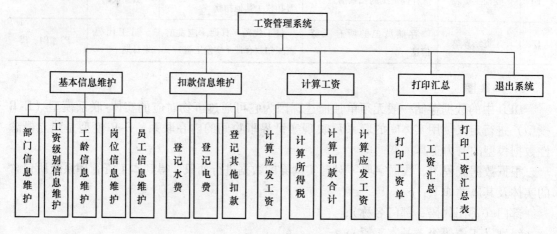

图 11-5　系统功能模块图

2. 功能的详细说明

本系统大致分为如下五个功能模块：

（1）基本信息维护

本模块分为部门信息维护、工资级别信息维护、工龄信息维护、岗位信息维护和员工信息维护 5 个子模块。工资业务处理中的很多数据都可以从维护后的相关基本信息表中获取。

1）部门信息维护主要是指对部门代码和部门名称的增加、删除、查找、修改。

2）工资级别信息维护主要是指对工资级别和对应的基本工资进行的增加、删除、查找、修改。

3）工龄信息维护主要是指对工龄和对应的工龄工资进行的增加、删除、查找、修改。

4）岗位信息维护主要是指对岗位和对应的岗位工资进行的增加、删除、查找、修改。

5）员工信息维护主要是指对员工代码、姓名、性别、部门、工资等级、岗位和工龄进行的增加、删除、查找、修改。

（2）扣款信息维护

因为在"员工信息维护"模块已经对员工的工资等级、岗位和工龄进行了维护，所以，相应的基本工资、岗位工资、工龄工资可以从相关的数据表中获取，此处只需要再设定一下相应的扣款数据即可。扣款工资的设定包括水费、电费、其他扣款等。

（3）计算工资

本模块包括计算本月应发工资、个人所得税、扣款合计和实发工资。

（4）打印汇总

本模块包括打印工资单，按部门进行工资汇总，将工资汇总表提交给财务系统进行费用分摊处理。

（5）退出

此模块为退出系统。

3. 物理配置方案设计

系统运行环境设计为在 Windows XP 以上平台运行，程序设计语言选择 Visula Foxpro6.0 或 Visula Basic6.0。

系统的硬件要求为英特尔奔腾系列微型计算机，256M 以上内存，80GB 以上外存。另外，要求配置打印机一台。

4. 数据存储设计

根据系统分析阶段得到的 E-R 图，根据实体转换规则，参照数据字典，可得到以下数据存储文件。

（1）部门表

序　号	字　段　名	类　型	宽　度	小数位数	索　引	说　明
1	BMDM	字符型	2		主索引	部门代码
2	BMMC	字符型	10			部门名称

（2）工资级别表

序　号	字　段　名	类　型	宽　度	小数位数	索　引	说　明
1	GZDJ	字符型	10		主索引	工资等级
2	JBGZ	数值型	10	2		基本工资

（3）工龄表

序 号	字 段 名	类 型	宽 度	小 数 位 数	索 引	说 明
1	GL	字符型	10		索引	工龄
2	GLGZ	数值型	10	2		工龄工资

（4）岗位表

序 号	字 段 名	类 型	宽 度	小 数 位 数	索 引	说 明
1	GW	字符型	10		主索引	岗位
2	GWGZ	数值型	10	2		岗位工资

（5）员工信息表

序 号	字 段 名	类 型	宽 度	小 数 位 数	索 引	说 明
1	YGDM	字符型	5		主索引	员工代码
2	XM	字符型	6			姓名
3	XB	字符型	2			性别
4	GZDJ	字符型	5			工资等级
5	GL	数值型	5			工龄
6	GW	字符型	10			岗位

（6）变动工资表

序 号	字 段 名	类 型	宽 度	小 数 位 数	索 引	说 明
1	YGDM	字符型	5		主索引	员工代码
2	RQ	日期型	8			日期
3	SF	数值型	10	2		水费
4	DF	数值型	10	2		电费
5	QTKK	数值型	10	2		其他

（7）工资结算单

序 号	字 段 名	类 型	宽 度	小 数 位 数	索 引	说 明
1	YGDM	字符型	5		主索引	员工代码
2	RQ	日期型	8			日期
3	JBGZ	数值型	10	2		基本工资
4	GLGZ	数值型	10	2		工龄工资
5	GWGZ	数值型	10	2		岗位工资
6	YFGZ	数值型	10	2		应发工资
7	SF	数值型	10	2		水费扣款
8	DF	数值型	10	2		电费扣款
9	QTKK	数值型	10	2		其他扣款
10	SDS	数值型	10	2		所得税
11	KKHJ	数值型	10	2		扣款合计
12	SFGZ	数值型	10	2		实发工资

11.2.2　详细设计

1.　输出设计

输出设计的任务是使管理信息系统输出满足用户需求的信息。

输出设计主要指打印输出设计，在本系统中主要是指对工资单的输出设计。输出设计说明书如表 11-6 所示。

表 11-6　输出设计说明书

输出设计书					
资料代码	GZ-01	输出名称			工资单
处理周期	每月一次	形式	行式打印表	种类	001
份数	1	报送		各部门	
项目号	项目名称	位数及编辑	备注		
1	部门名称	Char（10）	按部门打印		
2	员工代码	Char（5）			
3	姓名	Char（10）			
4	基本工资	Number（10，2）			
5	岗位工资	Number（10，2）			
6	工龄工资	Number（10，2）			
7	应发工资	Number（10，2）	=基本工资 + 岗位工资 + 工龄工资		
8	水费	Number（10，2）			
9	电费	Number（10，2）			
10	其他扣款	Number（10，2）			
11	扣款合计	Number（10，2）	=水费 + 电费 + 其他扣款		
12	个人所得税	Number（10，2）	按国家规定税率计算出税额，从应发工资中扣除		
13	实发工资	Number（10，2）	=应发工资 - 扣款合计		
14	日期	Date（8）	自动获取		
15	制表人	Char（10）	当前操作员姓名		

2.　输入设计

例如，"员工信息维护"窗口，如图 11-6 所示。在维护某个员工的信息时，只需输入员工代码、姓名即可，性别设置为单选按钮，所属部门、工资等级、工龄、岗位等信息只需要选择下拉列表框就可以，这样减少了输入项，提高了效率，降低了发生错误的可能性。

3.　代码设计

新系统中涉及的需要进行代码设计的主要是部门信息和员工信息。新系统为每个部门设计了代码，部门代码为两位数字，采用的是顺序码结构。为每个员工也设计了代码，员工代码暂设为 5 位数字，前两位为部门代码，后三位为员工在本部门的编号，采用区间码和顺序码相结合的结构，这样便于按部门汇总或查询。部门代码设计，如表 11-7 所示。员工代码设计，如表 11-8 所示。

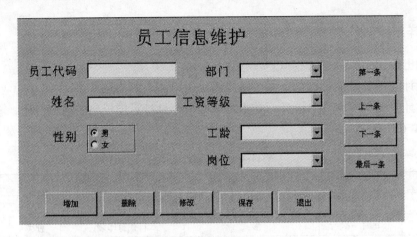

图 11-6 "员工信息维护"窗口

表 11-7 部门代码设计

部 门 代 码	部 门 名 称
01	厂办
02	人事科
03	财务科
04	销售科
05	总务科
⋮	⋮

表 11-8 员工代码设计

员 工 代 码	员 工 姓 名	备 注
01001	张明	厂长
02001	李涛	人事科长
02002	王峰	人事科科员
03001	刘芳	财务科长
03002	陈红	财务科科员
03003	张海	财务科科员
04001	赵建	销售科科长
⋮	⋮	⋮

4. 处理过程设计

处理过程设计的目的是：设计出所有模块和它们之间的相互关系（即联结方式），并具体地设计出每个模块内部的功能和处理过程，为程序员提供详细的技术资料。对于模块结构图中的每一模块，都有一张模块的处理过程设计说明。

编写模块处理过程设计说明文档的依据是：该模块所对应的数据流程图中的处理逻辑，数据字典中的数据流和数据存储。在系统设计阶段，数据已经设计出来，数据字典中的一个数据存储可能被分解成若干个数据库文件，因此，要按照物理数据库文件来书写。模块说明书中的输入数据流，通常有这样几类：菜单选择项、原始单据、查询要求、数据文件。输出的数据流通常有：屏幕显示、报表或图形、数据文件。

　　这一步工作通常是借助于 IPO 图来实现的。有了上述各步的设计结果（包括总体结构设计、代码设计、数据存储设计、I/O 设计等），再加上 IPO 图，任何一个程序员即使没有参加过本系统的分析与设计工作，也能够根据分析与设计文档自如地编制出系统所需要的程序模块。

参 考 文 献

[1] 斯蒂芬·哈格，梅芙·卡明斯，唐纳德·麦卡布雷. 信息时代的管理信息系统 ［M］. 严建援，等译. 北京：机械工业出版社，2004.

[2] 黄梯云. 管理信息系统 ［M］. 3 版. 北京：高等教育出版社，2005.

[3] 陈国青，李一军. 管理信息系统 ［M］. 北京：高等教育出版社，2006.

[4] 甘仞初. 信息系统原理与应用 ［M］. 北京：高等教育出版社，2004.

[5] 刘仲英. 管理信息系统 ［M］. 北京：高等教育出版社，2006.

[6] 沃伦·麦克法兰，理查德·诺兰，陈国青. IT 战略与竞争优势 ［M］. 北京：高等教育出版社，2003.

[7] 仲秋雁，刘友德. 管理信息系统 ［M］. 大连：大连理工大学出版社，1998.

[8] 薛华成. 管理信息系统 ［M］. 5 版. 北京：清华大学出版社，2007.

[9] Kenneth C Laudon. 管理信息系统 ［M］. 薛华成，译. 北京：机械工业出版社，2007.

[10] Kenneth C Laudon. 管理信息系统：管理数字化公司 ［M］. 周宣光，译. 北京：清华大学出版社，2005.

[11] 邱昭良. 企业信息化的真谛 ［M］. 广州：广东经济出版社，2004.

[12] 周三多，等. 管理学——原理与方法 ［M］. 3 版. 上海：复旦大学出版社，2004.

[13] Frederick S Hillier. 运筹学导论 ［M］. 胡运权，译. 北京：清华大学出版社 2007.

[14] 斯蒂芬 P 罗宾斯. 管理学 ［M］. 7 版. 北京：中国人民大学出版社，2004.

[15] 王众托. 系统工程引论 ［M］. 3 版. 北京：电子工业出版社，2006.

[16] 谭跃进. 系统工程原理 ［M］. 长沙：国防科学技术大学出版社，1999.

[17] 周德群. 系统工程概论 ［M］. 北京：科学出版社，2005.

[18] 孙东川，等. 系统工程引论 ［M］. 北京：清华大学出版社，2004.

[19] 胡久清. 系统工程 ［M］. 北京：中国统计出版社，1999.

[20] 夏绍玮，等. 系统工程概论 ［M］. 北京：清华大学出版社，1995.

[21] 杜瑞成，等. 系统工程 ［M］. 北京：机械工业出版社，1999.

[22] 梅姝娥，陈伟达. 管理信息系统 ［M］. 北京：北京师范大学出版社，2008.

[23] 周宣光. 管理信息系统 ［M］. 北京：清华大学出版社，2007.

[24] 仲秋雁，等. MBA 管理信息系统 ［M］. 大连：大连理工大学出版社，2006.

[25] 陈文伟，等. 决策支持系统教程 ［M］. 北京：清华大学出版社，2004.

[26] 张维明. 数据仓库原理与应用 ［M］. 北京：电子工业出版社，2002.

[27] 詹姆斯·奥布赖恩，乔治·马拉卡斯. 管理信息系统 ［M］. 李红，姚忠，译. 北京：人民邮电出版社，2007.

[28] 陈国青，等. 信息系统的组织管理建模 ［M］. 北京：清华大学出版社，2002.

[29] 傅湘玲. 企业信息化集成管理 ［M］. 北京：北京邮电大学出版社，2006.

[30] 左美云，等. 信息系统的开发与管理教程 ［M］. 北京：清华大学出版社，2001.

[31] 陈禹. 信息经济学教程 ［M］. 北京：清华大学出版社，1998.

[32] AMT ERP 专家组. 企业资源计划（ERP）初阶. http：//www. amt. com. cn.

［33］程控，革扬. MRP Ⅱ/ERP 原理与应用［M］. 2 版. 北京：清华大学出版社，2006.

［34］闪四清. ERP 系统原理和实施［M］. 北京：清华大学出版社，2006.

［35］李健. 企业资源计划（ERP）及其应用［M］. 北京：电子工业出版社，2004.

［36］陈启申. ERP——从内部集成起步［M］. 2 版. 北京：电子工业出版社，2005.

［37］黄晓涛，等. 电子商务导论［M］. 北京：清华大学出版社，2005.

［38］AMT CRM 研究小组. CRM 初阶. http：//www. amt. com. cn.

［39］陈畴镛，等. 电子商务供应链管理［M］. 大连：东北财经大学出版社，2002.

［40］李红，梁晋. 电子商务技术［M］. 北京：人民邮电出版社，2004.

［41］陈国青，黄京华，郭迅华，等. 中国电子商务发展现状与前景［R］//中国科学院. 2004 年高技术
发展报告. 北京：科学出版社，2004. 167-168.

［42］赵林度. 电子商务理论与实务［M］. 北京：人民邮电出版社，2001.

［43］马士华，等. 供应链管理［M］. 北京：机械工业出版社，2000.

［44］林玲玲. 供应链管理［M］. 北京：清华大学出版社，2008.

［45］迈克尔·波特. 竞争战略［M］. 北京：华夏出版社，1997.

［46］陈子侠，等. 供应链管理［M］. 北京：高等教育出版社，2005.

［47］朱爱群. 客户关系管理与数据挖掘［M］. 北京：中国财政经济出版社，2001.

［48］耿骞，袁名敦，肖明. 信息系统分析与设计［M］. 北京：高等教育出版社，2000.

［49］李志刚，等. 决策支持系统原理与应用［M］. 北京：高等教育出版社，2005.

［50］陈文伟，黄金才. 数据仓库与数据挖掘［M］. 北京：人民邮电出版社，2004.

［51］张维明，邓苏，等. 数据仓库原理与应用［M］. 北京：电子工业出版社，2002.

［52］陈京民，等. 数据仓库与数据挖掘技术［M］. 北京：电子工业出版社，2003.

［53］陈文伟. 决策支持系统教程［M］. 北京：清华大学出版社，2004.

［54］王珊. 数据仓库技术与联机分析［M］. 北京：科学出版社，1999.

［55］陈京民. 数据仓库原理、设计与应用［M］. 北京：中国水利水电出版社，2004.

［56］Pang-Ning Tan，Michael Steinbach，Vipin Kumar. 数据挖掘导论［M］. 范明，范宏建，译. 北京：人
民邮电出版社，2006.

［57］埃弗雷姆·特班，杰伊 E·阿伦森，梁定澎. 决策支持系统与智能系统［M］. 杨东涛，钱峰，译.
北京：机械工业出版社，2009.

［58］林宇，等. 数据仓库原理与实践［M］. 北京：人民邮电出版社，2003.

［59］Paulraj Ponniah. 数据仓库基础［M］. 段云峰，李剑威，韩洁，等译. 北京：电子工业出版
社，2004.

［60］罗超理，李万红. 管理信息系统原理与应用［M］. 北京：清华大学出版社，2002.

［61］彭志忠，等. 管理信息系统实训演练实验教程［M］. 济南：山东大学出版社，2003.

［62］邹辉霞. 供应链物流管理［M］. 北京：清华大学出版社，2004.

［63］王要武. 管理信息系统［M］. 北京：电子工业出版社，2006.

［64］王治宇. 管理信息系统原理与实践［M］. 北京：航空工业出版社，2001.

［65］张立厚，等. 管理信息系统开发与管理［M］. 北京：清华大学出版社，2008.

［66］王珊，萨帅煊. 数据库系统概论［M］. 4 版. 北京：高等教育出版社，2006.

［67］王珊，张孝，李翠平. 数据库技术与应用［M］. 北京：清华大学出版社，2005.

［68］周志逵，郭贵锁，等. 数据库系统原理［M］. 北京：清华大学出版社，2008.

［69］薛华成，等. 信息资源管理［M］. 2 版. 北京：高等教育出版社，2008.

［70］吴琮璠，谢清佳. 管理信息系统［M］. 上海：复旦大学出版社，2003.

［71］约翰·沃德，乔·佩帕德. 信息系统战略规划［M］. 吴晓波，耿帅，译. 北京：机械工业出版

社，2007.

[72] 苏选良. 管理信息系统——应用导向的理论与实践［M］. 北京：电子工业出版社，2009.

[73] 曹汉平，等. 信息系统开发与 IT 项目管理［M］. 北京：清华大学出版社，2006.

[74] 闪四清. 管理信息系统教程［M］. 2 版. 北京：清华大学出版社，2007.

[75] 邓晓红. 管理信息系统实验指导与课程设计［M］. 北京：机械工业出版社，2009.

[76] 陈晓红. 信息系统教程［M］. 北京：清华大学出版社，2003.

[77] 李东. 管理信息系统理论与应用［M］. 北京：北京大学出版社，1998.

[78] 甘仞初. 管理信息系统［M］. 北京：机械工业出版社，2001.

[79] 陈禹. 信息系统分析与设计［M］. 北京：高等教育出版社，2005.

[80] 中国企业管理百科全书编辑委员会. 中国企业管理百科全书［M］. 北京：企业管理出版社，1984.

[81] 游战清，李苏剑，等. 企业信息化理论与案例［M］. 北京：机械工业出版社，2004.

[82]《运筹学》教材编写组. 运筹学［M］. 北京：清华大学出版社，2005.